Roos
Mission Leadership

Mission Leadership

Die 10 entscheidenden Merkmale
erfolgreicher C-Level-Karrieren

von

Peter Roos

Verlag Franz Vahlen München

Peter Roos ist seit fast drei Jahrzehnten als Führungskraft im Top-Management aktiv. Nach ersten Berufsstationen in der Markenartikel-Industrie, darunter Konzerne wie *Nestlé* und *Kraft Foods* (heute *Mondelēz*), führte ihn sein Weg in die Welt der Werbeagenturen und Medienunternehmen. Bei drei internationalen Agentur-Networks – *Ogilvy, McCann* und *Leo Burnett* – war Roos mehr als 20 Jahre als Vorstand und Geschäftsführer in unterschiedlichen C-Level-Positionen tätig. Vor einigen Jahren ließ er Konzern-Strukturen und Matrix-Organisationen hinter sich und führt seitdem als COO und Management-Partner die Geschäfte eines mittelständischen Medienunternehmens in München.

Roos gilt als Top-Insider seines Metiers und ist ausgewiesener Leadership-Experte. Zudem arbeitet er als Business Coach und beschäftigt sich seit einigen Jahren mit der aktuellen Forschung rund um die Themen Management, Führung und Persönlichkeitsentwicklung. Den Erfahrungsschatz der eigenen C-Level-Karriere hat er nun gepaart mit den Analyse-Ergebnissen aus mehr als 80 wissenschaftlichen Studien und die Essenz daraus in sein Buch „Mission Leadership" einfließen lassen.

ISBN Print: 978 3 8006 6891 5
ISBN ePDF: 978 3 8006 6892 2
ISBN ePub: 978 3 8006 7100 7

Wilhelmstr. 9, 80801 München
Satz: Fotosatz Buck
Zweikirchener Str. 7, 84036 Kumhausen
Druck und Bindung: Beltz Grafische Betriebe GmbH
Am Fliegerhorst 8, 99947 Bad Langensalza
Umschlaggestaltung: Ralph Zimmermann – Bureau Parapluie
Bildnachweis: © z_wei – istockphoto.com

CO_2 neutral
chbeck.de/nachhaltig

Gedruckt auf säurefreiem, alterungsbeständigem Papier
(hergestellt aus chlorfrei gebleichtem Zellstoff)

Inhaltsverzeichnis

Einleitung

„Go the extra mile. It's never crowded."

Sir John Durham, Unternehmer

„CEO zu sein, wird massiv überschätzt!“ Was etwas kokett und mit einem Augenzwinkern daherkommt, ist weder Ausdruck eines manageruntypischen Narzissmus-Defizits, noch zeugt es von übersteigertem Understatement. Diese bemerkenswerte Ansicht stammt von einem, der es wissen muss. David Marcus, früherer CEO von *PayPal*, dann bei *Facebook* Chef des Messenger-Dienstes und Mitentwickler der hauseigenen Kryptowährung *Libra*, spricht in einem Interview in der Schweizerischen *Handelszeitung* offen über den, wie er sagt, nicht wirklich lustigen Alltag seiner Artgenossen[1].

Und damit vertritt er bei Weitem keine Einzelmeinung. Fragt man CEOs oder andere Manager des C-Levels, dann steht ihr dreistelliges Akronym nämlich oft bedeutungsgleich für Feuerwehrmann, Märtyrer, Clown, Entertainer oder Mutti und je nach Gemengelage wahlweise auch für Superheld oder Sündenbock.

Abgesehen davon, dass diese Beschreibung natürlich sehr pointiert ist, im Kern trifft sie einen wichtigen Punkt: Top-Manager zu sein bedeutet im Alltag logischerweise weitaus mehr als das Auskosten von Hierarchie und Statussymbolen. Wer entscheidet, einen solch langfristig angelegten und strapaziösen Karriereweg einzuschlagen, sollte sich der Realitäten sowie der Komplexität der Aufgabenstellung und all dessen, was damit verbunden ist, bewusst sein.

Ja, es stimmt, das Metier der C-Level-Führungskräfte, es ist ebenso faszinierend wie herausfordernd: Talent haben nur wenige, der Job kann mitunter rau und hart sein und die Chance, wirklich herausragende Erfolge zu erzielen, ist gering, die Gefahr grandios zu scheitern somit vergleichsweise hoch. Kalamitäten und Intrigen inklusive. Auch steigen die Haftungsrisiken für Vorstände, Geschäftsführer und andere Führungskräfte kontinuierlich, denn ihre Jobs werden immer heikler. Gründe sind zum Beispiel die Zunahme von Rechtsstreitigkeiten – allenthalben ist eine erhöhte Klage- und Prozessbereitschaft in der Geschäftswelt festzustellen – und der Anstieg von Insolvenzen, insbesondere als Folge der Corona-Pandemie. Kurzum: Kaum Glanz, wenig Glamour, selten Gloria.

Berufsziel Top-Management

Bei so viel Realitätssinn könnte dem ein oder anderen beim Lesen dieser Zeilen bereits jetzt schon die Lust auf den Chefsessel und eine Top-Management-Karriere vergangen sein. Aber, und Sie haben es sich sicherlich schon gedacht, der Einstieg in diese Lektüre ist bewusst so provokant gewählt. Denn die Stoßrichtung von *Mission Leadership* bedient primär die Erwartungshaltung von Leserinnen und Lesern mit einem dynamischen Selbstbild, also Frauen und Männer, die aus ihrer Komfortzone heraustreten, ihr Leben und ihren beruflichen Werdegang selbst in die Hand nehmen und im wahrsten Sinne des Wortes in Führung gehen wollen – die C-Level-Manager ante portas sozusagen. Wenn Sie sich in einem solchen Mindset wiederfinden und damit in Resonanz gehen, dann sind Sie hier auf jeden Fall richtig und sollten sich nicht davor scheuen weiterzulesen.

Doch Spaß beiseite und der Reihe nach. Es ist tatsächlich so, dass Motivation und Karriereehrgeiz beim Manager-Nachwuchs seit Jahren stetig abnehmen. Der klassische Karriereweg, nämlich mehr und mehr Führungsverantwortung zu erlangen, verliert offenbar zusehends an Attraktivität. Stattdessen gewinnen Karriereverläufe mit Seitwärts-Veränderungen und die damit einhergehende Übernahme von Positionen ohne disziplinarische aber mit viel inhaltlicher Verantwortung – sogenannte „Expertenkarrieren" – an Bedeutung.

Diesen Trend bestätigt auch die regelmäßige Erhebung des deutschen Netzwerks *Initiative Chefsache* unter jungen Berufstätigen und Studierenden:[2] Waren es im Jahr 2018 noch 40 Prozent der Befragten, die den Wunsch einer Karriere als Führungskraft hegten, so ging ihr Anteil im Jahr 2019 auf 37 Prozent und bei der Befragung im Herbst 2020 auf nur noch 30 Prozent zurück. Bemerkenswert ist auch der Vergleich zum Februar 2020, also der Vor-Corona-Zeit, wo immerhin noch 35 Prozent sagten, später gern zur Führungskraft aufsteigen zu wollen.

Offensichtlich hat die Corona-Krise den latenten Motivationsknick bei Hochschulabsolventen und Jung-Managern nicht nur manifestiert, sondern sogar nochmals verstärkt, oder – positiv formuliert – unter dem Eindruck wachsender Unsicherheit und gestiegener Anforderungen bei vielen vormals karrierewilligen Nachwuchskräften für eine beschleunigte Klärung und realistische Einschätzung eigener Berufsziele gesorgt.

Bezieht man die Gruppe der Führungswilligen auf die Gesamtheit der deutschen arbeitenden Bevölkerung, ist laut Daten der Beratungsgesellschaft *Boston Consulting Group* die Entwicklung noch ernüchternder, wenn gefragt nach den Entwicklungsplänen für die nächsten 5 bis 10 Jahre gerade einmal 7 Prozent der Probanden angeben, kurz- bis mittelfristig eine Leitungsfunktion im Unternehmen übernehmen zu wollen.[3]

Übrigens: In China sind es im Vergleich dazu 47 Prozent, d. h. fast jeder zweite Angestellte oder Arbeitnehmer möchte im Reich der Mitte über kurz oder lang Verantwortung als Führungskraft übernehmen! Man könnte also fast den Eindruck gewinnen, Führung und Karriere, insbesondere im Top-Management, seien bei uns etwas aus der Mode gekommen.

Und dennoch, wer aktuelle Krisen und Unsicherheitsfaktoren ausblendet, kurzfristigen Trends und Entwicklungen gegenüber immun ist und die Übernahme von Führungs- und Unternehmensverantwortung als langfristige Entscheidung ansieht, für den ist die Zugkraft der sogenannten „C-Suite", der obersten Führungsinstanz in Unternehmen, nach wie vor enorm.

Klar ist auch, dass in der manifestierten Karriere-Unlust des Einen zugleich die Chance des Anderen liegt: Weniger Konkurrenz auf dem Weg in die Top-Etage erhöht für diejenigen, die diesen Weg unbeirrt und allen Unwägbarkeiten zum Trotz gehen wollen, die Wahrscheinlichkeit, dort auch tatsächlich anzukommen.

Karriere-Motive

Dabei sind die inneren Triebfedern karrierewilliger Manager, sich derlei Verantwortung zu stellen, recht vielschichtig. Dreh- und Angelpunkt der Motivlage ist sicherlich ein ausgeprägtes Arbeitsethos, also salopp gesagt der „Spaß an der Arbeit“, und das damit verbundene Streben nach Handlungsfreiheit und Verantwortlichkeit als Schlüssel zur Selbstverwirklichung im Beruf. Dazu kommt der Reiz des Unbekannten, des Verborgenen, gepaart mit dem unbedingten Wunsch der Akteure, etwas Besonderes leisten oder gestalten zu wollen, einen Unterschied zu machen und sich dabei abzuheben von der Masse der „normalen“ Führungskräfte.

Doch Vorsicht: Forscher warnen indes vor übertriebenen oder unrealistischen Erwartungshaltungen angehender Führungskräfte im Hinblick auf ihre tatsächlichen, höchstpersönlichen Einflussmöglichkeiten im Top-Management. In der Studie *Leadership or Luck* der Universität Chicago fällt das Urteil dahingehend eher ernüchternd aus: Anders als in der Politik oder im Profisport, wo sich über Jahrzehnte hinweg der unmittelbare Einfluss von regierenden Politikern auf die Wirtschaft ihres Landes oder die Wirkungskraft von Team-Coaches auf die Spielergebnisse der trainierten Mannschaften statistisch nachweisen lässt, finden sich im Geschäftsleben so gut wie keine wissenschaftlichen Belege dafür, dass dies den Chefs in ihren Unternehmen auch nur ansatzweise mit ähnlicher Durchschlagskraft gelingt.[4]

Das mag vordergründig überraschen, hängt aber vermutlich damit zusammen, dass Top-Manager im Business-Alltag in einem deutlich engeren Wirkungskorsett unterwegs sind und Aufsichtsgremien und Aktionären Kontinuität in der Unternehmensführung wichtiger ist als der individuelle „Footprint“ des jeweiligen CEO. Ergo: Das Vorhandensein des für den C-Level relevanten Kompetenzbaukastens ist wichtiger für eine Spitzenkarriere als der markige Auftritt des Chefs oder dessen Charisma.

Zurück zu den Karriere-Motiven. Es sind mehr und mehr ökologische Aspekte und Nachhaltigkeitsthemen, der Schutz gesellschaftlicher und sozialer Werte und das Erschaffen einer auf Diversität, Pluralismus und Individualisierung ausgerichteten Unternehmenskultur, was insbesondere jungen Fach- und Führungskräften einer Karrierelaufbahn im Top-Management einen tieferen Sinn – neudeutsch „Purpose“ – verleiht. Sie wollen Teil eines Paradigmenwechsels in der Führung von Unternehmen werden, wo künftige C-Level-Manger, abgesehen von ihrer Umsatz- und Gewinnverantwortung, auch für den Gemeinwohlbeitrag von Unternehmen geradestehen.

Vor allem Millennials reizt dabei die Aussicht auf eine doppelte Karriere-Reise, nämlich den Wandel in den Chefetagen mit der eigenen, inneren Transformation zu verbinden. Laut einer Studie der Beratungsgesellschaft *PwC* ist es bei

Millennials mehr als fünfmal wahrscheinlicher, dass sie ihrem Unternehmen langfristig treu bleiben, wenn sie dort eine starke Bindung und Identifikation mit dem Unternehmenszweck und der Sinnhaftigkeit ihrer Arbeit haben.[5]

Wie relevant bereits heute Aspekte wie Nachhaltigkeit, Sinnhaftigkeit und veränderte politische, gesellschaftliche und wirtschaftliche Rahmenbedingungen für die C-Level-Agenda sind, zeigt auch der *Global CEO Outlook* der Beratungsgesellschaft *KPMG* in Zusammenarbeit mit dem Analyse- und Forschungsunternehmen *Forbes Insights*[6]: Demnach sind es die neuen ESG-Wertetreiber, also Environmental, Social und Governance, die mehr und mehr die Arbeitswelt und den Führungsfokus des C-Levels bestimmen. Für 63 Prozent der befragten Führungskräfte steht dabei besonders das gesellschaftliche Engagement des Unternehmens und der handelnden Personen im Vordergrund. Und: In der betreffenden Umfrage halten es 65 Prozent der Top-Manager für wahrscheinlich, dass ihr Umgang mit dem Thema Klimaschutz einen Einfluss darauf haben wird, ob ihr Vorstands- oder Geschäftsführer-Vertrag in den nächsten fünf Jahren verlängert wird oder nicht.

Oder geht es Vielen am Ende doch nur um das liebe Geld? Auch wenn in einer Umfrage des Karrierenetzwerks *Xing* im Jahr 2019 etwa ein Drittel der in Deutschland, Schweiz und Österreich befragten Personen angaben, dass für sie die Sinnhaftigkeit der Arbeit wichtiger sei als das Gehalt und jeder zweite Umfrageteilnehmer sogar bestätigte, für eine sinnvolle Beschäftigung ein geringeres Gehalt zu akzeptieren, so spielen letzten Endes doch zweifellos auch materielle Motive eine tragende Rolle.[7] Denn schließlich bedeutet beruflicher Erfolg – ab einer gewissen Hierarchieebene – de facto auch wirtschaftlichen und gesellschaftlichen Aufstieg.

Einer Studie der *Hans-Böckler-Stiftung* zufolge ist beispielsweise der Gehaltsunterschied zwischen Top-Managern und Normalverdienern bei den im DAX notierten Unternehmen binnen eines Jahrzehnts um 70 Prozent angewachsen.[8] Andere Gehaltsstudien belegen, dass die Gesamtvergütung eines DAX-Vorstandsmitglieds im Schnitt mehr als fünfzigmal über dem Gehalt eines „normalen" Beschäftigten liegt.[9]

Zur Unternehmensrealität gehören aber leider auch Manager-Exzesse, die jeden vernunftmäßigen Vergütungsrahmen sprengen. Wie etwa beim niederländischen Supermarktkonzern *Ahold Delhaize*, der seinem Vorstandsvorsitzenden Frans Muller im Jahr 2020 sage und schreibe 122mal so viel gezahlt hat wie dem durchschnittlichen Mitarbeiter des Unternehmens.[10] Und wohl kaum zu überbieten ist das Jahressalär von Lucian Grainge, seines Zeichens Vorstandsvorsitzender der *Universal Music Group*: Mit einem Vergütungspaket von unglaublichen 274 Millionen Euro hat er im Jahr 2021 quasi den Vogel abgeschossen. Selbst aus Sicht von ebenfalls nicht unterbezahlten Investorenvertretern ist das ordinär hoch.[11]

Auch wenn das deutsche oder europäische Top-Management nicht für jede hiesige Führungskraft das Maß aller Dinge ist: Auch im deutschen Mittelstand liegen die durchschnittlichen Vorstands- oder Geschäftsführungs-Vergütungen – je nach Umsatzcluster – im oberen sechsstelligen Bereich bei Großunternehmen, beziehungsweise im unteren bis mittleren sechsstelligen Bereich bei den KMU. Extreme Ausreißer, insbesondere nach oben, sind dabei keine Seltenheit.

Und last but not least ist C-Level-Manager definitiv ein Job mit Zukunft. In dem *Deloitte*-Ranking der Berufe für die Arbeitswelt von morgen belegen nämlich Geschäftsführer und Vorstände aktuell den ersten Platz.[12] Die Gründe dafür liegen auf der Hand: Einerseits besteht in den kommenden Jahren aufgrund des demographischen Wandels eine hohe Nachfrage nach Top-Führungskräften, andererseits dürften auch noch lange keine Roboter an den Stühlen der C-Level-Manager sägen. Ihr Job hat nämlich die geringste Technologieersetzbarkeit überhaupt.

Das Narrativ erfolgreicher Karrieren

Ungeachtet anfänglicher Widersprüche lassen sich somit eine Reihe schlüssiger Motive und guter Gründe für das Faszinosum „C-Level" ausmachen. Dementgegen steht die Tatsache, dass es nur wenige Manager gibt, denen neben der fachlichen auch die persönliche und methodische Befähigung für den Aufstieg in die oberste Management-Liga und eine Karriere als CEO, CFO, COO oder einer der anderen C-Level-Funktionsträger und deren deutschsprachigen Pendants, als Vorstand, Geschäftsführer oder Geschäftsbereichsleiter gegeben ist.

Eine seltene Spezies also. Insbesondere, weil kaum einem Manager das Chef-Gen bereits mit in die Wiege gelegt wird. Leistung und Talent sind sicherlich für viele Karrieren entscheidend und ein gehöriges Maß an Selbstvertrauen, das notwendige Quäntchen Glück sowie ein bisschen Größenwahn gehören ebenfalls dazu, um ein Unternehmen zu lenken.

Doch vom Durchschnitts-Manager trennt den Top-Executive deutlich mehr: Egal welche Studie über Führungskräfte man zu Rate zieht: Akteure auf C-Level-Niveau – und insbesondere die nachweislich erfolgreichen – gelten gegenüber „normalen" Führungskräften als mutiger, neugieriger, kommunikativer, belastbarer, teamfähiger, zukunftsorientierter, empathischer, leidenschaftlicher, fokussierter, analytischer und nicht zuletzt auch als unprätentiöser und humorvoller. Spitzen-Manager rekrutieren sich folglich aus einem Kreis von Führungskräften, denen es besser als ihren „Peers" gelingt, vorhandene Leistungs- und Entwicklungspotenziale auszuschöpfen.

Somit stellt sich die Frage nach den Eigenschaften, Wesensmerkmalen und Schlüsselqualifikationen, die einen C-Level-Manager ausmachen. Worin also unterscheiden sich die Führungskräfte der „C-Suite" von ihren Counterparts der darunterliegenden Führungsebenen, welche Art des Handelns begünstigt ihren Erfolg und welchen Verhaltensmustern und Einstellungen folgen sie wirklich? Lassen sich diese Merkmale treffsicher identifizieren, gegebenenfalls auch wissenschaftlich belegen und mit praktischer Erfahrung untermauern? Und wieviel ist Vorbestimmung oder Fügung und was davon im Karriereverlauf erlernbar?

Mission Leadership geht genau diesen Fragestellungen nach und benennt die zehn entscheidenden Merkmale erfolgreicher C-Level-Karrieren, also das, was hoffnungsvolle Potenzialträger zu erfolgreichen C-Level-Führungskräften werden lässt. Das Buch basiert auf fast drei Jahrzehnten Erfahrung, die ich als Vorstand, Geschäftsführer, COO, CFO und CEO von börsennotierten Konzernen und inhabergeführten Mittelstands-Unternehmen der Werbe- und Medienindustrie sammeln konnte. Das zweite, wissenschaftliche Fundament des Buches sind meine Recherchen und die Auswertung zahlreicher Studien und Publikationen in Sachen Führung und Management.

Mission: C-Level

Mission Leadership nimmt Sie, liebe Leserinnen und Leser, mit in die Welt der C-Level-Führungskräfte und verschafft Ihnen einen facettenreichen Einblick in deren Metier. Teil 1 des Buches beschäftigt sich mit den Eigenheiten, die der Job mit sich bringt, zeigt auf, wo die Trennungslinie im Vergleich zu andern „normalen" Fach- und Führungskräften liegt und welchen Kriterien und Besonderheiten Karrierewege von C-Level-Managern wirklich folgen. In Teil 2, dem Hauptteil des Buches, werden die zehn entscheidenden Merkmale erfolgreicher C-Level-Karrieren dargelegt. Jedem dieser Merkmale ist ein eigenständiges Kapitel gewidmet. Ein Zwischenfazit leitet sodann zu Teil 3 über, welcher sich mit der zweiten Kernfrage des Buches auseinandersetzt, nämlich, ob und wie sich etwaige Erfahrungs- und Kompetenzlücken bei Führungskräften schließen lassen, oder überspitzt formuliert, ob C-Level-Manager zu werden in gewissem Sinne auch trainiert werden kann.

Mission Leadership richtet sich an ein exklusives, aber dennoch breit gefächertes Publikum. In erster Linie ist es ein Handbuch für Führungskräfte der Wirtschaft und hat dabei vornehmlich den Manager auf der mittleren Ebene im Blick, der seine eigene Karriere vorantreiben will und selbst CEO, CFO, COO oder Ähnliches werden möchte. Unentschlossenen möchte das Buch die dafür notwendigen Impulse geben, gleichzeitig aber auch Zweifler und Übermütige dazu ermuntern, sich mit etwaigen Defiziten auseinanderzusetzen, insbesondere im Hinblick auf die Entwicklung der Persönlichkeit, also das Entfalten nicht-fachlicher Kompetenzen.

Aber auch jungen Managern und Karriereeinsteigern wird die Lektüre von Nutzen sein und gleichermaßen Inspiration wie Orientierung für das bevorstehende Berufsleben und die eigene Laufbahn- und Lebensplanung geben. Zu guter Letzt richtet sich *Mission Leadership* an die Mitglieder von Aufsichts- und Führungsgremien, sie sind bekanntlich für die Auswahl und Rekrutierung von Managern dieses Kalibers verantwortlich. Das Buch mag ihnen bei der Lösung dieser Aufgabe behilflich sein.

Mission Leadership wartet mit einigen überraschenden Thesen auf. Beispielsweise, dass sich vermeintlich klassische Erfolgskriterien im Zeit- und Karriereverlauf bis zur Wirkungslosigkeit hin verändern, jedoch andere, zeitlose Attribute weiterhin Bestand haben. Oder dass bestimmte Merkmale geradezu eine Art von Renaissance erleben, etwa dann, wenn sie in ein neues begriffliches Gewand gekleidet werden. Corporate Social Responsibility und Compliance zum Beispiel sind die moderne Interpretation altmodisch klingender Prinzipien wie Anstand, Pflichtbewusstsein und das Leitbild vom Ehrbaren Kaufmann.

Außerdem weitet *Mission Leadership* den Blick auf die bevorstehende Ära der Post-Growth-Bewegung aus. Hier lautet die These: Top-Führungskräfte werden sich bald vermehrt in der Rolle des „Weltverbesserers“ wiederfinden. Selbstverständlich wird das Streben nach Gewinnmaximierung und Shareholder Value auch in Zukunft noch schicklich und notwendig sein, perspektivisch jedoch wird der „Homo Oeconomicus“ im Führungsverhalten der C-Suite peu à peu in den Hintergrund treten (müssen).

Zeitenwende und Veränderung

Neben diesem Paradigmenwechsel nimmt *Mission Leadership* noch zwei weitere aktuelle Strömungen auf: Erstens: Karrierewege und Führungsbilder verändern sich grundlegend. Die Zeiten der „harten Hunde“ und der „Old-Boys-Networks“ sind vorbei, althergebrachte Karriere-Doktrinen und Management-Mythen verlieren mehr und mehr ihre Gültigkeit und sogenannte „Kungel“-Karrieren werden immer seltener. Der abtretenden Manager-Kaste folgt eine neue, diverse Generation an Führungskräften. Aus ihr heraus entwickeln sich C-Level-Manager, die ihrem eigenen Wertekanon folgen.

Und: Karriereverläufe haften keinem klischeehaften Stereotyp mehr an, wie etwa dem vom charismatischen Elite-Uni-Absolventen mit Ritterschlag qua Prädikats-MBA als Karriere-Postulat. Oder die Notwendigkeit des richtigen pädagogischen und familiären Stammbaums. Nein, Top-Karrieren unterliegen neuen Einflussfaktoren und Gegebenheiten, welche die künftigen Anforderungen an CEOs, CFOs, COOs etc. definieren.

Mission Leadership wirft demzufolge ein gänzlich neues Licht auf erfolgreiche Karrieren und ergründet die charakteristischen Eigenschaften und Merkmale der handelnden Akteure. Zum Beispiel, wie es gelingt, Glück und Zufall – so abwegig dies zunächst klingen mag – mit in die eigene Karriere-Strategie zu integrieren, welch bedeutende Rolle der Fähigkeit zur Selbstreflexion zukommt, wie karriereprägend die individuelle Erfahrung im Umgang mit dem eigenen

Scheitern ist und warum konstruktiver Zweifel – ja, Sie haben richtig gelesen – im modernen Führungsbild als wichtige Management-Kompetenz gilt.

Zweitens: Digitalisierung, Corona-Pandemie und Krieg wirken epochal auf Art und Geschwindigkeit von Veränderungen. Unternehmen und Führungskräfte sehen sich daher mit neuen Arbeits-, Führungs- und geostrategischen Realitäten konfrontiert, die verschärfte Anforderungen im Schlepptau haben. Dies gilt in besonderem Maße für den C-Level bzw. für Manager, die dorthin streben. Deshalb beleuchtet *Mission Leadership* die Frage, ob sich die spezifischen Kriterien für Führungs- und Karriere-Erfolg im digitalen Zeitalter bereits verändert haben, oder, beschleunigt durch die Corona-Krise, binnen Kurzem weiter verändern werden.

Klar ist, die Spielregeln der Zusammenarbeit in den Unternehmen werden derzeit neu ausgehandelt und Führungskräfte sind mit Fliehkräften konfrontiert, die sie so in Form und Ausmaß bislang nicht kannten. Bisherige Maßstäbe wie Hierarchie und Präsenzkultur werden beispielsweise zunehmend irrelevant und dafür durch andere Führungsprinzipien ersetzt.

Hierzu zählt etwa das veränderte Rollenverständnis von Top-Managern – vom Alleinentscheider und Informationsnadelöhr zum Coach und Freiraumschaffer – oder die Förderung von Eigenverantwortung, Transparenz und Vertrauen, nicht zuletzt auch dank des Einsatzes neuer Technologien. Man bedenke nur die rasante, weil pandemiebedingte Entwicklung virtueller, ortsunabhängiger Arbeitswelten oder Home-Office-Lösungen und die notwendigerweise damit einhergehende Manager-Befähigung zu Remote Leadership und „phygitaler“ Führung.

Und: Inwieweit der russische Angriffskrieg auf die Ukraine und die damit einhergegangene Destabilisierung der bisherigen Weltordnung über den bloßen Krisenmodus hinaus noch weitreichendere Auswirkungen auf die Führungsarbeit in den Unternehmen haben wird, bleibt abzuwarten. Eines steht jedoch heute schon fest: Wer bei der Corona-Pandemie dachte, schlimmer kann es kaum noch kommen, wurde bei Kriegsbeginn eines Besseren belehrt.

Der Umgang mit der Pandemie hat aber auch gezeigt, dass Unternehmen fundamentale Krisen besonders schnell hinter sich lassen können, wenn sie über eine ausgeprägte Vertrauenskultur verfügen, also ein starkes wechselseitiges Vertrauen zwischen Führung und Geführten herrscht.

Ergo: Wenn nichts mehr so sein wird, wie es vorher einmal war, braucht es in Zukunft zur erfolgreichen Führung von Unternehmen ganz bestimmte Schlüsselkompetenzen, verbunden mit neuen Denkweisen und Haltungen, und zwar sowohl bei den C-Level-Managern als auch bei den für deren Auswahl und Rekrutierung verantwortlichen Gremienvertretern.

Mindshift statt Update. Die neue Führungsformel für den C-Level

Um etwaigen Missverständnissen vorzubeugen: Es soll hier nicht der Eindruck erweckt werden, als sei die Palette „klassischer" Karriere-Eigenschaften wie Fleiß, Wille, Intelligenz und Entscheidungsfreude oder Stil, exzellente Rhetorik und Begeisterungsfähigkeit weniger bedeutend. Es besteht kein Zweifel: Diese Attribute sind und bleiben das Fundament einer jeden ambitionierten Management-Karriere.

Aber: Beruflicher Aufstieg und – fast noch wichtiger – erfolgreiches und andauerndes Wirken auf C-Level-Niveau hängen in Zukunft von zwei wesentlichen Aspekten ab. Erstens: dem Stellenwert, den angehende CEOs, CFOs, COOs etc. den in diesem Buch dargelegten außerfachlichen Kompetenzen beimessen und inwiefern es ihnen gelingt, diese zuverlässig in ihrem Mindset zu verankern.

Zweitens: Ob Manager auf ihrem Weg an die Unternehmensspitze dazu in der Lage sind, einen fundamentalen Mindshift und nicht nur ein Update ihres Denkens zu vollziehen.[13] Was ich damit meine ist Folgendes: Statt sich immer nur noch mehr anzustrengen, nicht enden wollenden Durchhaltewillen zu zeigen oder die x-te fachliche Zusatzausbildung zu absolvieren wird es für Führungskräfte unerlässlich sein, ihre bisherigen Einstellungen und Haltungen grundsätzlich zu hinterfragen und ein neues Rollenverständnisses zu entwickeln.

Als Indiz für diese These mag das Ergebnis einer Studie der Beratungsgesellschaft *Egon Zehnder* dienen:[14] Auf die Frage, welche Herausforderung im CEO-Job für sie im Nachhinein größer war als zunächst erwartet, antworteten fast 80 Prozent der über 400 weltweit befragten Top-CEOs, es sei die menschliche, also die nicht-fachliche Seite der Führungsrolle gewesen. Sie empfanden sich zwar im Hinblick auf die berufstypischen Anforderungen, also die notwendige Erfahrung und das fachliche Know-how, ganz überwiegend gut bis sehr gut vorbereitet, hatten jedoch auf ihrem Weg an die Unternehmensspitze nach eigener Einschätzung keine bzw. nur unzureichende Anleitung im Hinblick auf komplementäre Schlüsselkompetenzen, wie z. B. Achtsamkeit, Demut, Selbstreflektion oder Resilienz-Training, erfahren.

Top-Niveau braucht Top-Support

Drei Dinge, die mir besonders am Herzen liegen, möchte ich an dieser Stelle noch einleitend erwähnen. Erstens: Führung und Erfolg realisieren sich am Ende immer über die Geführten. Wer das Zeug zum C-Level-Manager hat, erkennt und verinnerlicht diesen Aspekt bereits im Frühstadium seiner Karriere und richtet bei der Modellierung seiner Führungskompetenzen den Fokus nach und nach eher auf das „Sein" als auf das „Tun".

Diese Grundüberzeugung zieht sich als roter Faden durch *Mission Leadership*, das nebenbei bemerkt kein Garantieversprechen dafür gibt, tatsächlich eine ebensolche Top-Führungskraft zu werden. Aber, und das ist die gute Nachricht, die Kenntnis der zehn entscheidenden Erfolgsmerkmale, das Wissen über ihr Zusammenwirken und die Bereitschaft, sich dieses Know-how peu à peu zu eigen zu machen, wird karrierewilligen Managerinnen und Managern maßgeblich dabei helfen, ihre ambitionierten Laufbahn-Ziele auch tatsächlich zu erreichen.

Zweitens: Es wäre töricht zu glauben, dass Führungskräfte – sobald sie denn eine gewisse Flughöhe erreicht haben – keine Unterstützung und kein Beistand mehr bei der Bewältigung ihres Manager-Alltags benötigten. Tatsächlich ist genau das Gegenteil der Fall. Allein schon die Erkenntnis, für einen Spitzenjob in Frage zu kommen und die Aussicht, jahrelang tagein, tagaus im Feuer zu stehen, kann bei angehenden C-Level-Managern trotz aller Karriere-Euphorie zu enormen Belastungen führen. Werden dann auch noch Erfahrungs- und Kompetenzlücken offenbar, so ist die Verunsicherung und die Gefahr des Verzettelns oder Strauchelns groß.

Somit bleibt drittens die Frage, ob es einen Königsweg für das Erlernen von „Leadership", also der personenbezogenen Komponente der Management-Funktion, gibt. Wenngleich dies doch eher verneint werden muss, so ist es in Theorie und Praxis indes unstrittig, dass karrierebegleitende Elemente wie Coaching, Sparring oder Mentoring bei der Führungskräfte-Entwicklung einen unerlässlichen Mehrwert bieten, insbesondere wenn es darum geht, bei den Chefaspiranten individuelle Defizite zu erkennen, Karrierehürden und -blockaden zu überwinden und notwendige Schlüsselkompetenzen zu entfalten. Dieser Überzeugung folgend widmet *Mission Leadership* dem Thema „Coaching" und einigen dafür speziell für den C-Level als geeignet und nützlich angesehenen Verfahren und Methoden ein eigenes Kapitel.

Mind the Leadership-Bias!

Doch zurück zu dem Eingangszitat. CEO beziehungsweise C-Level-Manager zu sein, sollte in der Tat nicht unterschätzt, aber – wie David Marcus gesagt hat – eben auch nicht überschätzt werden. Denn, etwas weitergedacht, führt Überschätzung dazu, dass vorherrschende Karrieremythen überdauern, dadurch immer wieder verzerrte Rollenbilder gezeichnet und falsche Erfolgsmerkmale für eine Spitzenkarriere vermittelt werden. Das Dilemma: Gute und talentierte Menschen lassen sich aufgrund von so geschürten Ressentiments oder Klischeevorstellungen davon abhalten, selbst eine *Mission Leadership* in Angriff zu nehmen.

Das mag unter anderem auch daran liegen, dass der Blick auf die C-Suite meist nicht weit genug und ihre Wahrnehmung zu oberflächlich ist. In der Regel sind es nämlich nur die wenigen Top-Leute aus DAX-, MDAX und bestenfalls noch SDAX oder TecDAX-Unternehmen oder andere Galionsfiguren der C-Level-

Zunft, die im Rampenlicht der Medien stehen oder die es regelmäßig auf die Titelseiten der Wirtschaftsmagazine schaffen.

Wer will es also karrierewilligen Frauen und Männern verdenken, wenn sie das Gefühl beschleicht, mit solchen Hochglanz-Bios nichts gemein zu haben. Sie finden sich in solch stereotypen Manager-Vorbildern nicht wieder, überschätzen dennoch konsequent deren Wirkungskraft und ziehen falsche Rückschlüsse auf ihre eigenen, tendenziell unterschätzten Fähigkeiten und Möglichkeiten.

Und genau darin liegt die Krux: Das Gros potenzieller C-Level-Jobs, nämlich das komplette Universum der Vorstände, Geschäftsführer und Geschäftsbereichsleiter von Mittelstands-Unternehmen, KMU, Hidden Champions und Startups macht weitaus weniger Furore, findet also weniger allgemeine Beachtung und Bewunderung in der Öffentlichkeit. Paradoxerweise sind es aber genau diese zigtausende Karrieren, die es zu betrachten gilt, um zuverlässig die Frage nach den entscheidenden Erfolgsmerkmalen für den Weg zum C-Level beantworten zu können.

Mission Leadership macht es sich daher auch zur Aufgabe, Fakten und Fiktionen im Hinblick auf die entscheidenden Merkmale erfolgreicher C-Level-Karrieren voneinander zu trennen und ein ehrliches, authentisches und richtungsweisendes Bild des Metiers zu zeichnen, Theorie und Praxis in Einklang bringend.

Wenn Ihre Lust auf eine außergewöhnliche Karriere-Reise jetzt immer noch ungebrochen ist, und das hoffe ich doch sehr, dann lade ich Sie dazu ein, das Buch zum Sparringspartner für Ihr Vorhaben zu machen. Nutzen Sie die Impulse und das Wissen der Lektüre, während Sie Ihre eigenen Erfahrungen machen. Denn mit der Erfahrung ist das so eine Sache: Man hat sie fatalerweise immer erst dann, nachdem man sie gebraucht hätte. Erfahrung kann nicht beigebracht oder vermittelt werden, es gilt sie zu durchleben, um sie sammeln zu können.

Bilden Sie sich also Ihre eigene Meinung und seien Sie bei denjenigen, die es trotz aller Schwierigkeiten, Mühen und Widersprüche schaffen, CEO, CFO, COO, Geschäftsführer, Vorstand oder Ähnliches zu werden. Seien Sie offen, tun Sie Sinnvolles und bewegen Sie viel, mit Spaß und Freude. Täglich. Starten Sie Ihre *Mission Leadership!*

Teil 1

Die C-Klasse, eine Klasse für sich

Kapitel 1: Vorbemerkungen

„CEO zu werden ist kein Grund die Persönlichkeit zu ändern."

Christian Klein, CEO von SAP

Sie haben sich also durch die einleitenden Worte nicht abschrecken lassen? Sehr gut! Dann werden wir uns jetzt im ersten Teil von *Mission Leadership* den Eigenheiten und Besonderheiten des C-Levels zuwenden, um zu verstehen, wo die Trennungslinie zu „normalen" Fach- und Führungskräften nachgelagerter Managementebenen liegt.

Einer der Pioniere der modernen Managementlehre, Peter Drucker, hat einmal zu der Frage, ob es denn im Hinblick auf das Aufgabenspektrum von Managern überhaupt eine eindeutige Trennungslinie zwischen dem C-Level und anderen Führungsebenen gibt, wie folgt Stellung genommen: Es sei, so Drucker, die ureigene und nicht delegierbare Aufgabe des C-Levels, das Bindeglied zwischen der inneren Welt, also dem Unternehmen, und der äußeren Welt, also der Gesellschaft, der Wirtschaft, den Märkten und den Kunden zu sein, stets interne wie externe Interessen im Blick zu behalten und durch die Kombination von beidem die bestmöglichen Firmenergebnisse zu erzielen.[15]

Auch ich werde immer wieder darauf angesprochen, was denn das Charakteristische am C-Level-Job ist. Ich gebe zu, Außenstehenden das mit ein paar wenigen Worten zu erklären, ist gar nicht so einfach. Aber die Frage ist gut und berechtigt. Der springende Punkt ist – und zu diesem Resümee bin ich im Verlauf meiner Karriere gelangt –, dass C-Level-Manager im Gegensatz zu anderen Führungskräften nicht *im* Unternehmen, sondern *am* Unternehmen arbeiten.

Bevor wir uns als Nächstes dem vielfältigen Spektrum der C-Level-Positionen zuwenden, lassen Sie uns noch kurz der Frage nachgehen, welchen Kriterien die Karrierewege von C-Level-Managern tatsächlich folgen. Und hier liegt die Betonung auf „tatsächlich". Womit ich noch einmal kurz auf das bereits einleitend erwähnte Thema der Management-Mythen und Stereotypen zurückkommen möchte.

Die Stereotypen-Falle. Wenn Märchen und Mythen den Blick verstellen

Wer sich näher über die Berufsbilder der C-Suite informieren möchte und nach „C-Level" oder anderen, damit verwandten Begriffen im Netz sucht, erhält pro Search bis zu zwei Milliarden Links und Empfehlungen! Nicht gerade ein Ausdruck von Einzigartigkeit. Doch im Ernst, ein kurzer Scan zeigt: Fast alle Suchergebnisse bedienen erschreckenderweise mehr oder weniger unrealistische und dennoch allgegenwärtige Stereotypen und Klischees.

Die unterschwellige Botschaft darin ist unmissverständlich: Wer nach oben will, muss sich das Verhalten der klassisch männlichen Alpha-Leader aneignen. Der erfolgreiche C-Level-Manager ist demnach ein charismatischer, 1,90-Meter-Mann mit weißer Hautfarbe und Abschluss von einer Eliteuniversität, der mit übermäßigem Selbstbewusstsein, nicht selten auch mit narzisstischen Zügen ausgestattet, als strategischer Visionär gilt, auf eine steile Bilderbuch-Karriere zurückblickt und über die Fähigkeit verfügt, unter hohem Druck allseits einsame und perfekte Entscheidungen zu treffen.

Zu diesem Urteil kam auch die amerikanische Management-Beratung *G.H. Smart & Company*, nachdem sie die offiziellen Biografien der *Fortune-500*-Chefs, das sind die Top-Manager der 500 umsatzstärksten Unternehmen der Welt, systematisch ausgewertet hatte.[16] Das Ergebnis überraschte selbst die Experten, denn sie waren erstaunt, wie wenig diese Profil-Beschreibung den tausenden erfolgreichen C-Level-Managern entsprach, die sie im Rahmen ihrer jahrzehntelangen Beratertätigkeit in Unternehmen unterschiedlichster Größe selbst kennengelernt hatten. Sie stellten fest – und bestimmt ahnen Sie es schon:

Zwischen dem, was nach landläufiger Vorstellung und leider auch allzu oft in den Augen von Aufsichtsgremien, Investoren und Personalverantwortlichen einen idealen Top-Manager auszeichnet, und den tatsächlichen Erfolgstreibern besteht offensichtlich eine tiefe Kluft.

Dadurch entsteht wiederum eine toxische Grundlage für Besetzungsentscheidungen auf Ebene des Top-Managements. Langzeitstudien bestätigen diesen Effekt: Fast ein Viertel der CEOs, die eines der großen US-amerikanischen Unternehmen verlassen, gehen vorzeitig und unfreiwillig.[17]

Die Konsequenz daraus ist verheerend: Einer Studie der Beratungsgesellschaft *PwC* zufolge werden durch solch erzwungene Personalwechsel weltweit jährlich über einhundert Milliarden US-Dollar an Börsen- bzw. Firmenwert vernichtet.[18] Eine erschreckende Bilanz, insbesondere für jeden Manager, der in diese Führungsriege aufrücken will, und natürlich ein Armutszeugnis für die zuständigen Besetzungsgremien.

Take-Aways

Wenn der Chefsessel allzu oft zum Schleudersitz wird, dann ist dies meines Erachtens auch das Resultat eines verstellten Blicks auf die wirklich entscheidenden Merkmale erfolgreicher Karrieren.

Leistung schlägt Charisma. Es geht auch ohne Rampensau-Gen

Nur gut, dass sich das Team von *G.H. Smart & Company* mit den vordergründigen Ergebnissen nicht zufriedengab und den wissenschaftlichen Beleg dafür finden wollte, was den Erfolg von Top-Managern tatsächlich ausmacht. So geschehen im Rahmen einer auf zehn Jahre angelegten Studie, dem sogenannte „*CEO Genome Project*“, in Zusammenarbeit mit Ökonomen der University of Chicago und der Copenhagen Business School sowie mit Hilfe von Experten des Software- und Analyseunternehmens *SAS*.[19] Anhand von Daten tausender Beurteilungen von C-Level-Managern wurde durch die Kombination von Informationen zu Werdegang, Geschäftsergebnissen und Verhaltensweisen systematisch herausgearbeitet, welche Eigenschaften herausragende Top-Führungskräfte wirklich von anderen Managern unterscheiden.

Den Ergebnissen zufolge haben beispielsweise Manager, die ihren vorherrschenden Charakterzug als selbstbewusst, unabhängig und eigenverantwortlich beschrieben, doppelt so oft nur unterdurchschnittliche Unternehmensergebnisse abgeliefert und waren hinter den Erwartungen der Boards und Investoren zurückzublieben als Führungskräfte, bei denen diese Eigenschaften nicht dominant ausgeprägt waren.

CxO-Mindset

Ähnlich verhält es sich mit den Merkmalen Selbstvertrauen, Charisma und Extrovertiertheit: Empirisch betrachtet haben Manager, die diese Eigenschaften vornehmlich auf sich vereinen, bei der Besetzung einer C-Level-Position im Vergleich zu anderen Bewerbern zwar eine mehr als doppelt so hohe Chance zum Zuge zu kommen, im Job allerdings glänzen dann, der Studie zufolge, die tendenziell introvertierten Manager viel öfter mit überdurchschnittlichen Leistungen und außergewöhnlichen Erfolgen als ihre übermäßig selbstbewussten Artgenossen.

Zu gleichlautenden Ergebnis kommen auch Studien, die sich mit Narzissmus in den Führungsetagen beschäftigen. Sie belegen, dass die Wahrscheinlichkeit Führungskraft zu werden, zwar proportional mit dem Narzissmuswert steigt, dieser sich aber im Karriereverlauf sehr schnell als dysfunktional erweist.[20] Intrigantes und manipulatives Vorgehen, permanente Selbstdarstellung, soziale Unverträglichkeit und die Unfähigkeit zu Empathie – alles narzisstische Persönlichkeitsmerkmale – kreieren ein toxisches Umfeld und machen der Karriere eher früher als später den Garaus.

Take-Aways

Ergo: Übersteigertes Selbstbewusstsein und narzisstisches Gehabe erhöhen zwar die Auswahl-Wahrscheinlichkeit bei der Besetzung einer Top-Position, sind aber keine entscheidenden Merkmale für eine wirklich erfolgreiche C-Level-Karriere, beides steht guter Führung eindeutig im Weg.

Eine faszinierende Erkenntnis, wie ich meine, die sich im Übrigen auch mit meinen persönlichen Erfahrungen deckt. Dutzende meiner Pendants habe ich kommen und gehen sehen und oft habe ich die Gründe für ihren Erfolg oder Misserfolg auch hautnah miterlebt. An einigen wenigen meiner Artgenossen habe ich mich selbst orientiert. Sie waren mir Vorbild und Inspiration zugleich. Rückblickend betrachtet waren es aber nicht die Typen mit übertriebenem

Selbstbewusstsein und ebensolchem Auftreten, sondern Menschen, die mir wegen ihrer Individualität, Einzigartigkeit und Leistung imponierten. Zugegebenermaßen war auch ich zu Beginn meiner Karriere für klischeehaftes Managergehabe durchaus empfänglich. Woher soll man als Berufseinsteiger denn auch wissen, wie „die da oben" tatsächlich ticken. Aber:

CxO-Mindset

Je weniger das Ebenbild einer Führungskraft dem Manager-Stereotyp entsprach, umso eher konnte ich mich mit der Person und ihrer Position identifizieren. Und je höher die Position angesiedelt und je normaler und unprätentiöser das Auftreten des Protagonisten war, umso realistischer und attraktiver erschien es mir, selbst einmal ins Top-Management einziehen zu können. Damit war bei mir damals eine wichtige mentale Hürde genommen.

Ähnlich muss es sich auch bei andern Top-Managerinnen und -Managern zugetragen haben. Ansonsten gäbe es ja vermutlich nicht so viele arrivierte C-Level-Führungskräfte, die mit den vermeintlichen Leitbildern so ganz und gar nichts gemein haben.

Zum Beispiel Thomas Olemotz, Vorstandsvorsitzender des IT-Dienstleisters *Bechtle*, der das Unternehmen in 12 Jahren seines Wirkens zu einem Wertezuwachs von sage und schreibe 1800 Prozent geführt hat.[21] Er scheut von jeher den großen Auftritt und macht auch sonst keinerlei Aufhebens um seine Person. Dabei ist er weder verstockt noch spröde, sondern einfach nur bodenständig, beharrlich und vielseitig, aber ohne Glamour, ohne Show.

Oder Peter Bauer, ehemaliger *Infineon*-Retter, der als Vorstandschef den damals kriselnden Halbleiterhersteller zur Ertragsperle und als Chef-Aufseher bei *Osram* den angegrauten Licht-Konzern erfolgreich zum führenden LED-Hersteller umbaute.[22] Er galt in seiner aktiven Zeit als nachdenklicher, zurückhaltender und unaufgeregter Manager-Typ, dem Tatkraft und Erfolg stets vor Personenkult und öffentlicher Bühne gingen.

Ein weiteres Beispiel ist Kerstin Hochmüller, Geschäftsführerin von *Marantec*, dem führenden deutschen Hersteller von Torantriebssystemen.[23] Seit ihrem Antritt 2012 hat sie über die Jahre hinweg trotz extrem schwieriger Rahmenbedingungen den operativen Gewinn des Unternehmens kontinuierlich und signifikant gesteigert. Dabei würde sie sich selbst nie als „Chefin" bezeichnen. Statt an Einzelpersonen, die über allem stehen, glaubt sie an den Erfolg durch postpatriarchale Führung, Kooperation und Teamgeist.

Drei individuelle Erfolgsgeschichten abseits jedweder Management-Klischees, die übrigens in ähnlicher Form auch bei sehr bekannten Vertretern der C-Level-Zunft wiederzufinden sind, zum Beispiel bei Bill Gates oder Jeff Bezos: Auch sie gelten prinzipiell als zurückhaltend und geräuschlos, den großen Auftritt meidend, sind aber – wie wir alle wissen – überaus erfolgreich. Beide haben ihre Top-Karriere damit begründet, sich zutiefst und leidenschaftlich einem Thema zu widmen, anstatt ihre Zeit mit Selbstdarstellung zu vergeuden. Beide waren äußerst scheue und zurückhaltende Artgenossen, bevor sie über Erfahrung und Erfolg zu souveränen und charismatischen Top-Managern wurden.

Und auch Heinrich von Pierer, der langjährige Vorstandsvorsitzende von *Siemens*, bilanziert, dass überzogenes Selbstbewusstsein und allwissendes oder arrogantes Auftreten ins Karriere-Abseits führen. Autorität und Anerkennung lasse sich nicht durch selbstherrliches oder gar rüdes Auftreten gewinnen, sondern nur durch Sachlichkeit und Bescheidenheit.[24] Wir halten fest:

Kaum ein Management-Metier ist so von Mythen umrankt und von Vorurteilen geprägt wie das des C-Levels. Entgegen dem verbreiteten Klischee stehen in der Wirklichkeit nicht zwangsläufig die Ellenbogentypen an der Spitze von Unternehmen

Forschung und Statistik sagen, was das anbelangt, eindeutig etwas anderes. Offenbar ist es in der öffentlichen Diskussion über Leadership-Themen einfacher, sich bei der Frage nach der tatsächlichen Karriererelevanz von Eigenschaften und Merkmalen auf Klischees zu beschränken, als den Versuch zu unternehmen, die C-Suite inhaltlich differenziert zu beschreiben und Besonderheiten auszuleuchten. Egal wie, die gute Nachricht ist: Wenn Sie Karriere machen möchten, können Sie die „Rampensau" beruhigt im Stall lassen!

Kleiner Beipackzettel für den C-Level

An dieser Stelle möchte ich noch kurz auf eine gern übersehene Eigenart des C-Levels zu sprechen kommen: In aller Regel geht nämlich mit dem hierarchischen Aufstieg und dem erweiterten Verantwortungs- und Kompetenzrahmen auch ein gesellschaftsrechtlicher Akt einher. Die Rede ist von der sogenannten Organstellung, mit der Führungskräfte als Geschäftsführer oder Vorstände qua Amtes zu gerichtlichen und außergerichtlichen Vertretern der von ihnen geleiteten Unternehmen erhoben werden. Die konkreten Auswirkungen sind zwar sehr spezifisch und von bestimmten Rahmenbedingungen, wie Rechtsform oder Firmensitz abhängig, die damit einhergehenden Konsequenzen aber oft fundamental und daher nicht zu unterschätzen. Besonders einschneidend:

Take-Aways

Als C-Level-Manager ist man in der Regel nicht mehr Arbeitnehmer, sondern befindet sich in einem Dienstvertragsverhältnis mit den Gesellschaftern seines Unternehmens. Das bringt mehrere Besonderheiten mit sich, die es zu beachten gilt.

Zu prüfen sind dabei insbesondere eine Reihe haftungsrechtlicher Fragen sowie der individuelle Sozialversicherungsstatus. So wird etwa der CEO einer GmbH nach seiner Bestellung zum Geschäftsführer sozialversicherungsrechtlich dahingehend eingestuft, ob und wieviel Gesellschaftsanteile er an der Firma besitzt, also wie hoch seine Kapitalbeteiligung ist. Beim CEO einer Aktiengesellschaft hingegen erfolgt am Tag der Berufung in den Vorstand automatisch der Zwangsausschluss aus der gesetzlichen Sozialversicherung, auch wenn er keine einzige Aktie seines Unternehmens besitzt.

Es liegt in der Natur des Menschen, dass im Zuge der Begeisterung über den beruflichen Aufstieg solche und ähnlich gelagerte Punkte gerne außer Acht gelassen werden. Nicht selten gibt es dann im Nachhinein ein bitteres Erwachen, insbesondere dann, wenn die Tragweite von C-Level-Spezifika bis in den Privat- und Familienbereich hineinwirken. Der Teufel steckt also sprichwörtlich im Detail. Deshalb mein Rat: Machen Sie rechtzeitig einen Crash-Kurs in Sachen Managerhaftung und Gesellschaftsrecht. Am besten, Sie lassen sich vom Anwalt Ihres Vertrauens dahingehend beraten.

Kapitel 2:
C-Level-Wiki. Von gängigen und ungewöhnlichen CxO-Positionen

„Wer den Hafen nicht kennt, in den er segeln will, für den ist kein Wind der richtige."

Lucius Annaeus Seneca

Das dem römischen Philosophen Seneca zugeschriebene Zitat ist eine schöne Metapher für das Finden von Antworten auf eine Vielzahl offener Fragen über das Glück und die Wege zu ihm. Im übertragenen Sinne bedeutet dieser bildhafte Vergleich für Ihre *Mission Leadership*, dass Sie über den C-Level, den ultimativen Bestimmungsort ihrer Karriereresie, möglichst viel in Erfahrung bringen, dort verwendetes Vokabular und dessen Bedeutung kennen und über die einzelnen Verantwortungsbereiche Ihrer „Crew" im Bilde sein sollten, bevor Sie in See stechen. Nicht, dass Sie, um bei dem Bild zu bleiben, im falschen Hafen an Land gehen, sich den Wind aus den Segeln nehmen lassen, oder, noch schlimmer, vom Kurs abkommen oder gar unter die Räuber fallen. Damit aber genug von der Glückslehre der Stoiker, lassen Sie uns jetzt in die spezifische Begriffswelt und Nomenklatur des C-Levels eintauchen.

Die „C-Suite" – Spitze der Management-Pyramide

C-Level-Positionen, oft auch „C-Suite" oder „CxOs" genannt, sind die oberste Management-Ebene eines Unternehmens. Das „C" steht für „Chief" und nimmt damit Bezug auf internationale Stellenbezeichnungen von Führungspersonen. Sie sind das Ergebnis einer immer globaler werdenden Arbeitswelt und der damit einhergehenden Notwendigkeit, Job-Namen und Titel in den Unternehmen weltweit zu synchronisieren. Vorreiter in Sachen CxO sind – wenig überraschend – die USA.

Per Definition hat eine C-Level-Managerin oder ein C-Level-Manager maximal noch eine Ebene über sich.

Je nach Rechtsform des Unternehmens sind das der oder die Gesellschafter bzw. Gründer oder das gewählte Kontrollgremium, also das Supervisory Board in der angelsächsischen Terminologie oder der Aufsichtsrat in Deutschland bzw. der Verwaltungsrat in der Schweiz. In diesem Kontext ist der CEO, der Chief Executive Officer, die wohl bekannteste Position, er oder sie hat den höchsten Rang in der Unternehmenshierarchie inne und ist zugleich den anderen C-Level-Führungskräften gegenüber weisungsbefugt. Die deutschen Pendants zum CEO tragen den Titel Vorstandsvorsitzender, geschäftsführendes Vorstandsmitglied oder Vorsitzender der Geschäftsführung.

Werfen wir zur besseren Einordnung zunächst einen Blick auf die Entscheidungsebenen unterhalb des C-Levels. Die jeweilige Rangordnung hängt zwar oft von den Firmenspezifika ab, lässt sich aber klassischerweise wie folgt beschreiben:

Unmittelbar unter dem C-Level ist das sogenannte **D-Level-Management** angesiedelt, also die Direktoren der jeweiligen Unternehmensbereiche wie Finanzen,

Marketing, Vertrieb, HR oder IT. Nicht selten findet man auf dieser Ebene auch noch eine zusätzliche hierarchische Differenzierung zwischen „Director" und „Senior Director". Der Director hat stets eine leitende Position inne und führt die mittlere Managementebene, oft auch **B-Level** genannt. Das bedeutet, dass zum Beispiel ein Marketing-Director die Kontrolle über das gesamte Marketing hat und sämtliche dort tätige Manager ihm unterstellt sind.

Der **„Manager"** schließlich verkörpert die unterste Führungsebene im Unternehmen. Für gewöhnlich tragen Manager die Verantwortung für eine Vielzahl von Mitarbeitern, zumeist in Form einer Abteilung. Die vergleichbare deutsche Job-Bezeichnung ist daher „Abteilungsleitung". Auch hier können Senior-Positionen existieren, was dann zur gleichen hierarchischen Rangordnung führt wie auf anderen Ebenen: Ein Senior Marketing Manager wäre dann der Vorgesetzte eines Marketing-Managers. In größeren Unternehmen gibt es auf dieser Führungsebene oft auch noch die Position des **„Head of"**, die hierarchisch über dem Senior Manager steht. In der Regel ist damit die Leitung einer größeren Abteilung und eine erweiterte Personal- und Budgetverantwortung verbunden.

Der Vollständigkeit halber sei auch noch auf den **V-Level** hingewiesen. Der V-Level ist in größeren angelsächsischen Firmen als zusätzliche Führungsebene zwischen der C-Suite und dem Director-Level angesiedelt.

Das „V" leitet sich aus der englischen Berufsbezeichnung „Vice President" ab, oft einfach nur als VP bezeichnet. Auch wenn der Titel dies nahelegt: Es handelt sich hierbei mitnichten um den Vizepräsidenten des Unternehmens, vielmehr findet sich dieser Titel bei Leiterinnen oder Leitern von Ressorts oder Business Units. In deutschen Mittelstandsunternehmen ist das Titel-Pendant zum VP die Geschäftsleitung oder Geschäftsbereichsleitung. Eine Positionsbezeichnung auf dieser Zwischenebene würde also, um bei dem bisherigen Beispiel zu bleiben, VP Marketing lauten. Der VP wäre dann dem Marketing-Director übergeordnet und würde direkt an den Vorstand oder die Geschäftsführung, also an den C-Level berichten. Gibt es außer dem VP noch den SVP, also einen „Senior Vice President", dann weist das „Senior" im Titel auch hier wieder auf einen höheren Rang innerhalb ein und derselben Managementebene hin.

Doch wenden wir uns nun explizit dem C-Level, die Spitze der Führungs-Pyramide, zu. Zur obligatorischen, um nicht zu sagen tradierten Besetzung des C-Levels gehören neben dem CEO zweifellos der CFO – Chief Financial Officer, hauptverantwortlich für den Finanzbereich – und der COO – Chief Operating Officer, verantwortlich für alle Unternehmensaktivitäten, die in unmittelbaren Zusammenhang mit dem eigentlichen Betriebs- und Geschäftszweck stehen, das sogenannte „Tagesgeschäft" also.

Je nach Unternehmensstruktur und -größe kann theoretisch für jeden Bereich ein eigener „Chief" vorhanden sein, etwa der CMO im Marketing, der Chief Sales Officer im Vertrieb oder der CIO bzw. der CTO, der als Chief Information

Officer bzw. als Chief Technology Officer mit der strategischen und operativen Leitung des IT-Bereichs betraut ist. Die ideale CxO-Mixtur für die oberste Management-Ebene lässt sich nur schwer über einen Kamm scheren. Nach meinen Beobachtungen erhält der CEO eines Unternehmens in der Regel von fünf bis acht sorgfältig ausgewählten C-Level-Managern seine Direktberichte.

Da die Anforderungsprofile von Firma zu Firma oder im Zeitverlauf variieren, sind Umbesetzungen im jährlichen Turnus nichts Ungewöhnliches, gerade bei besonders dynamischen Unternehmen. Bei kleineren und mittleren Unternehmen oder bei Start-ups ist es außerdem üblich, dass C-Level-Führungskräfte zeitweilig auch untergeordnete Management-Aufgaben, also solche des V- oder D-Levels mit übernehmen.

Take-Aways

Interessant ist in diesem Zusammenhang, was Studien über die Fluktuationsgründe im Top-Management ergeben haben:[25] Demnach werden auf der obersten Führungsebene Jahr für Jahr etwa 20 Prozent der Kompetenzen überflüssig und durch andere ersetzt, was im Umkehrschluss bedeutet, dass, empirisch gesehen, regelmäßige Veränderungen im Gefüge der C-Suite gewissermaßen vorprogrammiert sind.

Vielfalt und Veränderung. Was C-Levels über Unternehmen verraten

CxO-Titel sind gute Indikatoren für den Wandel in der Geschäfts- und Arbeitswelt. Wikipedia erwähnt derzeit 57 unterschiedliche Positionen! Auf alle einzugehen, würde Rahmen und Zielsetzung von *Mission Leadership* sprengen, aber einige ausgewählte Positionen werden wir uns dennoch etwas genauer anschauen.

Doch ein Punkt sei noch vorweg erwähnt: Neben der schieren Anzahl an neuen Titeln ist augenfällig, dass Aufgabenbeschreibungen bereits lang etablierter und allgemein anerkannter Führungspositionen immer wieder an verändernde Businessanforderungen angepasst werden müssen. Um ein Beispiel zu nennen:

Aufgrund der Digitalisierungsdynamik sind bestimmte Unternehmensfunktionen dazu gezwungen, ihre Aufgabenprofile für den C-Level fortlaufend zu aktualisieren.

Dadurch entstehen neue Rollenbilder und inhaltliche Schwerpunkte. Laut einer in der Schweiz im Jahr 2019 durchgeführten Leadership-Studie sind es vor allem die Jobs der CIOs und CMOs, die am stärksten von digitalisierungsbedingten Veränderungen betroffen sind.[26] Der Fokus von CIOs müsse sich in Zukunft neben dem Betrieb der bestehenden IT und der Automatisierung von Geschäftsprozessen insbesondere auf das Thema Cyber-Security und den Auf- und Ausbau von Technologien zur Entwicklung neuer Produkte und Services richten. Und CMOs müssen der Studie zufolge den Schwerpunkt ihrer Arbeit verstärkt auf das Thema Business Intelligence, also intelligentes Kundendaten-Management, und die Etablierung einer überzeugenden „Customer Journey" legen.

Manch spannende CxO-Position ist in den letzten Jahren dazugekommen und konnte sich nachhaltig in der C-Suite etablieren.

Dazu gehört beispielsweise der Chief Compliance Officer, nicht zuletzt auch als Resultat einiger öffentlichkeitswirksamer Manager-Verstöße gegen Recht, Gesetz und unternehmensinterne Richtlinien. Anfangs als lästiges Übel oder Mode-Thema abgetan, sitzt der CCO mittlerweile gerade bei großen börsennotierten Firmen fest im Vorstands-Sattel. So etwa Manuela Mackert, seit mehr als 10 Jahren CCO der *Deutsche Telekom AG*. Sie hat dort durch ihr Wirken über die Jahre hinweg neue Maßstäbe gesetzt, zum Beispiel durch den Gewinn des Ethik-Awards des international renommierten *Ethisphere Institutes* in den Jahren 2018 und 2019.

Auch der CHRO, Chief Human Resources Officer, ist zum festen Bestandteil der neuen C-Level-Nomenklatur geworden. Das hat dafür gesorgt, dass Personalthemen grundsätzlich eine viel stärkere Gewichtung in Unternehmen bekommen haben. In Firmen mit personalintensiven Geschäftsmodellen findet man außer dem CHRO noch weitere HR-fokussierte C-Level-Positionen. Zum Beispiel den Chief Talent Officer, dessen Aufgabe es ist, Beschäftigte langfristig mit durchdachten Vergütungsmodellen und betrieblichen Zusatzleistungen, sogenannte „Fringe Benefits", an die Firma zu binden.

Oder Positionen wie Chief Happiness Officer, Chief People Officer und Chief Culture Officer, Titel also, die unmittelbar Rückschlüsse auf ihre Bedeutung und ihren Stellenwert für die jeweilige Unternehmenskultur zulassen. Nicht zu vergessen der Chief Diversity Officer oder Chief Inclusion Officer, der – oder die – sicherstellt, dass Vielfalt zur Chefsache erhoben und in allen Ausprägungen im Unternehmen gelebt wird.

Ein Paradebeispiel für mitarbeiterzentrierte Unternehmensführung ist meines Erachtens *SAP*: Bereits seit 2018 bietet der Konzern seinen Mitarbeiterinnen und Mitarbeitern bis zu 80 verschiedene Kurse an, um Achtsamkeit zu lernen und das seelische Wohlbefinden zu steigern. Mit dem expliziten Auftrag, für die mentale Gesundheit der Belegschaft zu sorgen, hat *SAP* eigene Fachleute im Top-Management betraut und sich bei der Entwicklung der Programme an einigen Tech-Konzernen im Silicon Valley orientiert. Heute koordiniert Peter Bostelmann, der Chief Mindfulness Officer von *SAP*, von seinem Dienstsitz im kalifornischen San Francisco aus, ein Netz von 60 Trainern, die an 30 Standorten des Konzerns Seminare über Achtsamkeit, Kochkurse mit Ernährungstipps, gezielte Bewegungstrainings, Schweige-Retreats oder ähnliche Themen für die Belegschaft vor Ort organisieren.[27] Und er hätte sich sicherlich nicht träumen lassen welchen Stellenwert und wieviel Aufmerksamkeit seine Position einmal erlangen würde. Pandemiebedingte Stressphasen über viele Monate hinweg, ständige Videokonferenzen, Homeoffice, Homeschooling und Isolation – das schlaucht. Wie gut, wenn dann das Konzept der Achtsamkeit im Unternehmen bereits auf Ebene des Top-Managements institutionalisiert ist und dadurch – wie im Fall von *SAP* – schnell ein umfassendes und nachhaltiges Paket zur Stärkung der Mitarbeiter-Psyche aktiviert werden kann.

Das alles sind Themenbereiche, die sich in CxO-Titeln manifestieren und mit deren Hilfe sich Firmen strategisch positionieren. Und die Liste ließe sich beliebig fortführen. Wer noch mehr Details über C-Level-Positionen und deren Inhalt erfahren möchte, dem empfehle ich einen Besuch auf der Website von *The Official Board*, eine Firma, die Daten über Organisations- und Managementstrukturen von mehr als 80.000 Firmen weltweit analysiert und diese der interessierten Öffentlichkeit zur Verfügung stellt.[28]

Viele C-Level-Positionen sind, wie bereits erwähnt, allgemein anerkannt und etabliert.

Wenn neue CxO-Bezeichnungen in der Unternehmensführung entstehen, dann ist das aber viel mehr als reine Semantik, sondern Ausdruck von Macht, Anerkennung und neu geordneter Prioritäten.

Nicht selten deutet dies auch auf tiefgreifende Veränderungen in der Unternehmensstrategie hin. Wenn das C-Level-Spektrum erweitert wird, also zusätzliche Vorstands-Positionen oder CxO-Titel entstehen, dann lässt sich anhand der neuen Konstellation unterhalb des CEOs gut ablesen, welche Themenfelder gerade hoch im Kurs stehen und welche Unternehmensbereiche in Zukunft mehr Gewicht bekommen. Insbesondere für Investoren und andere externe Stakeholder sind dies Indizien, von denen sich mit großer Wahrscheinlichkeit auf die künftige strategische und kulturelle Entwicklung einer Firma schließen lässt.

Zwei Beispiele: Soll etwa die Marketing-Funktion in einer Firma kundenzentrierter ausgerichtet werden, installiert man neben dem Marketing-Vorstand, dem CMO, noch eine weitere Top-Position. Das ist dann in der Regel ein CCO, Chief Client Officer, verantwortlich für Kundenzufriedenheit und -beratung, oder ein CCXO, Chief Customer Experience Officer, zuständig für positive Kundenerlebnisse und umfassenden Kundenservice. Und wenn es darum geht, in einer Firma den technologischen Wandel zu beschleunigen, werden Zuständigkeiten und Kompetenzen meist auf zwei IT-Vorstände verteilt, nämlich CIO und CTO. Bei einem ambitionierten „Change“ kann es auch sein, dass komplette Aufgabenfelder aus dem IT-Ressort herausgelöst werden. Dann übernimmt beispielsweise der CISO, Chief Information Security Officer, die Verantwortung für IT- und Informationssicherheit und der CDO, Chief Digital Officer, die Zuständigkeit für die digitale Transformation der Geschäftsprozesse und das Erschließen neuer digitaler, technologiegetriebener Potenziale.

Welche enorme Erwartungshaltung mit der Besetzung eines neu geschaffenen Vorstands-Ressorts einhergehen kann, zeigt sich am Beispiel von *Volkswagen*. Lange wurde die Aufrüstung der firmeneigenen IT-Infrastruktur vernachlässigt, sodass konzernweit ein enormer Nachholbedarf bestand. Nach einigem Hin und Her wurde dann erstmalig auf Ebene des Konzernvorstands ein Ressort für IT, Digitalisierung und Organisation geschaffen und nach mehr als einem Jahr Suche mit Hauke Stars, ehemalige IT-, Kapitalmarkt- und Personal-Vorständin der *Deutschen Börse*, besetzt.[29] Für *VW* eine absolute Schlüsselposition, um bei Themen wie KI oder Cyber Security und im Wettbewerb mit anderen Autoherstellern und Herausforderern, insbesondere mit *Tesla* und *Google*, in Zukunft mithalten zu können.

Erscheinungsbild und Machtgefüge der C-Suite werden aber nicht nur durch neu geschaffene CxO-Positionen oder Umbesetzungen verändert, sondern auch durch ganz bestimmte Marktgegebenheiten.

Ich will Ihnen ein Beispiel dafür geben: Früher hatte der Finanzchef, der CFO, nach dem CEO den zweithöchsten Job im Unternehmen. Jahrzehntelang galten CEO und CFO als symbiotisches und unzertrennliches Power-Paar. Das scheint weitestgehend vorbei zu sein, denn statt Geld sind nun die Mitarbeiter knapp. Deshalb stehen Themen wie Personalgewinnung, emotionale Bindung, Empathie, Werte und „sozialer Kitt" auf der CEO-Agenda ganz vorne. Und das stärkt die Position und Bedeutung des Personalchefs, sprich des Chief Human Resources Officers. Der CHRO avanciert deshalb mehr und mehr zum neuen strategischen Partner des CEO innerhalb der C-Suite.[30]

Grundsätzlich ist seit einigen Jahen zu beobachten, dass vor allem disruptive Entwicklungen großen Einfluss auf die Zusammensetzung der C-Suite haben. Das gilt neben der fortschreitenden Digitalisierung insbesondere für die Fokusthemen Environmental, Social und Governance (ESG). In diesem Kontext ist eine Untersuchung der Managementberatung *Russell Reynolds Associates* aus dem Jahr 2020 interessant.[31] Sie kommt nämlich zu dem Ergebnis, dass eine gewisse Ausuferung von C-Level-Positionen sogar unabdingbar ist, um Unternehmen fit für den Umgang mit epochalen Veränderungen zu machen. Es sei notwendig, die grundsätzliche Zusammensetzung der C-Suite turnusmäßig zu überdenken und neue und ungewöhnliche C-Level-Rollen zu etablieren. Nur so könnten Unternehmen widerstands- und zukunftsfähig werden.

Der Studie zufolge sind bei solch fundamentalen Veränderungsprozessen neben dem Chief Digital Officer – in dieser Rolle manifestiert sich quasi die unabdingbare Notwendigkeit zum digitalen Wandel – vor allem die Positionen Chief

Data Officer, Chief Artifical Intelligence Officer, Chief Privacy Officer, Chief Sustainability Officer, Chief Learning Officer und Chief Product (Services) Officer, die alles entscheidenden „Game Changer".

Der *iPhone*- und *Mac*-Hersteller *Apple* liefert dafür ein gutes Beispiel. Die Umweltbilanz des Unternehmens sah lange sehr düster aus, Skandale und Protestaktionen waren quasi an der Tagesordnung. Bis CEO Tim Cook darauf reagierte, indem er Lisa Jackson, die ehemalige Chefin der US-Umweltbehörde, zu *Apple* holte. Seit 2013 ist die ESG-Vorständin dort insbesondere für Nachhaltigkeit zuständig. Durch die erstmalige Besetzung dieses neu geschaffenen Vorstands-Ressorts wurde *Apple* binnen kurzem vom hemmungslosen CO_2-Emittenten zum Vorreiter und Vorzeigeunternehmen in Sachen globaler Umweltschutz.[32]

So positiv dieses Beispiel auch anmutet, die große Palette an Titeln und die neue Vielfalt an C-Level-Positionen hat auch seine Schattenseiten. Eine starke Segmentierung von Verantwortungsbereichen kann zwar temporär und in bestimmten Unternehmensphasen sinnvoll und notwendig sein, auf lange Sicht gesehen aber besteht das Risiko – und da spreche ich aus eigener Erfahrung –, dass es schlichtweg zu viele Managerinnen und Manager auf dem C-Level gibt. Die Folge: Experten-Silos entstehen und Kommunikationsbarrieren bauen sich auf, sodass notwendige disruptive Impulse im Unternehmen entweder gar nicht oder nicht wirkungsvoll genug gesetzt werden können.

Auf dieses Problem sind auch *Russell Reynolds Associates* gestoßen. Im Rahmen der bereits vorweg erwähnten Untersuchung haben sie herausgefunden, dass es nicht allein damit getan ist eine Vielzahl von neuen, innovativen Positionen innerhalb der C-Suite zu schaffen. Die Experten-Analyse lautet: Disruptive Herausforderungen tangieren niemals nur das jeweilige Fachgebiet eines einzelnen Ressorts alleine, sondern wirken stets bereichs- und funktionsübergreifend. Für das Management bedeutet das im Umkehrschluss:

CxO-Skillset

Anstatt in die „Expertenfalle" zu tappen und funktionales Spezialwissen wie Finanzen, Marketing, Vertrieb, IT, HR etc. wie gewohnt ausschließlich top-down, also vertikal, in die Unternehmensorganisation einzubringen, muss in Zukunft mehr und mehr horizontal vernetzt mit allen anderen C-Level-Managern zusammengearbeitet werden.[33] Es gilt sich unerschrocken auf neues Terrain vorzuwagen.

Die Experten nennen das die Fähigkeit zu „kontextabhängiger, siloübergreifender Zusammenarbeit". Sie fordern von den Führungskräften des C-Levels eine größere Variationsbreite ihrer Managementfähigkeiten zu entwickeln und beides zu sein, pragmatisch und disruptiv.

Im Übrigen gilt das, so ist jedenfalls meine persönliche Überzeugung, für alle Managerinnen und Manager der obersten Führungsebene, unabhängig davon, ob sie nun traditionelle oder innovative C-Level-Positionen begleiten.

Eine ergänzende Anmerkung noch zum CDO, dem Digitalvorstand. Personaler prophezeien der Position heute schon ein ähnliches Schicksal wie dem Schriftsetzer, Fassbinder, Rohrpostbeamten oder anderen zwischenzeitlich ausgestorbenen Berufen.[34] In der Tat, in zehn Jahren wird es die Position des Chief Digital Officer vermutlich nicht mehr geben, denn wenn alle Prozesse im Unternehmen wie selbstverständlich digitalisiert sind und von Algorithmen gesteuert laufen, braucht man keinen extra dafür abgestellten C-Level-Manager mehr. Aber, und das ist die gute Nachricht, die Trennlinie zwischen IT und Strategie verschwindet in Zukunft immer mehr, sodass der IT- und Digitalspezialist von heute der Stratege von morgen sein wird. Oder als These formuliert: Der heutige Chief Digital Officer ist der CEO von morgen.

Wir halten also fest:

Take-Aways

- Das „C" signalisiert: Ich bilde die Spitze der Unternehmens- und Führungs-Pyramide.
- Nirgendwo sonst lässt sich besser ablesen, wie dramatisch sich die Arbeits- und Geschäftswelt verändert, als an den C-Level-Positionen – das Feld weitet und differenziert sich gleichzeitig.
- Einige Rollen sind dabei recht ungewöhnlich. Sie tauchen nur für kurze Zeit auf und werden zur Chefsache ausgerufen, etwa um strategische Impulse zu setzen. Andere wiederum beschränken sich auf bestimmte Branchen oder es gibt sie nur in sehr wenigen Unternehmen. Nicht selten verschwinden Rollen und Titel wieder, sobald die betreffenden Aufgaben in andere C-Level-Positionen eingegliedert worden sind.
- Die Zusammensetzung der C-Suite ist ein Indiz dafür, welche strategische Richtung Unternehmen eingeschlagen haben, oder salopp formuliert, welche Fraktion im Unternehmen auf absehbare Zeit „die Hosen anhat".
- Damit neue CxO-Rollen nicht zu Kompetenz-Silo verkommen, brauchen alle Managerinnen und Manager der C-Suite die Fähigkeit horizontal zu denken und zu arbeiten, nicht nur vertikal innerhalb ihres angestammten Terrains. Das fordert neben dem CEO insbesondere die Aufsichtsgremien bei der Auswahl und Zusammenstellung des Leadership-Teams.

Next Generation C-Level

Abrunden möchte ich dieses Kapitel mit einem positiven Ausblick für die jüngere Manager-Generation: Durch die Digitalisierung ist wie vorweg beschrieben ein großer Innovationsdruck entstanden, insbesondere in eher traditionellen Unternehmen. Im besten Fall ist der damit einhergehende Generationswechsel im Management bereits vollzogen, oft aber steht er den Firmen noch bevor. Egal wie, Fakt ist: Immer mehr junge Talente kommen in höchst verantwortungsvolle C-Level-Positionen.

Und das ist Fluch und Segen gleichermaßen. Einerseits werden Entscheider-Positionen auf oberster Führungsebene mit Frauen und Männern besetzt, die noch nie eine Krise im Berufsleben haben managen müssen, zumindest keine so fundamentale, wie die Finanz- und Weltwirtschafskrise 2007/2008, die Eurokrise 2010 bis 2012 oder wie jetzt, verursacht durch das Coronavirus oder den Ukrainekrieg.

Andererseits, und das ist die positive Kehrseite der Medaille, lässt die Digitalisierung und der große Innovationsdruck hervorragende Karriere-Perspektiven für die Generation Y und Z entstehen: Erstens gibt es aufgrund der vorweg beschriebenen Vielfalt allein schon zahlenmäßig mehr Führungs-Jobs und auch die Geschwindigkeit nimmt zu, mit der Karriereziele erreicht werden können. Zweitens definiert sich die junge Manager-Generation tendenziell stärker über Inhalte und konkrete Einflussnahme als über eine bestimmte Position in der Firmenhierarchie. Wie gut, wenn sich beides vereinen lässt und dadurch eine C-Level-Karriere tatsächlich erstrebenswert wird. Denn:

Die Möglichkeiten, sich im Top-Management sinngebend einzubringen, sind für junge Frauen und Männer so gut und so vielfältig wie nie zuvor.

Dazu kommt drittens, dass klassische Karriere- und Erfahrungswege nicht mehr in Stein gemeißelt, sondern oft sogar hinderlich oder unerwünscht sind. Seiteneinsteiger und „un-bossige" Typen sind auf C-Level-Niveau immer gefragter. Auch wenn die neuen Leader zweifellos eine sehr steile Lernkurve nehmen müssen, in einem dynamischen Umfeld, wie es sich derzeit darstellt, ist das wohl eher als Vorteil denn als Nachteil zu werten. Und zwar sowohl für den Karrierenachwuchs als auch für die Unternehmen.

Take-Aways

Gerade die Generation „WHY" hat ganz ausgezeichnete Chancen auf eine erfüllende C-Level-Karriere, wenn nötig auch abseits der klassischen Karrierepfade oder mit beschleunigtem Zugang durch seitliche „Einfallstore".

Und das bringt uns zum Thema des nächsten Kapitels.

Kapitel 3: Die Tore zum C-Level. Planung, Glück, Stammbaum oder Vitamin B?

„Erfolg ist die Bewegung des Potentials in die richtige Richtung."

Andreas Telzer, Philosoph

Die Lebensweisheit des deutschen Philosophen Andreas Telzer lässt mich unweigerlich meine eigene Karriere Revue passieren. Und die war alles andere als vorbestimmt, geschweige denn vorhersehbar. Weder war ich aufgrund meiner sozialen Herkunft für eine Management-Laufbahn prädestiniert, noch konnte ich als klassisches Arbeiterkind auf Beziehungen, „Vitamin B", Kungelei oder Ähnliches hoffen.

Auch von durchdachter Karriereplanung konnte anfänglich keine Rede sein. Bleibt also noch die Option, dass das Glück mir hold war, oder sagen wir besser das Glück des Tüchtigen. Aber ehrlicherweise war es mit meiner Beflissenheit in jungen Jahren auch nicht weit her – später schon. Aber ja, ich hatte Glück. Das bestand insbesondere darin, immer wieder an Menschen zu geraten, die mein Potenzial erkannten und mir ihr Vertrauen schenkten. Es ist unumstritten:

Zu einer Karriere braucht es auch Glück. Aber noch viel mehr, als dass man es hat, kommt es darauf an, was man daraus macht.

Oder wie mein erster Chef zu sagen pflegte: „Etwas Hilfe tut das Glück schon brauchen". Doch davon später mehr, Kapitel 8 ist nämlich dem Karrieremerkmal „Glück" gewidmet.

Was öffnet also einer C-Level-Karriere Tür und Tor? Sind es besondere Lebensumstände oder andere Kriterien, die einen Menschen für eine Management-Laufbahn prädestinieren? Und was, wenn die vermeintlich idealtypischen Voraussetzungen nicht gegeben sind? Gerät einem dies zwangsläufig zum Nachteil, oder kann daraus eine einzigartige Chance erwachsen, sein „eigenes Ding" zu machen? Diesen und anderen Fragen werden wir in diesem Kapitel nachgehen.

Ein chinesisches Sprichwort passt ganz gut in diesen Kontext. Es lautet: „Viele Wege führen zum Gipfel des Berges, doch die Aussicht von dort bleibt immer die gleiche". Sinngemäß ist damit gemein: Noch wichtiger als das Ziel selbst ist die Wahl des individuellen Weges dorthin. Und im besten Fall bahnt man ihn sich aus eigener Kraft, ohne – um bei dem Bild zu bleiben – von zweifelhaften Seilschaften abhängig zu sein. Oder wie es in einem anderen Sprichwort mahnend heißt: „Ein Fisch, der immer höher hinaus will, muss sich oft einer Angel anvertrauen". Und was das am Ende für den Fisch bedeutet und welchen Weg er nimmt, nun ja, wir können es erahnen.

Gnade der Geburt

Julie Sweet hat ihren ureigenen Weg gefunden. Aus sehr bescheidenen Verhältnissen kommend, hat sie den klischeehaften amerikanischen Traum vom sozialen Aufstieg verwirklicht. Aufgewachsen in einer Kleinstadt in Kalifornien, der Vater verdiente sein Geld als Autolackierer, die Mutter arbeitete als Kosmetikerin. Akademiker, geschweige denn Juristen, gab es in der Familie weit und breit keine. Dennoch entschied sie sich für die Rechtswissenschaften und promovierte nach dem Studium an der renommierten Columbia University in New York. Sweet wurde eine erfolgreiche Anwältin bei einer der angesehensten Kanzleien der Wall Street und verbrachte viele Jahre in Asien. Im Jahr 2010 wechselte sie zu *Accenture*, wurde dort Leiterin der Rechtsabteilung und 2019 als erste Frau in der Unternehmensgeschichte auf den weltweiten CEO-Posten des Beratungskonzerns befördert.[35]

Auch Francesco De Meo hat seine soziale Herkunft nicht daran gehindert, ein überaus erfolgreicher Top-Manager zu werden. Sein Vater kam in den frühen 1960er Jahren als Gastarbeiter in der Metallindustrie auf die Schwäbische Alb. De Meo wuchs in einfachen Verhältnissen auf, verdiente sich schon früh etwas eigenes Geld mit diversen Jobs, schaffte das Abitur und studierte dann in Tübingen Jura. Er arbeitete zunächst als Rechtsanwalt und danach einige Jahre als Unternehmensberater. Anfang der 2000er Jahre verschlug es ihn schließlich zu den *Helios*-Kliniken. Dort leitete er zu Beginn die Ressorts Recht und Personal, bis er im Zuge der Übernahme durch den *Fresenius*-Konzern zum Vorstandschef von Deutschlands größter Klinik-Kette aufstieg.[36]

Von wegen „Arbeiterkind bleibt Arbeiterkind"

Diese und ähnliche Beispiele belegen, dass allein die soziale Herkunft einer Top-Karriere nicht zwingend im Wege steht.

CxO-Skillset

Aber, und das haben wissenschaftliche Studien vielfach bewiesen, soziale Herkunft und Milieus spielen eine große Rolle, wenn es darum geht, ob jemand einen höheren Bildungsabschluss erreicht oder nicht. Dieser ist – von ganz wenigen Ausnahmen abgesehen – für eine erfolgreiche Management-Karriere unerlässlich.

Laut dem *Hochschulbildungsreport 2020* des *Stifterverbands* und der Unternehmensberatung *McKinsey* existiert in Deutschland seit vielen Jahren ein „Bildungstrichter":[37] Von 100 Grundschulkindern aus Nichtakademikerfamilien nehmen nur 27 ein Studium auf, bei Akademikerkindern sind es 79. Und nur eines von hundert Grundschulkindern mit nichtakademischen Familienhintergrund schließt sein Studium mit einer Promotion ab, bei Kindern aus Akademikerfamilien sind es dagegen zehn Prozent. Das alles liegt der Studie zufolge aber weniger an tatsächlichen Leistungsunterschieden als daran, dass Arbeiterkinder allzu oft ihr Potenzial verschenken und sich quasi selbst aussortieren. Sie hätten, so die Studie, kaum Vorbilder in ihren Familien, oft auch nicht die notwendigen finanziellen Mittel, und müssten mehr kämpfen als Kinder aus privilegierteren

Schichten, vor allem mit sich selbst. Als Resultat dieser inneren Zerrissenheit lässt die Studie bei den betreffenden Arbeiterkindern eine Tendenz zur unbewussten und ungewollten Selbstselektivität erkennen.

Zum Glück gibt es mittlerweile gemeinnützige Einrichtungen, wie etwa der 2013 gegründete Verein *Erste Generation Promotion (EPG)*, die solchen Problemen Abhilfe verschaffen. Viele ehemals „Betroffene“ betätigen sich als freiwillige Mentoren und betreuen talentierte Arbeiterkinder, die Gefahr laufen im „Bildungstrichter“ stecken zu bleiben. Doktoranden und Masterstudenten aus nichtakademischen Elternhäusern erhalten aufgrund dieser Initiative ein Vernetzungsangebot und können sich zielgerichtet beraten lassen.[38]

Aber selbst im Erfolgsfalle plagen die sogenannten „Bildungsaufsteiger“ noch Zweifel und Minderwertigkeitskomplexe: Sie fühlen sich aufgrund ihrer Ursprungsfamilie oft dem akademischen Milieu nicht zugehörig, selbst wenn sie schon dort angekommen sind. Die Soziologen nennen dieses Verhaltensmuster **„Impostor-Syndrom“** oder „Hochstapler-Effekt“. Dieses Phänomen kann entscheidende Auswirkungen auf den Karriereverlauf von Universitäts- und Hochschulabsolventen haben.

Laut einer Studie der Wissenschaftler Michael Hartmann und Johannes Kopp ist die Chance, eine Führungsposition in der Wirtschaft zu erreichen, für Promovierte aus dem gehobenen Bürgertum oder Großbürgertum um 50 bis 100 Prozent höher als für Akademiker mit Doktortitel, die der Arbeiterklasse oder der Mittelschicht entstammen.[39] Wohlgemerkt: Nicht Leistungs- oder Intelligenzunterschiede sind dafür die Ursache, sondern soziodemografischen Hintergründe.

Eliten produzieren Eliten, stimmt das?

Ein Elternhaus mit weitem Erfahrungshorizont und entsprechendem Habitus begünstigt also die Chance der nachfolgenden Generationen auf eine Spitzenkarriere. Aber bevor sich jetzt bei dem ein oder anderen Leser Resignation breit macht – die gute Nachricht lautet:

Nicht jede Top-Führungskraft hat einen Doktortitel und nicht jeder Manager-Stammbaum fußt im Großbürgertum. Die Milieuzugehörigkeit ist also weder Karrieregarant noch Karrierekiller.

Ich selbst empfinde rückblickend meinen sozialen Background immer noch als eine meiner größten Stärken. Nicht der soziodemografischen Elite zu entstammen war mir stets ein innerer Motor und hat mich viele individuelle und prägende Erfahrungen sammeln lassen. Aus dem vermeintlichen Manko wurde somit ein echtes Plus.

Einem der bekanntesten Top-Manager Deutschlands ging es ähnlich: Ex-*Siemens*-Chef Joe Kaeser ist als Arbeiterkind im Bayerischen Wald aufgewachsen und brachte es von dort zum Vorstandsvorsitzenden eines Weltkonzerns. Bei seinem Abschied nach 40 Jahren bei *Siemens* äußert er sich zu seinem Erfahrungsweg als Arbeiterkind: Wer in der CEO-Welt aufwachse, weil schon ein Elternteil im Vorstand sitzt, habe sicher einen Vorsprung. Aber es sei auch von Vorteil, wenn man – so wie er es getan habe – die Welt nach und nach für sich selbst erobere. Auf diese Art und Weise sei er in Dingen geschult worden, die man weder in einem Psychologie- noch einem Ingenieurstudium lernen könne: Situative Intelligenz, Anpassungsfähigkeit und die Kompetenz, mit Menschen jeder Ebene umzugehen und sich in sie und ihre Welt hineinzuversetzen.[40]

Von IQ und EQ

Apropos Intelligenz: In Deutschland gelten etwa 2 Prozent der Bevölkerung als hochbegabt, d. h. sie verfügen über einen überdurchschnittlichen Geist von mehr als 130 IQ-Punkten. Hochbegabten Menschen schreibt man zu, dass sie Informationen schneller und besser verstehen und verarbeiten können und generell über eine größere geistige Bandbreite verfügen als ihre Mitmenschen.

Eigenschaften also, die wie dafür gemacht erscheinen, um mit den ständig veränderten Herausforderungen unserer Zeit und einer dynamischen Umwelt besonders gut umgehen zu können. Demzufolge wäre es nur logisch, wenn Zeitgenossen, die als hochbegabt gelten, gleichzeitig auch hocherfolgreich wären. Ganz so einfach ist es aber nicht, denn ein Blick in die Forschung zeigt:

Intelligenz steigert zwar die Chancen auf beruflichen Erfolg, eine Garantie, zum Beispiel für eine erfolgreiche C-Level-Karriere, aber ist sie nicht.

So ist etwa der Psychologe Jochen Kramer nach Auswertung von mehr als 200 Einzelstudien zur Intelligenz zu dem Schluss gekommen, dass zwar grundsätzlich Lern- und Arbeitsleistungen mit zunehmender Intelligenz besser werden, Einkommen und Beförderungen aber weniger stark von der Intelligenz beeinflusst sind.[41] Ergo: Ein hoher IQ ist ein verlässlicher Indikator für berufliche Leistungsfähigkeit, aber er sorgt nicht automatisch dafür, dass man am Ende auch tatsächlich ganz oben auf der Karriereleiter steht.

Umgekehrt spielt nicht jeder Top-Manager oder erfolgreiche Unternehmer zwangsläufig in der IQ-Champions-League. Was nämlich der IQ nicht misst, sind die Qualitäten, die einen dazu befähigen, das eigene Leben und das von anderen zukunftsgerecht zu gestalten. Die emotionale Intelligenz (EQ) lässt der IQ völlig außen vor.

CxO-Mindset

Selbstverständlich ist Intelligenz alles andere als ein Karrierekiller, wer aber sein geistiges Potenzial für eine Top-Management-Laufbahn nutzen will, darf neben seinen logischen und analytischen Fähigkeiten die sogenannten „Soft Skills" nicht vernachlässigen. Emotionale Stabilität, soziale Fertigkeiten, Gewissenhaftigkeit und hohe kommunikative Kompetenz sind mindestens genauso wichtige, wenn nicht sogar noch wichtigere Karrieremerkmale.

Von EQ, also emotionaler Intelligenz wird in Kapitel 13 von *Mission Leadership* noch ausführlich die Rede sein.

Erfolgsfaktor Harvard & Co. – Statussignal oder Karrierepostulat?

Wenn es nach dem US-Ökonomen Bryan Caplan geht, dann ist die Sache ganz klar: In seinen Publikationen und dazugehörigen Studien hat er dargelegt, dass an den Hochschulen, insbesondere an den amerikanischen und britischen Elite-Colleges wie Harvard, Yale oder Cambridge, wenig Wertvolles und Relevantes für die eigentliche Management-Arbeit gelehrt wird.[42]

CxO-Skillset

Lediglich 20 Prozent des sogenannten „Return on Education", eine Messgröße, welche das Verhältnis zwischen Gewinn und Investition einer Aus- und Weiterbildung beschreibt, führt tatsächlich zu einer Verbesserung von Kompetenzen und folglich zum Aufbau von Humankapital. Der Rest dient Absolventen von Elite-Unis einzig dazu, Attribute wie Intelligenz, Disziplin und Konformität zu signalisieren, Eigenschaften also, die bei der Auswahl und Rekrutierung von Manager-Nachwuchs traditionell hoch im Kurs stehen.

Tatsächlich orientieren sich Personaler und Headhunter seit eh und je an solchen Abschlüssen, insbesondere um unter Zeitdruck und bei unvollständiger Informationslage eine möglichst verlässliche Prognose abgeben zu können, ob ein Bewerber gut zum Unternehmen passt. Die Wahrscheinlichkeit eines Fehlgriffs oder das Risiko, die vermeintliche „Katze im Sack" zu kaufen, lasse sich, so die herrschende Meinung, mit Kandidatinnen und Kandidaten derlei Couleur deutlich reduzieren.

Übrigens: Fakt ist auch, dass es für Studenten und Absolventen immer schwerer wird, sich von der Masse ihrer Mitstreiter abzuheben: Mittlerweile beginnt mehr als die Hälfte eines Abiturjahrgangs in Deutschland ein Studium, und zwar ohne dass sich nachfolgende Generationen dafür hoch verschulden müssen. Vor gar nicht allzu langer Zeit sah das noch ganz anders aus. Gerade ein solch liberalisiertes Bildungsumfeld fördert die Attraktivität ausländischer oder hiesiger Eliteuniversitäten, denn ein Abschluss dort leuchtet besonders hell. Die Wissenschaftler sprechen in diesem Kontext von dem sogenannten „Signaling-Effekt".[43]

Es gibt aber auch noch andere Belege dafür, dass an Harvard und Co. nicht mehr oder besseres Wissen vermittelt wird als an einer „normalen" Hochschule. Michael Schneider, Professor für pädagogische Psychologie, hat Dutzende Untersuchungen dazu zusammengetragen und ausgewertet. Dabei hat er keinen empirischen Beleg dafür gefunden, dass die Rahmenbedingungen für Studenten oder die Zusammensetzung der Lehrkörper an den international renommierten Instituten besser wären als dies gemeinhin an „normalen" deutschen Hochschulen der Fall ist. Es gäbe keinen Beweis dafür, dass die an den Elite-Unis lehrenden und zugegebenermaßen brillanten Wissenschaftler tatsächlich auch überragende Pädagogen seien. Die Ausstattung eines Campus und die wissenschaftlichen Erfolge der Professoren würden eher dazu beitragen, den Elitenimbus der Alma Mater zu pflegen, für einen hohen Lernerfolg bei Studenten sei das jedoch zweitrangig, so Professor Schneider.[44]

Noch etwas genauer wollten es zwei Forschergruppen der University of North Carolina bzw. der Freien Universität Bozen wissen.[45] Die Wissenschaftler sind der Frage nachgegangen, ob sich ein Zusammenhang zwischen der Leistung von Uni-Absolventen und ihrer Alma Mater feststellen lässt. Dafür wurden mehr als 28.000 Absolventen von Hochschulen aus 79 Ländern über zwei Monate hinweg in einer realen Arbeitssituation beobachtet. Die Ergebnisse wurden insbesondere dahingehend analysiert, ob Absolventen von Hochschulen, die auf einer globalen Rangliste auf den vordersten Plätzen liegen, wirklich produktiver sind als die auf den hinteren Rängen. Das Ergebnis:

Leistungen von Elite-Uni-Absolventen sind nur in unwesentlichem Maße besser,

nämlich um gerade mal 0,19 Prozent je 100 Rankingpositionen. Mit anderen Worten: Es besteht ein Leistungsunterschied von 19 Prozent zwischen den Abgängern einer internationalen Elite-Uni, die weltweit unter den Top Ten gelistet ist, und jenen, einer durchschnittlichen oder als irrelevant eingestuften Hochschule, also Universitäten, die in der Rangordnung von Platz 10.000 an aufwärts liegen. Oder noch drastischer ausgedrückt: Selbst wenn zwei Universitäten tausend Plätze auf der Rangliste trennen, unterscheidet sich die Produktivität ihrer Absolventen nur um knapp 2 Prozent.

Ob dieser marginale Leistungsunterschied das deutliche Gehaltsplus all jener rechtfertigt, die eine Elite-Uni besuchen, sei dahingestellt. Fakt ist aber: Wer von einem Campus von Weltruf kommt, verdient zumindest während der ersten Jahre im Job nachweislich mehr. Empirische Studien hierzu kommen auf Einkommenssteigerungen zwischen 6 und 40 Prozent.[46]

Da teurer also nicht gleich besser bedeutet, sollten Personaler und Aufsichtsgremien bei der Besetzung von Managementpositionen sorgfältig abwägen, inwieweit sie sich vom sogenannten „Signaling" leiten lassen, insbesondere wenn deutliche Vergütungsaufschläge ins Gewicht fallen.

Teure Egoisten

Auch wenn Abschlüsse von Harvard, Cambridge und Co. im Wirtschaftsleben immer noch als Gütesiegel angesehen werden, gibt es wie gesagt keinen wissenschaftlichen Beleg dafür, dass Leistung und Tauglichkeit ihrer Absolventen im Management-Alltag tatsächlich besser währen als die ihrer Pendants gewöhnlicher Hochschulen.

Umgekehrt aber lässt sich gerade bei Absolventen von Elite-Universitäten ein nicht zu unterschätzender Makel beobachten und sogar empirisch nachweisen: Laut einer Studie der Wissenschaftlerin Marjaan Gunkel[47] handelt es sich bei den betreffenden Akteuren um vergleichsweise komplizierte Charaktere, die sich mit sozialer Interaktion schwertun und denen es oft an sozialer Kompetenz fehlt. Sie gelten der Studie zufolge als weniger freundlich, mit ihnen käme es häufiger zu Konflikten und sie würden sich in geringerem Maße mit dem Team identifizieren.

Teure Egoisten also, die aufgrund ihres Handicaps nicht uneingeschränkt gute Voraussetzungen für eine erfolgreiche C-Level-Karriere mitbringen. Dies könnte auch der Grund für das Ergebnis einer anderen amerikanischen Langzeitstudie sein, auf die ich im Rahmen meiner Recherchen gestoßen bin:

Gerade einmal 7 Prozent von 2.600 in den USA analysierten C-Level-Manager haben ihren Abschluss an einer der renommierten amerikanischen Top-Universitäten gemacht.

Dem gegenüber stehen fast genauso viele, nämlich 8 Prozent, die entweder gar keinen College-Abschluss haben oder ungewöhnlich lange brauchten, um ihn zu erlangen.[48]

Es gibt aber auch ganz bestimmte Wirtschaftsbereiche und Positionen, wo der vorherige Feinschliff an einer der Elite-Unis quasi alternativlos ist. Wer zum Beispiel unbedingt bei einer der legendären Banken und Beratungsgesellschaften der New Yorker Wall Street oder Park Avenue anheuern und dort Karriere im Top-Management machen will, der kommt wohl nicht an einer der weltweit renommierten Colleges vorbei. Mehr als der eigentlich MBA-Abschluss zählen dort Status, Elite-Zugehörigkeit, das tiefsitzende Wissen um kulturelle und gesellschaftliche Gepflogenheiten und der damit verbundene Nachweis einer makellosen sozialen Herkunft. Deshalb ist bei einem derartigen Karrierevorhaben das Netzwerken in einem der elitären Collegekreise zweifellos von hohem Wert.

Noch ein Tipp für alle, die einen nichtelitären Bildungsweg genommen haben oder diesen gerade beschreiten: Wer nicht über den entsprechenden Stammbaum, die finanziellen Mittel oder ausreichend Zeit verfügt, aber trotzdem den Stallgeruch von Harvard, Yale und Co. erschnuppern möchte, kann dies zeit- und budgetschonender auch mit einem berufsbegleitenden Mini-MBA oder im Rahmen einer der beliebten Summer-School-Programme der angelsächsischen Colleges tun.

Relativ neu ist auch, dass traditionelle Institutionen mit digitalen MBA-Programmanbietern kooperieren. So zum Beispiel die renommierte Harvard Business School, die seit kurzem ihren Namen für eine Kooperation mit dem spanischen E-Learning Start-up *The PowerMBA* hergibt. Über diese Plattform sollen sich in Zukunft auch Kurse mit dem Harvard-Siegel buchen lassen – zu einem entsprechend günstigen Preis versteht sich.[49]

Die Zwischenbilanz in Sachen Elite lautet also:

Take-Aways

Weder akademische Titel oder Gütesiegel von Elitehochschulen noch die Wurzeln von soziodemographischen Stammbäumen prädestinieren Führungskräfte dazu, tatsächlich erfolgreiche C-Level-Manager zu werden. All das kann hilfreich sein, muss es aber nicht. Und wie wir gesehen haben, können solche vermeintlichen Vorteile in bestimmten Konstellationen einer Management-Karriere sogar zum Nachteil gereichen.

Alternative Karrieremodelle

Wer trotz alledem aufgrund des individuellen Stammbaums oder wegen fehlender Ausbildungs-Exzellenz auf seinem Karriereweg blockiert oder ausgebremst wird, dem empfehle ich kluge Umwege in Erwägung zu ziehen. Zum Beispiel mit einer gezielten Versetzung ins Ausland. Als Deutscher fernab der Heimat ist man ohnehin auf bestimmte Stereotypen festgelegt – präzise, gründlich, effizient – und das Fehlen von Stallgeruch oder Doktor-Titel tritt dann meist in den Hintergrund. Hat man sich im Ausland erst einmal bewährt und kehrt als international erfahrender Manager aus der großen weiten Welt wieder zurück, dann geht es mit der Karriere in der deutschen Führungsetage um ein Vielfaches leichter.

Ein gutes Praxis-Beispiel für eine solche Strategie findet sich in der Vita von Simone Menne, *Lufthansa*-CFO und erste Finanz-Vorständin bei einem DAX-

Unternehmen überhaupt.[50] Sie hat gleich zweimal besagten Umweg über die Landesgrenzen hinaus genommen. Erstmals Mitte der 1990er Jahre, als sie als *Lufthansa*-Revisorin unter abenteuerlich anmutenden Umständen die Leitung des Rechnungswesens für die Region West-Afrika übernahm, und zwar mit Dienstsitz in Lagos, Nigeria.

Und als die Karriere später wieder einmal drohte ins Stocken zu geraten, wechselte sie in die Geschäftsführung der sanierungsbedürftigen Regional-Airline und damaligen *Lufthansa*-Tochter *British Midland* nach London. Ihr Job kam zwar einem Himmelfahrtskommando gleich, aber sie war nun erstmalig CFO und als es später darum ging, Ersatz für den scheidenden Konzern-Finanzvorstand zu finden, wurde sie vom Aufsichtsrat zurück nach Frankfurt geholt und über zwei Hierarchiestufen hinweg zu dessen Nachfolgerin befördert.

Eine andere Variante ist, man sucht sich ein schwieriges, komplexes, oder besser noch unbeliebtes Thema, macht sich darin fit und besetzt mit seinem Expertenwissen eine Nische. Damit punktet man dann als Spezialist auf einem bestimmten Gebiet gegenüber seinen Pendants. Das schafft Aufmerksamkeit, erschwert die Austauschbarkeit und kann dabei helfen, die ein oder andere Hürde auf dem Weg zum C-Level zu überwinden.

Ich hatte mich beispielsweise einmal auf „Corporate Compliance“ spezialisiert, und zwar zu einer Zeit, als dieser Begriff auf Vorstands- oder Geschäftsführungsebene noch nicht sonderlich en vogue war. IT- und Informationssicherheit war ein weiteres, damals eher als langweilig und tröge angesehenes Thema, in dem ich mir gezielt Spezial-Know-how aneignete und aufgrund dessen mir später die Leitung eines konzernweiten IT-Innovationsprojekts übertragen wurde – als Nicht-IT'ler wohlgemerkt. Mit Hilfe solcher Insel-Expertisen gelang es mir Zug um Zug, meinen Verantwortungsbereich und Wirkungskreis als Führungskraft zu erweitern.

CxO-Skillset

Heute nennt man so etwas im Manager-Jargon „Kletterwandkarriere“, was bedeutet – ähnlich wie beim Bouldern oder Klettern – eine neue Route einzuschlagen, wenn man an eine unüberwindliche Stelle im Berufsleben gerät.

Kletterwandkarrieren werden zu einem immer wichtiger werdenden Element in der heutigen Businesswelt, da der klassische Karriereverlauf gerade bei der jüngeren Generation eher verpönt ist – ich hatte bereits an anderer Stelle darüber berichtet. Natürlich wollen auch Millennials Karriere machen, nur eben anders.[51] Ihnen gereicht es zum Vorteil, dass der Innovationsdruck der Digitalisierung die Karrieredurchlässigkeit in den Unternehmen stimuliert und dadurch Laufbahnwege abseits der herkömmlichen, ausgetretenen Pfade möglich werden.

Das Karriere-Paradoxon

Allen Reform-Bewegungen zum Trotz folgt der Karriere-Klassiker in vielen Unternehmen heute immer noch einem althergebrachten kausalen Zusammenhang: Gute Ergebnisse in fachlichen Dingen werden mit einer Führungsaufgabe belohnt. Die Krux dabei: Der Weg nach oben folgt einem vorgezeichneten Entwicklungsplan: Mann oder Frau dient sich hoch, ist also irgendwann „dran". Fähig oder unfähig ist dann kaum noch relevant. [52]

Leider taugt weder ein solider Fachmann noch eine laute Überfliegerin zwangsläufig auch zur guten Führungskraft.

Auch habe ich Fälle erlebt, wo Manager aus rein monetären Gründen eine Führungskarriere anstrebten, obwohl klar war, dass sie Menschen weder führen können noch führen wollen. Darüber hinaus ist oft der Druck in den Unternehmen einfach zu groß, als dass sich jemand seiner Beförderung widersetzen könnte, auch wenn ihm oder ihr Führung überhaupt nicht liegt.

Umgekehrt gibt es Kandidatinnen und Kandidaten, die eine begnadete Führungskraft wären, aber noch als zu jung, zu unerfahren oder als sonst „zu" etwas abgestempelt werden. Im für die Firma günstigsten Fall warten sie geduldig auf ihre Chance, meist aber wenden sie sich enttäuscht von den Unternehmen ab und versuchen ihr Glück woanders.

CxO-Skillset

- Ich wage an dieser Stelle folgende These: Für künftige Karrieren wird es förderlich sein, auch einmal eine Seitwärtsbewegung zu machen, gegebenenfalls auch seine Führungsrolle vorübergehend abzugeben, um sich in der vielfältigen Unternehmenslandschaft einer bestimmten Herausforderung als Fachspezialist zu widmen. Denn: Um Karriere zu machen wird es in Zukunft nicht mehr zwingend nötig sein, immer nur den linearen, vorgezeichneten Weg gegangen zu sein.
- Statt Zwangsaufstiege wird es vor allem für Fachspezialisten variantenreiche Zickzack-Routen mit neuen Herausforderungen geben. Zwar verbunden mit Risiken und ungewissem Ausgang, aber eben auch mit einem hohen Chancenpotenzial.

So können Top-Leute ohne Gesichtsverlust weiterkommen und sich eingefahrenen Karriere-Dogmen entziehen, ohne dabei komplett aus dem Laufbahngefüge herauskatapultiert zu werden. Das übt in Agilität, Flexibilität und Anpassungsfähigkeit, Eigenschaften also, die für eine erfolgreiche C-Level-Karriere wichtig sind.

Umgekehrt wird dadurch Entwicklungsraum für junge Managerinnen und Manager geschaffen, die über ein hohes Potenzial an Führungsexzellenz verfügen. Sie können sich demzufolge frühzeitiger beweisen, also auch dann schon, wenn sie eigentlich noch nicht „an der Reihe" wären. Unternehmen mit durchlässiger Organisationsstruktur, die solche Karriereverläufe überhaupt erst möglich machen, werden daher bei den neuen Management-Generationen hoch im Kurs stehen.

Aber Achtung: Es soll hier nicht der Eindruck erweckt werden, als ließe sich die C-Suite neuerdings im Sauseschritt erobern oder als dienten Quer- oder Seiteneinstiege vor allem dazu, dem Lösen von Problemen systematisch aus dem Wege gehen zu können. Meine Antithese hierzu lautet nämlich wie folgt:

CxO-Skillset

Alternative Karrieremodelle funktionieren sicherlich eher bei neuen, noch nicht so etablierten C-Level-Positionen, aber es gibt natürlich nach wie vor Top-Jobs, für die sich nahezu ausnahmslos ein klassischer Karriereweg empfiehlt.

Oder von wie vielen Finanzvorständen haben Sie gehört oder gelesen, die sich nicht über viele Jahre und unterschiedliche Hierarchie- und Verantwortungsebenen hinweg in der „Linie" des Finanz-Managements bewähren mussten? Breite und tiefe Fachexpertise und ein weiter Führungs- und Erfahrungshorizont ist und bleibt beispielsweise für die CFO-Position unabdingbar, Quer- oder Seiteneinstiegs-Karrieren sind daher für diesen Posten doch eher eine Seltenheit.

In diesen Zusammenhang passt auch das Ergebnis einer Studie des Ökonomen Raghuram Rajan, welches ich Ihnen nicht vorenthalten möchte. Die Studie belegt nämlich ein interessantes Agilitäts-Paradoxon:[53] Auch wenn es eine grundsätzliche Tendenz zu mehr und spezialisierten C-Level-Positionen gibt, so beaufsichtigt eine Führungskraft heute im Durchschnitt doppelt so viele Mitarbeiter wie noch vor 30 Jahren.

Das liegt dem Wissenschaftler zufolge an der zunehmenden „Ent-Chefung" in Unternehmensorganisationen, also dem Trend hin zu flachen Hierarchien und agilen Arbeits- und Führungsmethoden. Seine Prognose lautet: Im Verhältnis zu der Gesamtzahl der Beschäftigten wird die Zahl der Top-Führungskräfte weiter sukzessive abnehmen. Es bestehe daher die Gefahr, dass Wege von karrierebereiten Nachwuchskräften immer häufiger im Leeren verlaufen. Im Umkehrschluss würde das somit bedeuten, dass die Ausbreitung agiler Arbeitsformen auch einen paradoxen Rekrutierungs-Effekt für Unternehmen haben könnte:

CxO-Mindset

Fehlt Managern nämlich ein klar absehbarer Karrierepfad oder die Möglichkeit, einen steten, vertikalen Aufstiegsweg in der Firma gehen zu können, werden sich jene, die sich eher im klassischen Linien-Management zu Haus fühlen, häufiger gegen eine Laufbahn in agil organisierten Firmen entscheiden. Stattdessen werden sie dorthin gehen, wo es noch Karrieren nach klassischer Fasson gibt, zum Beispiel in den öffentlichen Dienst oder zu einer der oberen Verwaltungsbehörden.

Oder zur Bundeswehr – so wie Martin Füllenbach, seit 2017 CEO des in Österreich ansässigen Kautschukspezialisten *Semperit*. Karriereprägende Jahre hat der Wirtschaftswissenschafter nach eigener Aussage beim Militär erlebt. Insbesondere habe er dort Führungsverantwortung von der Pike auf lernen können. Mit und für Menschen zu arbeiten, sie zu begeistern und zu inspirieren, Einsicht zu erzeugen, eigene Interessen hintanzustellen und eine Vertrauenskultur aufzubauen, all das seien Fähigkeiten und Eigenschaften, die sich bei seinen späteren Karrierestationen bei *Airbus*, *Voith* und *Oerlikon* vielfach bezahlt gemacht hätten.[54]

Take-Aways

Wir fassen zusammen:

- Weder die soziale Herkunft oder der familiäre Stammbaum noch Doktorwürden oder der Abschluss an einer der Eliteschmieden sind ein Garant für eine erfolgreiche C-Level-Karriere. Je nach Gegebenheit können diese Kriterien einer Karriere entweder auf die Sprünge helfen oder sie ausbremsen.
- Entscheidend ist, soziodemographische und bildungstechnische Rahmenbedingungen so zu integrieren, dass sie den individuellen Karrierezielen zum Vorteil gereichen. All jene, die diese Voraussetzungen mitbekommen haben, sollten dafür dankbar sein, sich aber bei aller Freude auch bewusst machen, dass dies allein kein Karriere-Postulat ist.
- Umgekehrt gilt: Auch wem dieser vermeintliche Rückenwind nicht zuteil wurde, hat keinen Grund sich zu grämen. Denn: „Wo ein Wille ist, da ist auch ein Weg" – und die Wege und Zugangstore zum C-Level sind heutzutage, wie wir gesehen haben, so mannigfaltig und facettenreich wie nie. Unternehmensstrukturen werden durchlässiger und ermöglichen Karriereverläufe, wie sie vor wenigen Jahren noch nicht denkbar waren.
- Agile Arbeits- und Führungswelten begünstigen Top-Managementkarrieren für Quer- und Seiteneinsteiger und die Digitalisierung beschleunigt nicht nur den Wandel in den Unternehmen, sondern auch die Karrierelaufbahn von jungen, hochtalentierten und nach Sinn strebenden Führungsnachwuchskräften.

Die Bedeutung der klassischen Karriereplanung rückt also zusehends in den Hintergrund. Darüber wird im folgenden Kapitel noch mehr zu reden sein.

Kapitel 4: Der Manager-Life-Cycle. Haben Karrieren ein Verfallsdatum?

„Karriereplanung? Bloß nicht!"

Heiner Thorborg, Personalberater

Wenn einer wie Heiner Thorborg davor warnt, jeden Schritt seine Karriere generalstabsmäßig im Stil einer Expedition planen zu wollen, dann lässt das aufhorchen.[55] Schließlich ist er einer der profiliertesten Personalberater Deutschlands. Und ich finde er hat absolut Recht:

Zu viel Planung führt zu Tunnelblick, macht unflexibel und führt dazu, dass Chancen nicht mehr gesehen und wahrgenommen werden.

In diesem Kontext ist auch ein Detail der bereits an anderer Stelle erwähnten Langzeitstudie, das *CEO Genome Project*, interessant und erwähnenswert:[56] Entgegen der allgemeinen Auffassung sind erfolgreiche Top-Manager nämlich in der Regel nicht schon von klein auf von Ehrgeiz besessen und unentwegt auf Karriere aus. Auch sind präzise ausgearbeiteten Laufbahnpläne auf diesem Level wohl eher die Ausnahme. Über 70 Prozent der befragten C-Level-Manager erklärten nämlich, dass sie zu Anfang ihres Berufslebens eine Spitzen-Karriere nicht bewusst angestrebt, geschweige denn minutiös geplant hatten. Den entscheidenden Impuls für ihre C-Level-Karriere, so die befragten Top-Manager nahezu unisono, habe es relativ spät gegeben, genauer gesagt erst, als ihre Laufbahn allmählich in die Reichweite der C-Suite kam. Der Studie zufolge stellt sich diese Richtungsentscheidung bei Top-Führungskräften in der Regel nach circa 15 Berufsjahren ein.

Lässt sich also mit weniger Planung und etwas mehr Lockerheit der langfristig erfolgreichere Karriereweg ausfindig machen? Wenn ich zum Beispiel gefragt werde, wann und wie ich meinen Karriereplan entworfen habe, antworte ich stets: Mein Plan bestand darin, keinen Plan zu haben. Klar, dieser Satz ist mit einem Augenzwinkern versehen, denn mit einem Zuviel an Kopflosigkeit und Naivität gibt es im Management garantiert kein Vorwärtskommen.

Aber: Eine berufliche Karriere lässt sich ebenso wenig durchplanen wie das Leben selbst. Ich bin davon überzeugt: Hätte ich viel mehr Zeit und Grips darauf verwendet, mein Managerleben in Milestones einzuteilen und hätte ich versucht mir vorzustellen, was ich mit 30, 35, 40, oder 45 erreicht haben möchte, meine Manager-Laufbahn wäre wohl bei Weitem nicht so erfüllend verlaufen.

CxO-Mindset

Offen und flexibel bleiben, den Blick weiten, um Entwicklungen und daraus ergebenden Chancen zu antizipieren – das sind meines Erachtens die adäquaten Gegenmittel für ein Zuviel an Karriereplanung. Entscheidend ist auch, jedem Auf und Ab der Karriere etwas Gutes abgewinnen zu können – zumindest versuchen sollte man es.

Das gilt insbesondere für den Umgang mit ungeplanten und unvorhersehbaren Ereignissen, vermeintlichen Katastrophen, Rückschlägen oder Fehleinschätzungen. In solchen Situationen zeigt sich die Strömungsrichtung und die Fließgeschwindigkeit eines künftigen Karriereverlaufs.

Der Einstieg. Wenn der Appetit beim Essen kommt

Lassen Sie mich Ihnen ein sehr persönliches Beispiel dafür geben, wie vergebens Karriereplanung sein kann:

Aus der Praxis

Mitte der 1990er Jahre. Die Digitalisierung steckte damals noch in den Kinderschuhen. Aber in dem Bereich, in dem ich damals arbeitete, kündigte sich bereits ein massiver, technologiegetriebener Umbruch an. Heißt: In der Marketing- und Werbebranche entstanden neue digitale Geschäftsmodelle, deren Vorreiter nicht die großen, eher trägen Agentur-Holdings waren, sondern lokale, hochspezialisierte und dynamisch wachsende Start-up-Unternehmen. Dementsprechend machten sich die internationalen Networks dieses Know-how mittels einer aggressiven Akquisitionsstrategie zu eigen und kauften, wie es einer meiner Kollegen damals zu sagen pflegte, „alles, was bei drei nicht auf den Bäumen war".

Ich selbst hatte mir damals meine ersten Sporen verdient, war Finance Director einer Business-Unit, frisch mit Prokura ausgestattet und gerade in den erweiterten Geschäftsleitungskreis aufgenommen worden. Über mehr als ein Jahr hinweg hatte ich mich neben meinem eigentlichen Tagesgeschäft mit großem persönlichem Einsatz darum bemüht, gemäß dem herrschenden Zeitgeist, ein geeignetes Unternehmen für eine Übernahme ausfindig zu machen. Unentwegt führte ich Gespräche, erstellte Analysen, präsentiere Vorschläge und versuchte meine Shareholder in Übersee ein ums andere Mal von meinen Vorhaben zu überzeugen.

Tatsächlich kam dann eines Tages grünes Licht aus dem Headquarter für ein vielversprechendes Akquisitionsprojekt. Es war schnell ausgemachte Sache: Man hatte großes Vertrauen in mich, ich sollte im „lead" bleiben und den Deal zügig zum Abschluss bringen. Ich witterte die Chance, meine Chance, mich mit einem solchen Coup für höhere Aufgaben und den Aufstieg in die Geschäftsführung zu empfehlen. Der Plan stand fest: Ich wollte den Deal – um jeden Preis!

In den nächsten Wochen lief alles wie am Schnürchen. Schnell waren die Verträge durchverhandelt und mit allen Parteien abgestimmt. Der Notartermin wurde festgelegt, die anschließende Feier mit allen Beteiligten in einem Münchner Restaurant war arrangiert. Frohen Mutes setzte ich mich an besagtem Tag in Frankfurt in den Flieger und machte mich auf den Weg zur Vertragsunterzeichnung.

Als ich dann in München landete, der Schock: Ein Dutzend Anrufe und fast ebenso viele Sprachnachrichten auf meiner Mailbox. Um es kurz zu machen: Der Deal wurde von höchster Ebene kurz vor der Ziellinie gestoppt. Zurecht, denn ein wichtiges Detail hatte ich wohl schon seit Wochen übersehen, und der Fehler war gerade noch rechtzeitig, quasi in letzter Sekunde, entdeckt worden. Ich bekam die unmissverständliche Ansage, die Vertragskonditionen umgehend neu zu verhandeln, um den Deal noch zu retten.

Der Rest ist schnell erzählt: Die potenziellen Verkäufer waren brüskiert und brachen die Gespräche sofort ab. Die sicher geglaubte Unternehmenstransaktion und die damit verbundene Erfolgsgeschichte, die vor allem meine persönliche Success Story hätte werden sollen, löste sich von einem Moment zum anderen in Luft auf. Kein Deal, keine Feier, keine Beförderung! Mein Karriereplan war zusammen mit dem Deal geplatzt. Die Schmach war groß, zumindest nach meinem damaligen Ermessen – für einige Zeit hatte ich damals sogar in Erwägung gezogen, deswegen das Unternehmen zu verlassen.

Da war er, der erste „Killermoment" meiner Karriere. Dachte ich. Was ich zu diesem Zeitpunkt nicht wissen konnte: Es war der Beginn meiner *Mission Leadership*. Wieso, werden Sie sich nun fragen? Nun, darum: Etwa sechs Monate nach meinem vermeintlichen Debakel bekam ich einen Anruf aus London. Offenbar hatte man trotz meines Scheiterns im ersten Anlauf doch gewissen Qualitäten erkannt. Und so kam es, dass ich wider meiner Erwartung abermals bei einem in Deutschland geplanten Akquisitionsprojekt eine tragende Rolle spielen sollte. Nur, dass die Transaktion diesmal umsatz- und mitarbeitermäßig etwa fünfmal so groß sein sollte wie die vorherige.

Ich bekam also wiederum die „lead", wurde aber diesmal an einer deutlich kürzeren Leine geführt und hatte regelmäßige Abstimmungsprozesse mit dem Headquarter. Ich mache es kurz: Das Projekt wurde ein voller Erfolg – die zum damaligen Zeitpunkt größte Akquisition in der Unternehmensgeschichte. Ich wurde zum Geschäftsführer und CFO des neu fusionierten Unternehmens befördert und bekam außerdem die Verantwortung für die sogenannte Post-Merger-Integration übertragen.

Noch zwei weitere Male wurde ich danach bei der Abwicklung von kleineren Akquisitionen im benachbarten Ausland zu Rate gezogen, bei einem dieser zugekauften Unternehmen dann sogar in den Aufsichtsrat berufen.

Und da meine persönliche Entwicklung nicht unbemerkt blieb, hatte ich gut zwei Jahre nach meinem vermeintlichen „Fiasko" zwei Top-Karriere-Optionen auf dem Tisch liegen: Entweder unternehmensintern für einen größeren Geschäftsbereich die CFO-Verantwortung zu übernehmen oder extern zu wechseln und bei einem anderen Unternehmen der Branche zum alleinigen Country-CFO aufzusteigen und dort perspektivisch regionale Verantwortung mitzuübernehmen. Ich entschied mich für Letzteres. Der Einstieg war geschafft.

Der Aufstieg. Weiter, immer weiter!

Wenn eine Karriere einmal Fahrt aufgenommen hat, werden Begehrlichkeiten geweckt – und das vor allem bei einem selbst. Der Zugewinn an Macht, Einfluss und Verantwortung ist nun einmal das Narrativ der Erfolgskarriere.

Der persönliche Erfolg ruft aber auch bislang unbekannte Stakeholder mit auf den Plan. Oft sind Personalberater hinter einem her, wie der Teufel hinter der armen Seele. Nicht weil man ein so sympathischer Typ und netter Kerl ist, sondern weil sie ein grandioses Geschäft mit einem wittern – idealerweise nicht nur einmal, sondern immer wieder. Dieser Effekt verstärkt sich noch, wenn man als jemand wahrgenommen wird, bei dem es gerade „läuft".

CxO-Mindset

Daher mein Rat: Passen Sie auf, dass Sie nicht zum „besten Pferd im Stall" der Headhunter werden. Lernen Sie beim Kontakt mit Executive Search Consultants zwischen eigennütziger Wechselermutigung und wohlwollender Karriereberatung zu unterscheiden.

Und: Versuchen Sie langfristige Beziehungen mit Personalberatern aufzubauen. Gut ist es beispielsweise, sich auch dann zum Austausch und zum gegenseitigen Updaten zu treffen, wenn gerade kein aktuelles Besetzungsprojekt ansteht. Seien Sie initiativ, denn gerade, wenn kein Mandat im Raum steht, entwickeln sich in entspannter Atmosphäre oft vertrauensvolle Gespräche, die sehr ergiebig und mittel- bis langfristig karrierefördernd sein können.

Ein kleiner Exkurs in Sachen Job-Wechsel: Auf die oft gestellte Frage nach dem idealen Wechselrhythmus gibt es meines Erachtens nur eine richtige Antwort: Nicht zu oft und nicht zu selten! Auch sollte man nie allein nur des Wechsels willen wechseln. Und vor allem sollte man sich nicht von Headhunter-Sprüchen wie diese ins Bockshorn jagen lassen: „Wenn Sie jetzt keinen Wechsel in Betracht ziehen, dann sind Sie in ein paar Jahren weg vom Fenster", und „Es macht also keinen Sinn mehr bei Ihnen durchzurufen?", oder „Wenn Sie richtig Karriere machen wollen, dann müssen Sie jetzt schon an Ihren nächsten und übernächsten Wechsel denken" – und so weiter und so fort.

CxO-Mindset

Mein Tipp: Seien Sie stets offen, freundlich und gesprächsbereit und prüfen Sie Chancen und Risiken, die mit einer potenziellen Veränderung einhergehen. Oft ist eine solche Situation auch eine gute Chance, unternehmensintern Veränderungswillen zu signalisieren und proaktiv entsprechende Entwicklungsmöglichkeiten auszuloten.

Wenn Ihr Unternehmensumfeld groß und divers genug ist, erübrigt sich dann gegebenenfalls ein externer Wechsel, um weiterzukommen.

Ein Punkt ist aber leider auch nicht ganz von der Hand zu weisen: Latent unflexiblen Managern droht langfristig gesehen das Karriere-Abstellgleis. Studien haben gezeigt, dass Führungskräfte, die Erfahrungen aus unterschiedlichen Funktionen, unterschiedlichen Unternehmensgrößen und unterschiedlichen regionalen Marktausrichtungen mitbringen, überdurchschnittlich gute Karten für eine erfolgreiche C-Level-Karriere haben. Ein gut getimter Wechsel – intern oder extern – zahlt sich also langfristig immer aus.

Take-Aways

Ziehen wir ein Zwischenfazit:

- Eine regelmäßige Standortbestimmung in eigener Sache und kritische Überprüfung persönlicher Erwartungen und Wünsche ist wichtig. Auch der tollste Job in der tollsten Firma kann bedeuten, sich regelmäßig die Frage zu stellen, was als Nächstes kommen könnte.
- Die Herausforderung für jede Führungskraft ist es, den Punkt zu erkennen, ab dem der eigene Abgang bzw. ein Neuanfang gut wäre.

Rückblickend hat sich bei mir dieser Impuls der Standortbestimmung etwa alle zwei Jahre eingestellt, und zwar von selbst aus eigenem Antrieb. Und meist gab es just zu den betreffenden Zeitpunkten auch interessante externe Angebote oder eine Direktansprache durch Personalberater. Die Tatsache, dass ich in dieser circa 15-jährigen Aufstiegsphase meiner beruflichen Karriere aber doch nur dreimal gewechselt bin – einmal innerhalb des Konzerns und zweimal extern – zeigt, dass nicht jede Orientierungsphase zwangsläufig eine komplette Neuausrichtung zur Folge haben muss. Trotzdem war diese Due Diligence in eigener Sache jedes Mal wertvoll, denn daran anschließend konnte ich meine eigenen Ziele und die der Firma wieder mit voller Überzeugung und mit vollem Nachdruck verfolgen.

Im Auf und Ab des Wellenbads

„Wer auf den Lebenslauf schaut, sieht nicht die Niederlagen und Strapazen hinter einer erfolgreichen Karriere", so Janina Kugel, Ex-*Siemens*-Personal-Vorständin, in einem Interview über das Auf und Ab und die Schattenseiten von Top-Management-Karrieren.[57] In der Tat:

Viele vermeintliche Bilderbuch-Karrieren haben fast immer auch dunkle Kapitel. Krisen – unternehmerische wie persönliche –, Scheitern, Stress und Misserfolg gehören genauso zum Manager-Alltag wie die Glücksmomente und der Flow des Erfolgs.

Belastende Lebensereignisse zu meistern und Krisensituationen zu bewältigen sind entscheidende Merkmale erfolgreicher C-Level-Karrieren. Erfolg nährt sich aus Misserfolg, so die erschreckend einfache Formel der Resilienz-Forscher. Doch davon später mehr – wir werden uns in Kapitel 9 noch eingehend mit diesem Thema befassen.

Nicht selten stellen sich beim „Absurfen“ besagter Wellen Sinnfragen und Zweifel ein. Vor allem wenn der Karriererausch erst einmal nachlässt, steht plötzlich und unvermittelt die Frage nach dem „Was nun?“ im Raum. Was ist wichtiger – Geld oder Leben? Oder Gedanken wie „Es muss doch noch etwas Anderes geben“ und „Sind die jahrelangen Mühen und Entbehrungen den vermeintlichen Ruhm und das ansehnliche Salär tatsächlich wert?“. Auch das Erörtern der Kernfrage, wie man Karriereerfolg definiert und ob Erfolg überhaupt objektiv messbar ist, kann einen ganz schön in Zwiespalt bringen.

Bei solchen Überlegungen kann sich eine Mid-Life-Krise schnell zur Mid-Career-Krise auswachsen. Und die stellt sich in der zunehmend digitalisierten Highspeed-Welt immer früher ein: Waren bis zur Mitte des letzten Jahrzehnts eher die um die 50-jährigen die hauptsächlich betroffene Altersgruppe, so schlägt neuerdings besagtes Mid-Life-Feeling regelmäßig auch schon bei Führungskräften zwischen Mitte 30 und Mitte 40 zu. Fragen wie: „Soll ich den eingeschlagenen Karriereweg weiterverfolgen?“, oder „Muss ich mich jetzt nochmal ganz neu erfinden?“ stellen sich unweigerlich ein. In solchen Phasen ist Vorsicht vor Burnout oder Boreout geboten. Coaches können dabei helfen, Orientierung zu geben und Antworten auf diese und ähnliche Fragen zu finden. Auch dazu später mehr, nämlich im Kapitel 17 von *Mission Leadership*.

Apropos Gesundheit. Manager auf C-Level-Niveau kennen praktisch nur einen Arbeitsmodus: Dauerkrise unter Dauerstress! „Nicht untergehen!“ lautet die Devise, auch wenn die Wogen einmal über einem zusammenschlagen – um bei dem Bild vom Wellenbad zu bleiben.

CxO-Mindset

Neben physischer Gesundheit, Kondition und Kraft braucht es insbesondere ein reiches mentales Reservoir an Erfahrung und Stärke, um in Krisensituationen zu bestehen. Körperliche und psychische Ausdauer werden also zur entscheidenden Ressource, um allseits handlungs- und entscheidungsfähig zu sein.

Klar ist, Top-Manager zu sein ist nicht immer ein Vergnügen und das damit verbundene Leben alles andere als leicht, ruhig oder gemütlich. Aber wie ist es um die Gesundheit bestellt? Dieser Frage ist ein vierköpfiges Team amerikanischer Wissenschaftler nachgegangen und hat das stressige Arbeitsumfeld des C-Levels einmal genauer unter die Lupe genommen.

In der jüngst veröffentlichten Langzeitstudie *CEO Stress, Aging and Death*[58] haben die Forscher dargelegt, welche Ereignisse und Situationen besonders belastend für das Dasein von Top-Managern in den USA sind. Mit Hilfe erstmalig angewendeter Verfahren und Methoden haben sie außerdem die gesundheitlichen Folgen dieser Einflüsse messbar gemacht.

Konkret untersucht wurden die Langzeiteffekte hoher Arbeitsanforderungen und bestimmter Belastungssituationen auf die Lebenserwartung und den Alterungsprozess von Führungskräften der obersten Management-Ebene. Zwei Stressfaktoren wurden dabei als besonders belastend identifiziert: Erstens, die Beanspruchung bei einer feindlichen Firmenübernahme durch einen Investor oder ein Konkurrenzunternehmen. Die Forscher konnten nämlich nachweisen, dass mit der Einführung und Verschärfung der Anti-Takeover-Gesetze in den USA, wodurch Unternehmen mehr Schutz vor einem sogenannten „unfriendly takeover" gewährt wurde, die langfristige Sterberate von CEOs um fast fünf Prozent gesunken ist. Umgerechnet entspricht das einer um zwei Jahre gestiegenen Lebenserwartung für Vorstände im Vergleich zu der Zeit vor dem betreffenden Gesetzgebungsverfahren.

Zweitens, der Druck und die Beanspruchung der Führungskräfte bei existenziellen Unternehmenskrisen, ausgelöst durch Extrem- und Notsituationen. Zum Beispiel 9/11, die globale Finanzkrise 2007/2008 oder die Euro- und Griechenlandkrise im Jahr 2012. Die Studie belegt, dass existenzbedrohende Extremsituationen und die damit einhergehenden erheblichen und unerwarteten Veränderungen des Arbeitsumfelds und der Job-Anforderungen einen unmittelbaren Einfluss auf den Alterungsprozess und die Lebenserwartung von Top-Managern haben: Im Durchschnitt eine Reduzierung um 1,5 Lebensjahre pro durchlebte Krise.

Untermauert wird dieses Ergebnis unter anderem durch die KI-basierte Auswertung tausender Fotoporträts. Mit Hilfe eines maschinellen und datenbasierten Bildervergleich wurde das so ermittelte Alter von Führungskräften, deren Amtszeit in die weltweite Finanz- und Bankenkrise 2008 fiel, bestimmt und mit ihrem tatsächlichen biologischen Alter verglichen.

Das Ergebnis: Manager, deren Branchen hart von der Krise und der nachfolgenden Rezession betroffen waren, wirkten um durchschnittlich ein Jahr älter als Führungskräfte, deren Branchen nicht oder nicht so stark unter der Krise gelitten hatten. Die Forscher fanden zudem heraus, dass sich dieser vorzeitige Alterungseffekt bei Top-Führungskräften auch in den kommenden Jahren weiter fortsetzt, nämlich für jede Berufsdekade auf C-Level-Niveau um ein weiteres Jahr. Für die Forscher steht daher fest:

Take-Aways

- Top-Führungskräfte sind aufgrund ihres Jobs in besonderem Maße von vorzeitiger Alterung betroffen. Das wiederum hat unmittelbare Auswirkungen auf ihren Gesundheitszustand, ihre allgemeine Leistungsfähigkeit und ihre Lebenserwartung. Ergo: Alles hat seinen Preis – auch eine vermeintlich erfolgreiche Karriere.
- Ganzheitliche Fitness ist eine wichtige Voraussetzung für eine erfolgreiche und lang andauernde Spitzenkarriere.

Allerdings muss eine gesundheitliche Schwächephase nicht gleich auch das Ende einer Management-Karriere bedeuten. Unter Spitzenkräften ist dies bei Weitem kein so großes Tabuthema mehr wie noch vor wenigen Jahren. Es gibt heutzutage vielfältige Möglichkeiten, um sich fit zu halten, oder um wieder fit zu werden – insbesondere was das mentale Wohlergehen anbelangt.

Aus eigener Erfahrung kann ich bestätigen: Eine Mid-Career-Krise kann, wenn sie richtig „gemanagt" wird, auch zur Mid-Life-Chance werden. Aber am allerbesten ist natürlich, es erst gar nicht zu einer gesundheitlichen Krise kommen zu lassen. Ex-Bundespräsident Christian Wulff zum Beispiel spricht, wohl nicht zuletzt auch vor dem Hintergrund persönlicher Erfahrungen, bei seinen Vorträgen vor Führungskräften mit dem Titel *Über das Gewinnen beim Verlieren* über die Notwendigkeit von gesundheitlicher Vorsorge und das Erlernen von Resilienz. Insbesondere für Männer sei es wichtig, so das ehemalige deutsche Staatsoberhaupt, nicht erst einen Herzinfarkt zu brauchen, um über gesunde Lebensführung nachzudenken.[59] Recht hat er!

Am Zenit. Und was kommt danach?

Vielleicht kennen Sie das Gefühl: Egal, auf welcher Sprosse der Karriereleiter man steht, es beschleicht einem irgendwann die leise Ahnung, dass die Sache mit dem Karriereaufstieg doch nicht so eindimensional ist. Ja, es herrscht selbst bei gut verlaufenden Karrieren ein steter Wechsel zwischen Auf und Ab. Doch mit jeder Stufe nach oben kommt man dem Ende ein Stück näher, das gleißende Licht des Erfolgs wird heller und heller und der kühlende Schatten immer spärlicher.

Und noch etwas passiert: Plötzlich stellen sich Zweifel ein, wo zuvor das Ego nur so vor Kraft strotzte. Viele Jahre, oft Jahrzehnte, ging es aufwärts, aber auf einmal kommt die berufliche Entwicklung zum Stillstand. Man hat den Zenit seiner Karriere erreicht, oder etwas weniger romantisch ausgedrückt: Die Laufbahn ist auf einem Plateau angekommen und man hat dort einen Stehplatz zugewiesen bekommen.

Dieses vielbeschworene Karriereende ist aber nur in den seltensten Fällen mit dem Ausscheiden aus dem Berufsleben gleichzusetzen. Gleichwohl erleben viele Top-Manager diese Lebens- und Berufsphase als wichtige Weichenstellung und Zäsur.

Für einige ist dies auch der Startschuss für eine Karriere 2.0. Werner Baumann zum Beispiel. Der amtierende *Bayer*-CEO weiß bereits jetzt schon, was er nach seinem Ausstieg im Jahr 2024 beruflich neu machen möchte: Eine Lehre als Automechaniker oder Tischler.

Oder Markus C. Müller: Der ehemalige Europachef des *Blackberry*-Herstellers *RIM* hat sich mit Mitte 40 zum Sterbebegleiter und Tantra-Masseur ausbilden lassen. Nun kümmert er sich als CEO seiner vor zwei Jahren neu gegründeten Firma *Nui Care* mit einem neuartigen digitalen Konzept um pflegende Angehörige. Das alles passt auch sehr gut zu dem aktuellen Zeitgeist: Bei einer Neuausrichtung oder bei einem Karriere-Relaunch stehen bei Managern die „Purpose-driven-Organizations", also Stiftungen, Family Offices, NGOs oder Kulturinstitutionen hoch im Kurs.[60]

Nicht so bei Jochen Zeitz. Er liefert im Gegensatz dazu ein besonders eindrucksvolles Beispiel für einen Neustart. Der Manager und Marketingspezialist wurde 1993 mit gerade einmal 30 Jahren Vorstandschef des damals kriselnden Sportausrüsters *Puma* und führte das Unternehmen eindrucksvoll zurück in die Erfolgsspur. Nach mehr als 20 Jahren in der Top-Etage stieg er mit Mitte 50 aus, kaufte eine Farm in Kenia, gründete vier Wohltätigkeitsstiftungen, initiierte in Kapstadt das größte Museum der Welt für zeitgenössische afrikanische Kunst und genoss eine Zeit lang das Leben als Management-Frührentner. Seit Anfang 2020 ist Zeitz nun wieder zurück im aktiven Managerleben und sitzt als Vorstandschef und Sanierer in Milwaukee, USA, am Schreibtisch der legendären, aber stark krisengeschüttelten Kultfirma *Harley-Davidson*.[61]

Graue Schläfen schlagen Hipster-Bärte

Lassen Sie uns kurz auf das Thema „Alter" zu sprechen kommen und dabei der Frage nachgehen, ob es für 60-Jährige schicklich und auch kommunikativ klug ist, die vielbesagte „neue Herausforderung" zu suchen. Der Duden definiert die Bedeutung des Begriffs „Herausforderung" als „Anlass, tätig zu werden; Aufgabe, die einen fordert", was erst einmal in keinem offensichtlichen Widerspruch zum Alter steht.

Lässt man die Begrifflichkeit einmal beiseite, dann ist es sicherlich richtig, dass die zeitliche Planungsperspektive in fortgeschrittenem und reifem beruflichem Stadium kürzer ist als dies bei einer 30-, 40-jährigen Person der Fall ist. Doch mehrere Jahre dauert diese immer noch. Auch dürfte diese Planung mit einem älteren Kandidaten für ein Unternehmen häufig verlässlicher sein als bei einem jüngeren Job-Hopper.

Auf jeden Fall passen die allermeisten Aufgaben einer Top-Führungskraft garantiert noch in den verfügbaren Zeitrahmen eines „gestandenen" 55- oder 60-jährigen Managers.

Vielleicht kennen Sie ja den Film *The Intern*. Darin spielt Robert de Niro den 70-jährigen Ben Whittaker. Der fühlt sich im Manager-Ruhestand nicht erfüllt und sucht ein neues Hobby. Eines Tages bewirbt er sich als Senior-Praktikant bei einem Mode-Start-up, wo er tatsächlich auch eingestellt, aber zunächst nur belächelt wird, vor allem von seiner jungen Chefin, CEO des Start-ups. Ben gehört zur alten Schule und bringt mit seinen vermeintlich überholten Vorstellungen über die Führung eines erfolgreichen Unternehmens zunächst alle zur Weißglut. Dank seiner Erfahrung und charmanten und warmherzigen Art wird er jedoch bald zu einem unverzichtbaren Mitglied im Unternehmen, insbesondere als dieses in Schieflage gerät.

Das Beispiel zeigt dreierlei: Erstens: Auf die individuelle Bereitschaft, sich neu auf Dinge einzulassen und lernen zu wollen, kommt es an. Grundsätzlich ist das aber nur in Teilen eine Altersfrage. Zweitens: Eine zentrale Rolle für den Erfolg von Unternehmen spielen erfahrene Führungskräfte und ihr Vorbildcharakter. Und die sind eher unter den älteren Semestern zu finden. Drittens: Altersdiverse Teams haben viele Vorteile. Aber es braucht aufgeschlossene Chefs, um zu verhindern, dass es zwischen den Generationen knallt und die Vorteile verpuffen.

Doch zurück in die deutsche Business-Realität. Warum ich Ihnen diese Hollywood-Story erzählt habe? Nun, entgegen vieler anderslautender Meinungen bin ich der festen Überzeugung, dass der Wiedereinstieg jenseits der 50, 55 oder 60 oder überhaupt ein später Karrierebeginn durchaus möglich ist. Fachliche Kompetenz und das Lösen von Routineaufgaben sind zwar wichtig, aber auf den oberen Etagen nicht wirklich entscheidend. Bedeutsamer sind Führung, Kommunikation, Passion und Erfahrung im Stakeholder-Management und die Fähigkeit, mit komplexen, anspruchsvollen Aufgabenstellungen umgehen zu können. Und diese Skills sind nicht zwingend an das Alter gekoppelt. Welche Kompetenzen akut in einer Firma tatsächlich vonnöten sind, ist bei vielen Neubesetzungen vielmehr eine Frage der konkreten Unternehmenssituation und der dafür erforderlichen Personality.

Gerade eine Krisensituation, wie sie in vielen Branchen durch Corona ausgelöst wurde, kann sich für die älteren Manager-Semester hervorragend eignen, um einen Karriere-Relaunch zu starten.

Eine Statistik aus der Schweiz belegt das beispielhaft: Der *Board Monitor 2021* der Personalberatung *Heidrick & Struggles* zeigt, dass im Corona-Jahr bei der Besetzung von Verwaltungsratspositionen vor allem Manager mit viel Führungs- und Lebenserfahrung gefragt waren: Das Durchschnittsalter lag bei 56 Jahren. Besonders gesucht waren dabei Manager mit Erfahrungen in Business Transformation, weniger angesagt waren die „jungen“ Trendthemen Digitalisierung, Social Media und Nachhaltigkeit.[62]

Und ein weiteres Beispiel: Bestimmte Themenbereiche wie Finanzen und Controlling haben in vielen Unternehmen krisenbedingt wieder eine ganz neue Relevanz bekommen. Erfahrene und gestandene CFOs, die schon mehr als einmal kritische Markt- und Unternehmensphasen gemeistert und als „Fels in der Brandung" gestanden haben, sind aktuell ebenfalls sehr nachgefragt.

Personalberater bestätigen, dass gerade im Finanzbereich der einstige Hang zur Rekrutierung von jüngeren Managern nicht mehr vorherrschend ist.[63] Immer mehr Unternehmen setzen zudem auch in Sachen Alter auf Diversität. „Generation-Management" heißt das Zauberwort im Personaler-Jargon. Das (fortgeschrittene) Alter kann also in bestimmten Konstellationen sogar ein Asset sein.

Wir merken uns also:

Take-Aways

- Eine C-Level-Karriere ist in erster Linie ein Marathon, kein Sprint. Sie können – um bei dem Bild zu bleiben – gerne auch einmal Gehpausen einlegen, sollten aber stets über genügend physische und psychische Reserven verfügen, um jederzeit wieder durchstarten zu können.
- Und um Ihnen die Eingangsfrage aus der Kapitelüberschrift zu beantworten:

  Nein, Karrieren haben meines Erachtens kein Verfallsdatum, aber als angehender Top-Manager sollte man einen gewissen Realitätssinn für die Fragilität seiner Karriere entwickeln.
- Minutiöse Karriereplanung ist nicht wichtig, aber jede Veränderung oder Nicht-Veränderung sollte sorgfältig abgewogen und vollzogen bzw. unterlassen werden. Das lässt Sie weder zum Besteller der Headhunter werden noch auf dem Karriere-Abstellgleis landen.
- Und den über 50-Jährigen rufe ich zu: Warten Sie nicht, bis Sie den vermeintlichen Karriere-Rubikon überschritten haben, sondern bereiten Sie sich frühzeitig auf diesen neuen Abschnitt Ihres Manager-Lifecycle vor.
- Egal, ob es sich um eine erzwungene oder selbstinitiierte Umorientierung handelt, machen Sie aus dem Alter, der vermeintlichen Schwäche, eine unwiderstehliche Stärke. Getreu dem Motto: „Junge Besen kehren gut, aber die alte Bürste kennt die Ecken".

Wenn Karrieren in dieser späten Phase einen nachhaltigen Knick bekommen, ist das meist nicht wirklich eine Frage des Alters, sondern Sache des Mindsets. Viele Manager bereiten sich entweder gar nicht oder nicht gut genug auf diese neue Phase vor. Pflegen Sie beispielsweise regelmäßig Ihre persönlichen Kontakte und aktivieren Sie, sobald sich eine Umorientierung andeutet, Ihr über Jahrzehnte gewachsenes Netzwerk. Ein Reservoir, über das Jüngere aufgrund der wenigeren Berufsjahre in der Regel noch nicht verfügen.

Ich möchte hier aber auch keine Schönfärberei betreiben. Natürlich kann man zu einem über 50- oder 60-Jährigen immer auch „erfahren" statt „alt" sagen. Aber für bestimmten Positionen und Unternehmensphasen spielt das Alter dann eben doch eine gewisse Rolle. Man sollte insbesondere ehrlich zu sich selbst sein und Erneuerung ermöglichen, wo und wann immer Erneuerung Not tut.

Manager meines Semesters haben deshalb die Verpflichtung, junge Talente in Verantwortung und Führung zu bringen. Thomas Eickhoff, COO und Geschäftsführer der Werbeagentur Grabarz & Partner, hat es anlässlich seines Ausscheidens aus dem Unternehmen nach 26 Jahren sehr gut auf den Punkt gebracht, wenn er mit Blick auf seine Branche und sein Alter sagt: „Zeitgeist kann nicht von einem 60-Jährigen kommen".[64]

Teil 2

Die 10 Erfolgsmerkmale von C-Level-Karrieren

Kapitel 5: Vorbemerkungen

„Du kannst Erfolg nicht erzwingen, aber Du kannst Voraussetzungen schaffen, unter denen Erfolg wahrscheinlicher wird."

Fridolin Frost, CEO Mondelēz Deutschland

Das Credo des deutschen *Mondelēz*-Chefs, nämlich für sich und andere Voraussetzungen zu erschaffen, unter denen Erfolg zwar nicht garantiert ist, aber wahrscheinlich wird, ist eine wunderbare Überleitung in Teil 2 des Buchs. Während der erste Teil Ihnen hoffentlich einen facettenreichen Einblick in das Metier des C-Levels verschafft hat, beleuchtet Teil 2 der *Mission Leadership* nunmehr die zehn entscheidenden Merkmale erfolgreicher Top-Management-Karrieren.

Jedem dieser Merkmale ist nachfolgend ein eigenständiges Kapitel gewidmet. Die Reihenfolge, in der die einzelnen Punkte behandelt werden, ist kein Ausdruck von Wertung oder Wichtigkeit. Auch bauen die Merkmale nicht zwingend aufeinander auf. Insofern steht jedes Kapitel für sich und kann nach Belieben gelesen werden. Da aber die Abfolge nicht ganz ohne Hintergedanken so gewählt wurde, empfehle ich Ihnen, die Merkmale nacheinander, also Kapitel für Kapitel der Chronologie der Gliederung folgend, kennenzulernen.

Zunächst aber möchte ich kurz auf die tiefgreifenden Veränderungen eingehen, die Unternehmen und Führungskräfte gegenwärtig erleben. Denn seit der Corona-Pandemie ist alles anders – wir alle wurden und werden mit umfassenden Auswirkungen konfrontiert. Die Pandemie hat in nur kurzer Zeit und mit beispielloser Rasanz große Veränderungen erwirkt, ja geradezu erzwungen. Gleichzeitig führte sie zu einem Zustand, den wir in unserer schnelllebigen Welt, insbesondere in der Geschäftswelt, vor Covid-19 nicht für möglich gehalten hätten: temporären Stillstand und kollektives Verharren.

Und da das Virus bekanntlich vor nichts und niemanden und auch nicht vor Landesgrenzen Halt macht, galt und gilt diese besondere Situation für Menschen, Gesellschaften und Regierungen gleichermaßen und überall auf der Welt.

Die Auswirkungen der Corona-Krise auf die Business-Welt waren und sind weitreichend und umfänglich. Insofern stellt sich die Frage, auf welche dauerhaften Veränderungen sich Führungskräfte einstellen müssen und was das wiederum für das Anforderungsprofil und die Merkmale erfolgreicher C-Level-Karrieren bedeutet. Welche Themen und Aufgaben müssen also zwingend auf die Leadership-Agenda der Post-Covid-19-Ära? Und was bedeutet eigentlich Führung im digitalen Zeitalter? Worin unterscheidet sie sich von der angestammten, klassischen Führungsarbeit?

Auch wenn es für verlässliche Antworten auf diese und ähnlich gelagerte Fragen noch etwas früh ist – vieles wird sich erst mit der Zeit zeigen – so gibt es doch Hinweise, Tendenzen und Einschätzungen, was die sogenannte „neue Normalität" für C-Level-Manager bereithalten wird. Wagen wir also bereits jetzt einen Ausblick.

Zurück ins New Normal

Das Bewusstsein für die vielzitierte „neue Normalität", also die Notwendigkeit neuer Arbeitswelten, Kommunikationsformen, Technologien, Tools etc., ist gar nicht mal so neu und auch kein originär durch die Corona-Krise oder den digitalen Wandel ausgelöster Zustand. Bereits schon vor mehr als 10 Jahren, kurz nach der weltweiten Finanzkrise, hat das *Institute for Business Value (IBM)* in ihrer „Global CEO Study 2010" etwas Ähnliches zutage gefördert: Nahezu übereinstimmend waren die befragten C-Level-Manager damals der Meinung, dass die Welt, in der sie agieren, zusehends dynamischer, unsicherer und komplexer wird.

Insbesondere waren sie der Ansicht, dass es in Zukunft nicht mehr genügen würde, notwendige Veränderungen schrittweise vorzunehmen, nein, ein wahrer Innovationschub sei vonnöten, um den künftigen Anforderungen gerecht zu werden. 80 Prozent der Top-Führungskräfte erwarteten damals, dass es zu einer Informations- und Datenexplosion kommen würde, die in Kombination mit der immer weiter zunehmenden Unsicherheit und der wachsenden Dynamik eine neue, völlig andere Wirtschaftswelt, „The New Normal", erschaffen würde. Der tägliche Umgang mit dieser Art von Komplexität sei die Führungs-Herausforderung Nummer 1 für die C-Level-Manager der Zukunft, so einst die zusammenfassende Prognose der Studie. Interessanterweise glaubten damals allerdings nur 49 Prozent der Befragten zu wissen, wie man denn dieser dringlichsten Herausforderung begegnen sollte.[65]

Was in der Zwischenzeit geschah – wir wissen es nur zu gut: Allein die Liste komplexer Herausforderungen, die Covid-19 mit sich brachte, ist umfassend und die Notwendigkeit zum digitalen Wandel ist für das Überleben von Unternehmen heute quasi alternativlos geworden.

Natürlich konnte niemand die Corona-Krise vorhersehen, auch der weitblickendste CEO nicht. Trotzdem wäre es sicherlich interessant, wenn man jetzt, mehr als zehn Jahre später mitten im Abklingen der vierten Corona-Welle, Einblick in die Maßnahmen-Agenda, der damals durch IBM befragten Führungskräfte erhalten könnte. So ließe sich analysieren, ob, womit und wie gut die betreffenden C-Level-Manager ihre Unternehmen während des letzten Jahrzehnts tatsächlich auf die von ihnen antizipierten Herausforderungen vorbereitet haben und wie gut sie damit durch die aktuelle Corona-Krise gekommen sind.

Take-Aways

Aber blicken wir besser voraus, auf die nächsten 10 Jahre. Das „New Normal" wird sicherlich den Zeitgeist gegenwärtiger und kommender Manager-Generationen auch in Zukunft stark beeinflussen und somit weiteren sozialen, organisatorischen und technischen Wandel nach sich ziehen. Insofern sind die in diesem Buch dargelegten zehn Erfolgsmerkmale ebenfalls kein statisches Gebilde, sondern unterliegen einer fortwährenden Metamorphose.

Die Zukunft wird zeigen, welche Entwicklungen sich innerhalb der jeweiligen Themenfelder tatsächlich durchsetzen und welche Ausprägungen sich nachhaltig einstellen werden. Der Einfluss neuer Arbeitsformen ist ein gutes Beispiel hierfür.

Neue Arbeitswelt und veränderte Kommunikation

Sind wir mal ehrlich, das pandemiebedingte „working from anywhere" macht Führungsarbeit nicht gerade einfacher. Ja, es stimmt, ich hätte selbst nicht gedacht, wie gut Homeoffice grundsätzlich in der neuen Arbeitswelt funktioniert. Insbesondere in meiner Branche, die stark vom kreativen Austausch und zwischenmenschlicher Interaktion lebt.

Aber es macht einen großen Unterschied, ob man digitale Kanäle und dazugehörige Tools nutzt, um „nur" remote zu *arbeiten* oder um remote zu *führen*. Vergessen wir nicht: Neben den klassischen Management-Skills zur Lösung von Businessaufgaben sind Führungskräfte insbesondere gefordert, gute Leader, Sparringspartner, Moderatoren und Coaches zu sein. Inwiefern so etwas dauerhaft auf Distanz gelingen kann, ist sicherlich auch eine Frage der persönlichen Affinität eines jeden C-Level-Managers.

Aber noch wichtiger als dessen individuelles Wohlbefinden ist entscheidend, wie es den Geführten, also den Mitarbeitern, dem Team etc. dabei ergeht. Dies zu ergründen, haben sich die *Barmer* Krankenkasse und die Universität St. Gallen zur gemeinsamen Aufgabe gemacht. In ihrer Studie „socialhealth@work" zu Remote Leadership untersuchten sie die langfristigen Auswirkungen der Digitalisierung und der flexibilisierten Arbeitswelt.

CxO-Skillset

Die Studienergebnisse zeigen deutlich: Je besser Führung auf Distanz gelingt, desto niedriger der Stress bei den geführten Mitarbeitern. Ein weniger gestresstes Team ist produktiver, zufriedener und letzten Endes auch gesünder.

Teams, die remote gut geführt werden, haben der Studie zufolge eine stärkere Identität und ein ausgeprägteres Zusammengehörigkeitsgefühl – und das, obwohl sie nicht immer alle im Büro anwesend sind. Umgekehrt halten Mitarbeiter, deren Führungskräfte unerfahren oder wenig affin in puncto Fernführung sind, eindeutig weniger zusammen. Das erhöht der Studie zufolge die Gefahr einer inneren Kündigung seitens der Mitarbeiter signifikant: Beschäftigte, die remote so geführt werden, dass sie sich ihrem Team zugehörig fühlen, haben eine zu 50 Prozent geringere Kündigungsabsicht, so die Studie.[66]

CxO-Skillset

Ergo: Das Führen auf Distanz ist in der neuen Normalität ein kritischer Erfolgsfaktor für den C-Level.

Ein weiterer Pluspunkt von Remote Leadership: Auch auf Top-Managementebene werden Job-Wechsel tendenziell einfacher, da sie nicht mehr zwingend mit einem Orts- und Wohnungswechsel verbunden sein müssen. Umgekehrt bedeutet das wiederum, dass die Standortflexibilität als Erfolgskriterium für C-Level-Karrieren künftig an Bedeutung verlieren wird.

Wo hybride oder „phygitale" Führung an Grenzen stößt

Allerdings, und das kann ich aus eigener Erfahrung berichten: Remote Leadership hat seine Grenzen. Der Nutzen digitaler Tools und Vernetzungsmöglichkeiten und die Möglichkeit ortsunabhängigen Arbeitens hat ohne Zweifel einen hohen Wert, die Notwendigkeit für Präsenz und persönliche Begegnung kann aber mit *Microsoft Teams*, *Zoom*, *Skype*, *Facetime* und auch durch den schnellsten VPN-Tunnel nicht ersetzt werden.

Es ist nicht wegzudiskutieren: Mimik, Gestik, „Vibes", kurzgesagt das „Menschelnde" fehlt. Viele Studien spiegeln zudem eine traurige, ja alarmierende Realität wider: Dauer-Homeoffice zehrt an den Nerven und der vermehrte Konsum von Alkohol, Kaffee und Antidepressiva verschafft zweifelhafte „Linderung".

Vor allem Führungskräfte vermissen die Nähe zu Menschen und leiden unter dem virtuellen Führungsalltag. Eine jüngst durchgeführte Befragung unter 200 C-Level-Managern des deutschen Mittelstands fördert eine offensichtlich recht verbreitete Unsicherheit in den Unternehmen zutage, ob und wie Führung über digitale Kanäle gelingen kann. Sechs von zehn Befragen schilderten den Eindruck, dass ihre Mitarbeiter wichtige Vorgaben und Informationen nicht so ernst nehmen, wenn sie nur digital übermittelt werden. Und die Mehrheit der Führungskräfte sagte, es beschleiche sie das Gefühl, dass ihnen die Mitarbeiter zusehends entgleiten würden.[67]

Eine aktuelle Studie des Software-Konzerns Oracle spricht im Hinblick auf digitale Führung sogar von der „Qual in der remote C-Suite."[68]

Nicht nur die Führungskräfte, auch die Mitarbeiter verspüren mittlerweile wieder eine große Sehnsucht nach dem Büro und der Nähe zu den Kolleginnen und Kollegen und Chefs. Zwar ist es einerseits überraschend, wie gut sich tatsächlich viele Arbeitsbereiche aus dem angestammten Büro ins Homeoffice verlagern lassen, andererseits hat sich das, was sich viele vor der Pandemie zur Steigerung der Flexibilität sehnlichst gewünscht hatten, in der Praxis als ein Modell mit Licht- und Schattenseiten entpuppt.

Das Stellenportal *Stepstone* hat Mitte 2021 rund um das Thema „Homeoffice" eine Umfrage unter 28.000 Erwerbstätigen durchgeführt, darunter auch 2.000 Recruiter und Personalmanager. Heraus kam: Die allermeisten, nämlich mehr als zwei Drittel der Befragten sagten, dass sie mittlerweile genervt sind vom fehlenden Austausch vor Ort. Nur eine kleine Minderheit von vier Prozent gab an, dauerhaft vollständig von zu Hause aus arbeiten zu wollen.[69]

Mitarbeiter sehen überdies ihre eigene Performance, also die Qualität ihrer Arbeit, im Homeoffice durchaus kritisch. Das *Institut für Demoskopie Allensbach* hat berufstätige Personen, die im Jahr 2021 remote gearbeitet haben, hierzu befragt. Das Ergebnis: Nur 18 Prozent der Homeoffice-Beschäftigten sagen, dass sie zuhause besser arbeiten können als an ihrem eigentlichen Arbeitsplatz. Fast jeder Zweite, nämlich 47 Prozent, gab an, vom heimischen Schreibtisch aus schlechter arbeiten zu können. Dem Rest ist es schlicht egal oder sieht in der Wahl des Arbeitsortes kein besser oder schlechter.[70]

Fakt ist auch: Corona-verordnetes Arbeiten im Homeoffice schlägt aufs Gemüt. Jeder dritte Beschäftigte in Deutschland, so lautet das Ergebnis einer aktuellen Umfrage, sagt, dass sich die Arbeit im Homeoffice negativ auf sein psychisches Befinden auswirkt. Psychologen gehen sogar noch weiter, sie sagen, dass Homeoffice der Tropfen sein kann, der in einer ohnehin bedrückenden Situation das Fass zum Überlaufen bringt und eine Depression ausbrechen lassen kann.[71]

Take-Aways

Wenn sich der Beruf nur noch oder überwiegend im Homeoffice abspielt und die natürliche und notwendige Grenze zwischen Arbeits- und Privatleben aufgehoben ist, verstärkt sich psychischer Stress durch Fremdbestimmtheit und Kontrollverlust.

Und noch ein wichtiger, gerne übersehener Punkt: Das von einigen Firmen und Vorgesetzten neuerdings beschworene Mantra vom „Homeoffice für alle und immer" birgt noch ein anderes Problem. In jedem Unternehmen gibt es nämlich Menschen, die aufgrund ihrer Tätigkeit nicht einfach so ins Homeoffice wechseln können, um von dort aus ihre Arbeit zu erbringen. Menschen am Band in der Produktion. Menschen in der Pflege. Menschen im Service. Putzende Menschen, dienende Menschen, manuell tätige Menschen.

Die Begeisterung für Homeoffice kommt schwerpunktmäßig von den sogenannten „Wissensarbeitern", also Menschen, die etwa in der IT-Branche arbeiten, zum Beispiel als Programmierer oder Developer oder kreative und journalistische Berufe oder andere Berufsbilder wie Architekten, Ingenieure, Wirtschaftsprüfer, Steuerberater, Anwälte etc. Böse Zungen behaupten sogar, das Homeoffice sei eine Erfindung von Privilegierten für Privilegierte.

Egal wie man zu dieser Einordnung und Kritik steht, Führungskräfte müssen einen wichtigen Punkt im Auge behalten: Wenn durch generöse Regelungen rund ums Homeoffice auf einmal eine Gruppe im Unternehmen neue Privilegien bekommt, kann die unprivilegierte Gruppe ziemlich unangenehme Maßnahmen zur Wiederherstellung der richtigen Balance unternehmen. Das kann sich dann zum Beispiel in der Reduktion des eigenen Engagements, Lagerbildung, oder zur inneren Kündigung und der Suche nach Alternativen seitens der Betroffenen zum Ausdruck kommen. Insofern sind C-Level-Manager sehr gut beraten, nicht einfach top down großzügige Regelungen für Homeoffice für Teile der Belegschaft rauszuhauen. Das wird zu Recht als höchst unfair wahrgenommen und hat an allen Ecken und Enden im Unternehmen negative Konsequenzen.[72]

Take-Aways

Daher gilt für C-Level-Manager: Fingerspitzengefühl walten lassen, Orientierung geben, starke Werte verteidigen und auch als Person vor Ort im wahrsten Sinne des Wortes „greifbar sein" wann immer es geht. Heutzutage, wo Distanzarbeiten und virtuelle Führung geradezu idealisiert werden, sind diese „Basics" meines Erachtens wichtiger denn je.

Schließlich ist Präsenz ein Zustand, der mehr als nur physische Anwesenheit bedeutet: Es ist das Miteinander, das aus Begebenheiten und persönlichen Begegnungen Ergebnisse entstehen lässt, die auf Distanz nicht möglich sind.

Stichwort „Küchengespräche": Was im Homeoffice jetzt für viele wegfällt, sind die wertvollen Ad-hoc-Gespräche zwischen Tür und Angel oder beim Kaffeeholen in der Küche.

Die Bedeutung persönlicher Begegnungen lässt sich sogar in Zahlen ausdrücken – hier zwei Beispiele: Der Wissenschaftler Vernon Henderson, Professor an der London School of Economics and Political Science, hat am Beispiel der Werbeagenturen in New York präzise ausgerechnet, welcher wirtschaftliche Vorteil dadurch entsteht, dass die Werber sich nahe beieinander entlang der Madison Avenue, der sogenannten „Werberstraße", niedergelassen haben. Schnelle Mittagessens-Verabredungen, spontane oder zufällige Begegnungen, persönliche Vorstellungen durch Kollegen, ein dichtes Beziehungsnetzwerk – Nähe ist offensichtlich viel wert und gleicht die deutlich höheren Büromieten entlang der Madison Avenue wieder aus. Henderson konnte nämlich nachweisen, dass mit jedem weiteren Konkurrenten, der sich in unmittelbarer Nähe niederließ, der Gewinn der dort etablierten Werbeagenturen um durchschnittlich 8 Prozent stieg. Dieser positive Effekt zeigte sich allerdings nur in einem sehr engen Radius: Nach nur 250 Metern Entfernung war bereits Schluss.

Ein zweites Beispiel: Halbe Besetzungen im Büro und Hybrid-Veranstaltungen, auf denen zwei Drittel der Teilnehmer nur per Videokonferenz zugeschaltet sind, das ist zwar besser als nichts, aber nicht halb so gut wie die Vor-Corona-Welt. Das zeigt schon ein einfaches Rechenexempel: Wenn bei einem Treffen 20 Menschen persönlich anwesend sind, ergeben sich hinterher 190 unterschiedliche Gelegenheiten zu Zweiergesprächen. Wenn aber nur 10 Leute persönlich da sind, bleiben nur noch 45 Gesprächsgelegenheiten. D. h. nur die Hälfte der Teilnehmer fehlt vor Ort, aber drei Viertel des möglichen Nutzens sind verloren.[73]

CxO-Skillset

- Daher mein Rat: Wägen Sie sorgsam ab zwischen dem Einsatz von digitaler und klassischer Führung. Finden Sie den für Ihre spezielle Situation idealen Mix an „phygitaler Führung" und etablieren Sie Ihr individuelles, hybrides Modell. Sie können das Eine tun, ohne das Andere zu lassen – im Zweifelsfall würde ich Ihnen aber immer zu Nähe und Präsenz, also dem klassischen Führungsmodell raten.
- So oder so – nutzen Sie die Herausforderung und vereinen Sie das Beste aus beiden Welten: Den Siegeszug der digitalen Medien und die Magie des Ortes. So vermeiden Sie das Entstehen von digitalem Autismus – bei Ihren Mitarbeitern, aber auch bei Ihnen selbst.

In diesem Zusammenhang lässt einen das folgende Ergebnis der *KPMG*-Studie *2020 Global CEO Outlook* nachdenklich stimmen: Für die befragten Führungskräfte ist nämlich das „Talent Risk" das mit Abstand größte Einzelrisiko für künftiges Unternehmenswachstum. Doch, obwohl das Thema „Mitarbeiter" von den Managern als das größte Risiko eingestuft wurde, noch vor den Lieferkettenrisiken und der drohenden Abkehr von der Globalisierung, gaben 67 Prozent der Befragten an, erst einmal in neue Technologie und dann in die Weiterentwicklung der Mitarbeiter investieren zu wollen.[74]

Wir sind also auf dem besten Weg, immer mehr über Digitalisierung und innovative Technologien zu wissen, laufen aber gleichzeitig Gefahr, immer weniger die Menschen zu verstehen.

Ein zweifelhaftes Unterfangen, da es den Führungskräften doch eigentlich darum gehen sollte, Mitarbeiter vom Problem- zum Erfolgsfaktor zu entwickeln.

Ins selbe Horn stoßen auch viele andere Experten und Wissenschaftler. Deren einhellige Meinung: Die Zukunft der Arbeit, insbesondere der Führungsarbeit, muss und wird mehr am Menschen ausgerichtet sein.[75] C-Level-Manager und solche, die es noch werden wollen sind somit gut beraten, dem menschlichen Faktor mehr Aufmerksamkeit zu schenken. Außerdem wird die Bedeutung der emotionalen Intelligenz für den Erfolg von Top-Führungskräften in den kommenden Jahren weiter zunehmen.

Ein guter Beleg für diesen Trend ist das „Humanocracy"-Konzept der beiden Managementvordenker Gary Hamel und Michele Zanini. Es beinhaltet neue, teils radikale Ideen für den Weg zu einer lebendigen, humanen Unternehmensorganisation, in deren Mittelpunkt der Mensch als der entscheidende Erfolgsfaktor steht.[76]

Und in einer ihrer Studien zur digitalen Transformation beschreibt die Personal- und Management-Beratungsgesellschaft *Heidrick & Struggles* den Top-Manager von morgen wie folgt: Er müsse als Leader zwar einerseits ein digitaler Triathlet sein – gleichermaßen Stratege, Innovator und Treiber –, werde aber, falls er bzw. sie dem menschlichen Faktor nicht genügend Bedeutung beimesse, als Führungskraft keinen nachhaltigen Erfolg erlangen.[77]

Take-Aways

Paradoxerweise schärft somit der unaufhaltsame Siegeszug der Digitalisierung einerseits das Bewusstsein dafür, welchen enormen Dienst sie erweisen kann, andererseits aber auch, was sie nicht zu leisten imstande ist. Im Zeitalter intelligenter Maschinen müssen Menschen somit vor allem eines: Menschen bleiben!

Dementsprechend ist Humanität, also das, was nur dem Menschen eigen ist, die eigentliche Leadership-Währung des 21. Jahrhunderts.

Und von daher ist es nun an der Zeit, dass wir gemeinsam den Fokus auf die nicht-fachliche Seite der Führungsrolle richten und uns den zehn entscheidenden Merkmalen erfolgreicher C-Level-Karrieren zuwenden.

Kapitel 6:
Geduld, Geduld!
Die „Kunst“ der Stunde

„Ist man in kleinen Dingen nicht geduldig, bringt man die großen Vorhaben zum Scheitern.“

Konfuzius

Kairos – Vom Erspüren des richtigen Moments

Bereits im Konfuzianismus, einer der bedeutendsten philosophisch-politischen Geistesströmungen im alten China, finden sich Hinweise auf die Bedeutung von Geduldsproben. Ebenso wird dort schon vor den Gefahren gewarnt, die von hektischer Betriebsamkeit, also dem Aktionismus ausgehen. Und in der alten Wissensgesellschaft der Klöster und Mönche war der Begriff der Kontemplation, also das geduldige Üben und konzentrierte Nachdenken zur Ausbildung des eigenen Verstandes, von zentraler Bedeutung.

CxO-Mindset

Auch wenn Kontemplation erst seit Kurzem in unseren gegenwärtigen Zeitgeist passt und in Managerkreisen gerne als Novum dargestellt wird, so ist sie doch eine selbstverständliche und lang bewährte Denktechnik, die jeder gute Manager, Unternehmer und Gründer in der Businesswelt naturgemäß anwendet: Gründlich nachdenken, ein Problem erkennen, es anderen verständlich machen und sich in Geduld üben, sodass die bestmögliche Lösung gefunden wird, nicht irgendeine.

Auch die Gelehrten im antiken Griechenland hatten schon verinnerlicht, dass es für das Erreichen von Zielen neben Ausdauer und der Fähigkeit Langstrecke zu laufen – es sei hier an die Legende des Boten von Marathon erinnert –, vor allem eines braucht: Geduld.

Außerdem gibt es in der griechischen Mythologie noch einen weiteren Terminus, der eng mit dem Geduldsbegriff in Zusammenhang steht: *Kairos*. Er steht für das Erkennen des günstigen Zeitpunkts einer Entscheidung, dessen ungenutztes Verstreichen der handelnden Person gegebenenfalls zum Nachteil gereichen könnte.

Die alten Griechen haben diesen „rechten Moment“ sogar als eigene Gottheit personifiziert. Auf die antike Darstellung des Gottes *Kairos* – volle Haarlocke auf der Stirn und glatzköpfiges Hinterhaupt – wird die heute noch geläufige Redensart, „die Gelegenheit beim Schopfe“ zu packen, zurückgeführt: Wenn die Gelegenheit vorbeigezogen ist, kann man sie am kahlen Hinterkopf nicht mehr fassen und festhalten. Auch die Formulierung „auf des Messers Schneide“ stammt von den damaligen Darstellungen des Gottes Kairos mit einer Waage, die auf einer Rasierklinge balanciert.

Nicht zuletzt findet sich auch in der jüngeren deutschen Geschichte ein eindrucksvolles Beispiel für einen Kairos-Moment: Im Zuge der Wiedervereinigung Deutschlands wurde nämlich vom damaligen „Einheitskanzler“ Helmut Kohl oft und gerne die Metapher vom „Mantel der Geschichte“ bemüht, den es zu ergreifen gelte und vom ehemaligen sowjetischen Präsidenten Michael Gorbatschow ist sein Zitat „Wer zu spät kommt, den bestraft das Leben“ in Erinnerung geblieben.

Deutlich humorvoller hat der Erfinder und Unternehmer Thomas Alva Edison die Gunst der Stunde beschrieben als er sagte: „Die meisten Menschen versäumen die günstige Gelegenheit, weil sie meist im Overall daherkommt und nach Arbeit aussieht." Kurz gesagt bedeutet Kairos also: Wenn nicht jetzt, wann dann?

CxO-Mindset

Aber Achtung: Bei allen „jetzt oder nie"-Augenblicken im Management-Alltag ist es wichtig, neben dem spontanen Impuls auch ein gutes Timing haben.

Was genau ist damit gemeint? Laut Duden bedeutet Timing das zeitliche „Aufeinander-abstimmen der Abläufe". Das heißt, neben dem eigentlichen Verstehen dessen, was in einem solchen Augenblick zu tun ist und der rein zeitlichen Dimension – schnell oder langsam? – müssen erfolgreiche Führungskräfte vor allem die situativ richtige Abfolge von Entscheiden, Organisieren und Ausführen beherrschen. Ob etwas zu früh, zu spät oder genau zum richtigen Zeitpunkt passiert – bei den handelnden Akteuren setzt das Vielfalt im Denken und Handeln voraus, und es verlangt die Fähigkeit zur Improvisation ebenso wie das Verstehen des Kontextes, in dem etwas geschieht.

CxO-Mindset

Gutes Timing besteht demnach nicht darin, sich dem Takt der Zeit zu unterwerfen, sondern ihre Zeichen zu erkennen und in gut aufeinander abgestimmten Abläufen zu handeln.

Kontrast ohne Widerspruch. Über die Vereinbarkeit von Geduld und Leadership

Was haben Olaf Scholz und Friedrich Merz gemeinsam? Nun, auf den ersten Blick recht wenig. Doch beide zeichnet ein außerordentlich hohes Durchhaltevermögen und Geduld aus. Scholz wäre vor Jahren gerne SPD-Vorsitzender geworden. Das hat bekanntlich nicht funktioniert. Stattdessen hat er sich in einem Moment als Kanzlerkandidat ins Rennen geschickt, als allein der Gedanke an seinen Sieg schallendes Gelächter auslöste. Das Ergebnis kennen wir, er hat seine Widersacher eines Besseren belehrt. Und Friedrich Merz wurde 2004 von Angela Merkel aus dem Amt des CDU-Fraktionsvorsitzenden gedrängt. Seitdem sind 18 Jahre vergangen, Merz hat kurz hintereinander zweimal die Wahl für den CDU-Bundesvorsitz knapp verloren, doch er ließ sich nicht entmutigen, trat ein drittes Mal an und wurde mit überwältigender Mehrheit gewählt.[78] Die beiden Beispiele zeigen:

Geduld ist eine Tugend und braucht Zeit, führt aber gepaart mit Selbstdisziplin meist zum Erfolg. Oft ist der richtige Zeitpunkt für eine Entscheidung ohnehin wichtiger als die Entscheidung selbst.

Diese Erfahrung durfte ich im Verlauf meiner Karriere mehrmals machen. Zugegeben, sich zu gedulden oder in Geduld zu üben klingt ein bisschen langweilig. Aber worum geht es konkret? Aussitzen, Abwarten, Nichtstun – all das ist natürlich nicht damit gemeint. Stattdessen gibt es in der Geschäftswelt viele positive Eigenschaften, die mit dem Geduldsbegriff in engem Zusammenhang stehen oder als Synonym dafür gesehen werden: Ausdauer, Fleiß, Disziplin, Selbstbeherrschung, Beharrlichkeit, Zielstrebigkeit und Unermüdlichkeit. Bei der Geduld geht es also nicht darum etwas langsamer zu machen, sondern überlegter. Wer sich in Geduld übt, nutzt seinen mentalen Werkzeugkasten, setzt den Verstand ein, nimmt sich Zeit zum Denken und differenziert – was ist dringend, was ist wichtig? Geduld ist demnach das tatkräftige, ausdauernde Hinarbeiten auf etwas bestimmtes und somit das Gegenteil von: Wir wissen zwar nicht, wo wir hinwollen, kommen dafür aber schneller dort an.

CxO-Mindset

Die „Gunst der Stunde" zu nutzen, also ein gutes Timing zu haben, ist für das Gelingen einer erfolgreichen C-Level-Laufbahn in zweierlei Hinsicht bedeutsam: Einerseits besteht darin eine wichtige Führungsaufgabe und Leadership-Kompetenz zur Bewältigung des Management-Alltags, andererseits ist es aber auch ein entscheidendes Merkmal, um Laufbahnentscheidungen in eigener Sache stets selbstsicher treffen zu können.

Egal, ob es um eine einmalige Karrierechance oder um das richtige Timing für eine unternehmerische Entscheidung geht, C-Level-Manager müssen nicht nur ein Gespür für solche Gelegenheiten haben, sondern auch die Fähigkeit ausbilden, diese günstigen Momente auf den Punkt genau beherzt zu managen. Dafür braucht es nach meinen Beobachtungen zweierlei: Erstens, die grundsätzliche Fähigkeit zur Geduld – sie lässt uns in Zeiten radikaler Veränderungen weder zu Zauderern werden noch in blinden Aktionismus verfallen. Zweitens, das besonnene Vorbereiten von Entscheidungen durch inhaltliches Auseinandersetzen mit einer Sache.

Der rechte Moment wird sich nämlich nie einstellen, wenn nicht klar ist, wohin die Reise gehen soll. Oder anders formuliert: Nur wer sich durch Übung und mentales Training auf Chancen einstellt, kann diese, sobald sie sich denn bieten, tatsächlich auch erkennen, ergreifen und nutzen.

Am Beispiel vieler amerikanischer Online-Unternehmen lässt sich dieses Prinzip gut nachvollziehen. Das Management von *Google, Amazon, Apple* und Co. lässt die meisten großen Entscheidungen im Vorfeld durch mehrere kleine Entscheidungsschritte vorbereiten. D.h. es wird geübt und experimentiert und man gibt sich nur mit den allerbesten Ergebnissen zufrieden. Mit viel Geduld werden so große strategische Entscheidungen vorbereitet, um sie dann im rechten Moment selbstsicher treffen zu können. Vom Microsoft-Gründer Bill Gates stammt im Übrigen der Ausspruch: „Patience is a key element of success". Und er scheint recht zu haben, denn den Erfolg kann man ihm ja beileibe nicht absprechen.

Von der Romantik der Hektik

Tatsächlich ist der Geduldsbegriff in unserer zunehmend agileren Arbeitswelt tendenziell negativ besetzt. Auch galt Geduld bislang nicht zwingend als Führungseigenschaft. Auch ich muss gestehen: Wurde ich zu Anfang meiner Karriere von Headhuntern süffisant nach meinen Schwächen gefragt, habe ich stets schablonenhaft geantwortet: „Mein Mangel an Geduld!" In einem Management-Ratgeber hatte ich vor vielen Jahren einmal gelesen, dass es schicklich sei, sich in Vorstellungsgesprächen mit dem Prädikat „ungeduldig" zu schmücken. Einerseits hätte man so immer eine Antwort auf diese lästige Standardfrage der Personaler parat, andererseits wirke das zumindest ein klein wenig selbstkritisch, was beim Gegenüber stets gut ankomme.

Zweifellos aber dient diese Formulierung dem Befragten vor allem dazu, eine Kernbotschaft zu transportieren: Schaut her, ich bin ein erfolgshungriger, energischer und entscheidungsstarker Macher. Der schweizerische Sachbuchautor Rolf Dobelli spricht in diesem Kontext sogar von einer Art „Romantik der Hektik", die es unter Managern und Gründern gibt.[79]

Es dauerte ein paar Jahre, bis ich schließlich verstand, dass man mit Sprüchen wie diesen zwar ganz gut durch Bewerbungsgespräche kommt, sie aber mitnichten ein Erfolgsrezept sind. Und dafür gab es einen ebenso naheliegenden wie entscheidenden Grund: Die Beurteilung „ungeduldig" traf auf mich überhaupt nicht zu. Ich war also in den Gesprächen nicht authentisch – und das blieb meinen Gegenübern nicht verborgen.

Einen Schlüsselmoment erlebte ich, als ein Personalberater dies in einem Bewerbungsgespräch einmal offen ansprach. Er nahm nämlich eine ganz bestimmte Zeugnisformulierung einer meiner ersten Chefs zum Anlass, um bei mir nachzubohren. Sie lautete: „Besonders hervorzuheben ist die geduldige, stets ruhige und besonnen Art von Herrn Roos." Eigentlich war mir diese Beurteilung immer ein bisschen peinlich gewesen da ich nicht als wenig ehrgeizig, als durchsetzungsschwach und zurückhaltend oder gar „lahmarschig" abgestempelt werden wollte. Besagter Personalberater präsentierte mir sodann seine Interpretation der betreffenden Zeugnisformulierung:

CxO-Mindset

Geduldig sein bedeute, dranzubleiben, die Dinge – auch die schwierigen – zu Ende zu bringen, bereit zu sein, auch mal einen Umweg – die vielzitierte Extrameile – zu gehen, um ans Ziel zu kommen. Und: Sich nicht mit irgendeiner Lösung zufriedengeben, sondern nur mit der besten.

In dieser Bewertung fand ich mich voll und ganz wieder und konnte mich ab sofort sowohl im Management-Alltag als auch in Bewerbungsgesprächen so geben, wie es meinem Charakter entsprach und dabei offen und ehrlich zu mir und meiner Persönlichkeit stehen.

In diesem Zusammenhang möchte ich gerne ein Buchempfehlung des damaligen Headhunters an Sie weitergeben, denn das Thema ist von zeitloser Aktualität. *Die Entdeckung der Langsamkeit* ist ein 1983 erschienener Roman und preisgekrönter Bestseller des deutschen Schriftstellers Sten Nadolny.[80]

Die Handlung spielt Anfang des 19. Jahrhunderts und basiert auf konkreten historischen Personen und Ereignissen. Sein Protagonist ist der englische Kapitän und Polarforscher John Franklin, der wegen seiner Langsamkeit immer wieder Schwierigkeiten hat, mit der Schnelllebigkeit seiner Zeit Schritt zu halten und die Komplexität der Ereignisse für sich zu sortieren.

Aus einer vermeintlichen Behinderung macht der so gehandicapte Franklin eine Tugend, die sich bei ihm im Verlauf seines Lebens mehr und mehr in außerordentlicher Führungsstärke manifestiert: Seine Langsamkeit kehrt sich immer mehr und für Außenstehende zusehends wahrnehmbar in eine große Ruhe und Besonnenheit um. Je hektischer und chaotischer sein Umfeld, um so ruhiger wird er.

Durch seine Art des Denkens verlangsamt er rasante Situationen, die um ihn herum geschehen und versetzt sich damit in die Lage, richtige und lebenswichtige Entscheidungen zu treffen. Schließlich wird er aufgrund seiner Ausdauer, Geduld und Beharrlichkeit zu einem angesehenen und großen Anführer und Entdecker. Ein ebenso unterhaltsamer wie inspirierender Roman, meines Erachtens gerade für Menschen, die eine Führungsposition anstreben, auch wenn das Buch keine klassische Manager-Lektüre ist.

Welcher Marshmallow-Typ sind Sie?

Doch zurück zur Geduld, deren Mehrwert und Bedeutung, insbesondere für Management-Karrieren, immer wieder auch wissenschaftlich untersucht werden. Die akademische Übersetzung von Geduld heißt übrigens „Zeitpräferenz". Es geht also um die Fähigkeit, einem künftigen Nutzen gegenüber dem unmittelbaren Genuss den Vorzug zu geben. Im Abwägen zwischen Zukunft und Gegenwart sollen wir dem Kommenden eine Chance geben.

Nach Ansicht der Wissenschaft wird die Fähigkeit von Menschen zur Geduld dramatisch unterschätzt.[81]

Eine der bekanntesten Studien in diesem Bereich ist das sogenannte „Standford-Marshmallow-Experiment" des US-amerikanischen Persönlichkeitspsychologen Walter Mischel. In den Jahren 1968 bis 1974 führte er mit Vorschulkindern Experimente zu Belohnungsaufschub und Impulskontrolle durch.

In Einzelsitzungen wurde den Kindern ein begehrtes Objekt vor Augen geführt, meist war das ein Marshmallow, also eine Süßigkeit. Der Versuchsleiter teilte dem jeweiligen Kind mit, dass er für einige Zeit den Raum verlassen würde, und verdeutlichte ihm, dass es ihn durch Betätigen einer Glocke zurückrufen konnte und dann *ein* Marshmallow erhalten würde. Würde es aber warten, bis der Versuchsleiter von selbst zurückkehrte – ohne genau zu sagen, nach wieviel Minuten das sein würde –, erhielte es *zwei* Marshmallows. Hatte das Kind die Glocke nicht betätigt, kehrte der Versuchsleiter gewöhnlich nach 15 Minuten mit zwei Marshmallows für das Kind zurück.

CxO-Mindset

In Langzeit- und Nachbeobachtungsstudien fanden Mischel und sein Forscherteam heraus, dass die Fähigkeit zu Impulskontrolle und Belohnungsaufschub ein verlässlicher Prädiktor, also ein entscheidendes Merkmal, für späteren akademischen Erfolg und eine Reihe positiver Persönlichkeitseigenschaften ist.

Je länger die Kinder im ursprünglichen Experiment gewartet hatten, desto kompetenter wurden sie als Heranwachsende im schulischen und sozialen Bereich beschrieben, und desto besser konnten sie mit Frustration und Stress umgehen; darüber hinaus zeigten sie auch eine tendenziell höhere Leistungsfähigkeit, bessere Gesundheit und geringere Anfälligkeit für Drogen. Dieser Zusammenhang zwischen Belohnungsaufschub durch Geduld und Erfolg im späteren Leben, in Fachkreisen auch „Belohnungsaufschub-Paradigma" genannt, wurde in mehreren anderen Verlaufsstudien bestätigt.[82]

Noch konkreter und auf den Business-Sektor fokussiert untersucht der Wirtschaftsforscher Matthias Sutter, Direktor am Max-Planck-Institut für Gemeinschaftsgüter in Bonn, seit mehreren Jahren den wirtschaftlichen und gesellschaftlichen Nutzen von Geduld. Die Ergebnisse vieler Forschungsprojekte hat er in seinem Buch *Die Entdeckung der Geduld – Ausdauer schlägt Talent* zusammengefasst.[83] Für ihn ist klar:

Geduld ist wichtiger als Intelligenz und nur wer geduldig ist, hat Erfolg.

In einem Interview mit dem in Österreich erscheinenden *Kurier* zieht er das Fazit, dass Persönlichkeitseigenschaften wie Geduld, Selbstkontrolle oder Zielorientierung für jede Dimensionen von Erfolg, egal ob im Beruf, im Privatleben oder bei der Gesundheit, gleich wichtig, wenn nicht sogar wichtiger sind als der Intelligenzquotient. Ausdauer und Geduld seien als individuelle Erfolgsmerkmale um einen Tick wichtiger als Intelligenz oder Talent, so Sutter.[84] Er und andere Ökonomen raten Unternehmen und ihren Top-Managern daher den negativen Assoziationen, die mit dem Geduldsbegriff heutzutage immer noch verbunden sind, nicht zwangsläufig mit einem Mehr an Agilität zu begegnen, auch wenn dies aktuell en vogue sei.

CxO-Mindset

Die größte Wahrscheinlichkeit auf nachhaltigen Erfolg stellt sich dort ein, wo ein gesundes Maß an Agilitäts-Aktionismus mit Geduld gepaart wird.[85]

Bei einer von der Universität Innsbruck durchgeführten Befragung von KMU im Bundesland Tirol zeigte sich beispielweise ein eindeutig positiver Zusammenhang zwischen Innovationstätigkeit und Unternehmensgewinn, und zwar bei den Firmen, deren C-Level-Manager sich bei ihren Entscheidungen durch Geduld und Langmut auszeichneten.[86]

Das Rebranding der Geduld

Ja, es stimmt, Geduld ist und war nie besonders cool, schon gar nicht in Managementkreisen – kaum ein C-Level-Manager traute sich bislang offen die Geduld als Stärke für sich zu proklamieren. Geduld als Tugend hat allerdings gerade bei Ökonomen in den letzten Jahren eine steile Karriere hinter sich und dabei auch die Glücksforschung etwas in den Hintergrund geschoben.

Insofern ist es umso bemerkenswerter, dass die Geduld als Schlüsselqualifikation bislang noch in keinem Karriere-Toolbook oder ähnlich gelagerten Ratgebern zu finden ist. Es war bezeichnenderweise die Corona-Krise, die es uns vor Augen geführt hat: Auch wenn es zu Beginn der Pandemie und auch später noch beim roll-out der Impfkampagne vor allem um Geschwindigkeit ging, so hat sich doch seit März 2020 nahezu unmerklich ein neuer Megatrend in unserem privaten und beruflichen Alltagsleben etabliert, der bis dahin in keinem Trendreport stand und von keinem Forscher vorhergesagt wurde: Die Geduld.

Deshalb werden insbesondere C-Level-Manager lernen müssen, sich neben der allzu vertrauten Geschwindigkeit ihrer „Jetzt-und-Sofort-Welt" mehr und mehr auch in effizientem Abwarten und Langmut zu üben. Ganz gleich, in welchem Fachgebiet der C-Suite, ob im Marketing, Vertrieb oder im Digitalressort: Geduld ist genau das, was vielen Transformations- und Innovationsprozessen bislang oft fehlte. Denn die Ungeduld des Chefs hilft nicht, wenn es den Mitarbeitern oder Kunden mit den betreffenden Veränderungen einfach zu schnell geht.

Die Bereitschaft auf das (langsamere) Tempo des anderen einzugehen ist im Zweifelsfall genauso wichtig wie der eigene Wunsch nach Geschwindigkeit oder Beschleunigung.

Marketingstrategen wie der Agenturmanager Tim Keller empfehlen – und das nicht ganz ohne Augenzwinkern – den Geduldsbegriff zum Zwecke der Imageverbesserung einem Rebranding zu unterziehen und es „De-Sprint" oder „Patience-Marketing" zu nennen.[87] Wenn Ihnen also Geduld als Erfolgsmerkmal nicht sexy genug ist, oder auch ansonsten nicht zusagt, lassen Sie uns dem Kind einen neuen, gegebenenfalls zeitgemäßeren Namen geben und es stattdessen „De-Sprint Leadership" oder „Patience Management" taufen. Aber egal, ob und welches neue Etikett wir der Geduld geben, vergessen Sie bitte nicht: Was für Ihr Handeln im Business-Alltag gilt, das gilt auch für Ihre Karriereentscheidungen:

Take-Aways

Blinder Aktionismus ist blöd – er bringt Sie nur dorthin, wo Sie eigentlich gar nicht hinwollen. Abzuwarten bis günstigere oder bessere Umstände eintreten, ist für mich alles andere als passive Schicksalsergebenheit, sondern aktives, bewusstes Vorgehen.

Wenn man Karriere machen will, muss man nicht selbst wie verrückt mit den Flügeln schlagen. Man muss warten, bis einen die Thermik davonträgt.[88] Üben Sie sich deshalb in Geduld, seien Sie hellwach und warten Sie auf den rechten Moment. Er wird kommen – ganz bestimmt!

Kapitel 7:
No risk, no fun!
Die Power der Karriere-Katapulte

„Ich habe gelernt, dass Mut nicht die Abwesenheit von Furcht ist, sondern der Triumph darüber."

Nelson Mandela

Mit Mut raus aus der Komfortzone

Wenden wir uns nach dem Langmut der Geduld nun dem zweiten entscheidenden Merkmal erfolgreicher C-Level-Karrieren zu, dem Wandel- bzw. Wagemut des couragierten Handelns, also der Risikobereitschaft. Auch wenn es auf den ersten Blick widersprüchlich und unvereinbar anmuten mag:

Geduld und Risiko stehen nicht im Gegensatz zueinander, sondern ergänzen sich als Erfolgsmerkmale komplementär.

Ich möchte Ihnen in diesem Kapitel näherbringen, wie Sie bewusst und mit Kalkül Risiken eingehen, um damit Ihre C-Level-Karriere systematisch zu befördern.

Hand aufs Herz, Führungskraft zu sein ist wahrlich kein einfaches Unterfangen. Wer Menschen *wirklich* führen will, also im Sinne einer Handlung und nicht nur als Ausdruck von Titel, Status oder hierarchischem Denken, dem wird aufgrund der damit einhergehenden Verantwortung per se einiges an Mut abverlangt.

Einfach mal mutig sein und sich aus der Komfortzone heraus wagen ist zugegebenermaßen leichter gesagt als getan. Dafür braucht es Eigenschaften wie Furchtlosigkeit, Entschlossenheit, Wille, einen starken Eigenantrieb sowie Vitalität und psychische Belastbarkeit.

Das gilt in der Geschäftswelt, dem unternehmerischen Handeln in verantwortlicher Position, genauso wie für das Vorantreiben der eignen Management-Karriere. Es geht dabei selbstverständlich nicht darum, sich und andere kopflos in Gefahr zu bringen, sondern als Manager die Fähigkeit zu entwickeln, ein Wagnis einzugehen.

Das Wort Wagnis leitet sich vom Verb wagen ab mit der Bedeutung sich trauen, also den Mut haben etwas zu tun. Wagnis charakterisiert Sachverhalte und Handlungen, die mit erheblichen Gefahren und Risiken verbunden sind. Bei Menschen mit ambitioniertem Mindset, und C-Level-Manager gehören zweifelsohne dazu, ist der Antrieb für das Eingehen von Wagnissen die Chance, einen sogenannten „Wagnisgewinn" zu erzielen. Sie kennen sicherlich diese oder ähnliche Redensarten: Wer wagt, der gewinnt, wer etwas frisch wagt hat schon halb gewonnen und wer mutig ist, dem gehört die Welt.

Risikoaffinität als Karriere-Hebel

Es liegt in der Natur des Menschen, dass Bereitschaft und Fähigkeit zum Wagnis individuell unterschiedlich ausgeprägt sind. Und beim Eingehen von Risiken ist es wie mit fast allem: Es gilt das richtige Maß zu finden.

Man muss sich ja auch nicht gleich einen Tausendsassa wie Elon Musk zum Vorbild nehmen. Der *Tesla*-Chef vereint wie kein anderer C-Level-Manager unserer Zeit maximales Risiko mit größtmöglichem Erfolg, und er macht – nicht ohne ein gewisses Maß an Wahnsinn – immer wieder Unmögliches möglich. Musk hat quasi das Risiko als Wettbewerbsvorteil für sich entdeckt und macht es sich zu eigen, wo immer es geht. Dabei ist er alles andere als unvorsichtig, setzt sich und seine Unternehmungen jedoch im Vergleich zu anderen Top-Managern systematisch größeren Gefahren aus.

CxO-Mindset

Sicherlich, Manager dieses Kalibers sind die absolute Ausnahme, aber für das Wirken auf Top-Management-Ebene sollte das Mindset einer Führungskraft schon derart angelegt sein, risikobehaftete Situationen und gewagte berufliche Manöver grundsätzlich mit offenen Armen zu empfangen, statt sich diesen zu verschließen.

Es ist zweifellos von Vorteil, wenn Sie als Manager generell Freude dabei empfinden, sich auf ungewisses Terrain vorzuwagen. Auch hilft es, wenn Sie über die psychische Sicherheit verfügen, auch dann handeln und entscheiden zu können, wenn Ihnen nur unvollständige oder vorläufige Informationen vorliegen. Denn eine potenziell schlechte oder in Teilen falsche Entscheidung ist in aller Regel besser, als zu verharren und überhaupt nicht ins Handeln zu kommen.

CxO-Mindset

Management-Studien zeigen: Mut, Courage und Eigenverantwortung sind die treibenden Kräfte für Entschlossenheit und Entscheidungsfreude, mithin die Grundlage für risikoaffines Handeln.

Wissenschaftler der bereits an anderer Stelle erwähnten Langzeitstudie mit dem Titel *CEO Genome Project* haben sich die Verhaltensweisen und Eigenschaften von Führungskräften genauer angeschaut und dabei festgestellt, dass nicht das allzu gründliche Analysieren charakteristisch für den Entscheidungsprozess besonders erfolgreicher C-Level-Manager ist, sondern vor allem ihre Entschlusskraft.

Laut der Studie ist es für entschlossene und entscheidungsfreudige Manager zwölfmal wahrscheinlicher, eine herausragende Spitzenposition zu erreichen.[89] Die Forscher haben außerdem herausgefunden, dass die Manager mit den höchsten IQs am schwersten mit Entschlossenheit zu kämpfen haben. Sie neigen eher dazu, sich in Detailanalysen zu verheddern und stehen sich aufgrund ihres Drangs, immer alles richtig machen zu wollen, allzu oft nur selbst im Weg.

Machen wir uns nichts vor: Gefahren und Risiken einzugehen ist nichts für schwache Nerven. Aber drückt man dem Unerwarteten nicht immer gleich den Stempel der Bedrohung auf, dann gesellen sich zu dem Mut meist auch noch die

Neugier und der Spaß als treibende Kräfte. No risk, no fun eben! Für die nicht oder noch nicht ganz so Mutigen unter Ihnen – aus eigener Erfahrung kann ich Ihnen bestätigen:

Die mit dem Eingehen von Risiken verbundenen potenziellen Gefahren und die tatsächlich daraus resultierenden Konsequenzen sind in aller Regel nicht so dramatisch, wie man es sich gegebenenfalls vorstellt.

Und noch ein Tipp: Wenn Sie Entscheidungen unter Unsicherheit treffen müssen, kann es helfen, nicht jeden Risikofaktor bis ins letzte Detail analysieren und bewerten zu wollen. Allzu leicht läuft man dabei Gefahr, sich einem kognitiven Overload auszusetzen, d.h. einer Belastung bzw. Überbelastung, die dadurch entsteht, wenn zu viele komplexe Informationen in einem Entscheidungsprozess verarbeitet werden sollen. Overload ist Gift für Führungskräfte, denn er blockiert einen und verhindert überhaupt noch Entscheidungen treffen zu können. Üben Sie sich darin, komplexe Themen und Situationen auf das Wesentliche zu reduzieren, versuchen Sie den Kern des Problems zu erkennen und schotten Sie sich gegebenenfalls kurzzeitig von weiteren Informationen oder Informanten ab.

CxO-Mindset

Lernen Sie Risiken und gefährlichen Situationen so gut es geht angstfrei zu begegnen und sorgen Sie dafür, dass Sie im Dickicht von Daten und Informationen stets mit Ihrer Intuition in Kontakt bleiben.

Wenn Sie mit alledem noch nicht so vertraut sind, keine Sorge, es gibt heutzutage vielfältige Möglichkeiten, um „Management by Bauchgefühl“ zu trainieren. Ein paar Hinweise dazu finden Sie im Kapitel 17 von *Mission Leadership*“.

Big Leap, Big Mess, Go Small to Go Big. Tempo durch Karriere-Katapulte

Top-Manager von echtem Schrot und Korn schwören auf die Kraft sogenannter Karriere-Katapulte. Und da das Katapult per Definition eine Waffe ist, hat die beschleunigende Kraft, die von ihm ausgeht, naturgemäß etwas Gefährliches, Risikobehaftetes.

CxO-Mindset

Unterstellt Sie gehören nicht zu den allzu Ängstlichen Ihrer Zunft – was natürlich der Fall ist, denn ansonsten würden Sie dieses Buch ja nicht in Händen halten – rate ich Ihnen, mindestens einmal in Ihrer Karriere den Mut aufzubringen, ein gewagtes Risiko einzugehen, um eine Chance zu nutzen.

Und diesen Rat erteile ich nicht nur, weil er sich mit meiner jahrzehntelangen Erfahrung deckt, sondern weil sich diese Erkenntnis auch in den Ergebnissen wissenschaftlicher Studien widerspiegelt. Eine der renommiertesten Untersuchungen in diesem Bereich kommt von Elena Botelho, Kim Powell und Thal Raz, deren Buch *The CEO Next Door* auf der vielbeachteten und bereits an anderer Stelle erwähnten Langzeitstudie der amerikanischen Managementberatung *G.H. Smart & Company* basiert. Aufgrund der Auswertung des Datenmaterials haben die Autoren in Bezug auf den Entwicklungsverlauf von C-Level-Managern unter anderem zwei wesentliche Feststellungen treffen können. Wenig überraschend und noch nicht ganz so spektakulär war Erkenntnis Nummer Eins: Ohne Geduld, Ausdauer und Erfahrung geht gar nichts. Empirisch betrachtet vergehen nämlich bei einem Manager durchschnittlich 24 Jahre zwischen seinem ersten Tag im Berufsleben und der Berufung zum CEO. Unterstellt, dass zur Übernahme der Position des Vorstandsvorsitzenden zuvor bereits einige Jahre an Erfahrung in einer anderen C-Level-Funktion erforderlich sind, braucht es also vermutlich im Schnitt zwischen 15 und 20 Berufsjahren, um den Sprung in die C-Suite zu schaffen.

Die zweite, weitaus spannendere Erkenntnis ergab sich bei tiefergehender Auswertung von Daten sogenannter „Sprinter", also solche CEOs, die deutlich schneller ihre Spitzenposition erreicht hatten als der Durchschnitt.

CxO-Mindset

Der Studie zufolge konnte bei 97 Prozent der betreffenden Führungskräfte, also bei praktisch allen, ein eindeutiges Muster nachgewiesen werden: Sie alle haben bewusst riskante Situationen gesucht und zur Beschleunigung ihrer Karriere mit großem Risiko Wendepunkte und Kurswechsel im Berufsleben initiiert.

Das Autorenteam hat aus den gewonnen Daten drei Arten sogenannter „Karriere-Katapulte" clustern können: Die Sprinter haben demnach entweder eine Position übernommen, für die sie nicht wirklich vorbereitet waren oder sich durch einen Branchenwechsel auf ein komplett neues und unbekanntes Terrain begeben – *The Big Leap* –, oder sie haben gezielt das „Aufräumkommando" in einer Firma übernommen, die mit einer Krise kämpfte, in einer schwierigen Fusion feststeckte oder andere existentielle Probleme hatte – *The Big Mess*. Die dritte Gruppe an Managern wiederum hat bewusst einen Schritt zurück akzeptiert, ist zu einem kleineren Unternehmen gewechselt, um dort eine größere, verantwortungsvollere Rolle zu übernehmen und sich so für künftige, höhere Aufgaben zu empfehlen – *Go Small to Go Big*. Und: Fast 50 Prozent der sogenannten „Sprinter" haben, der Studie zufolge, ihre Karriere mindestens zweimal mit einem dieser Katapulte beschleunigt.[90]

Auch wenn ich grundsätzlich die Katapult-Strategie bejahe und sie emporstrebenden Führungskräften durchaus anrate, so hat die zitierte Studie wie fast alle Analysen, die erfolgreiche Karriereverläufe untersuchen, auch einen blinden

Fleck: In ihnen tauchen fehlgeleitete Katapult-Flüge oder gar Bruchlandungen erst gar nicht auf. Insofern muss hier darauf hingewiesen werden, dass jeder Versuch der Karrierebeschleunigung de facto auch der Killer-Moment für eine Karriere sein kann.

Ich selbst habe in meiner Management-Laufbahn dreimal solche Katapulte genutzt. Von einer Situation habe ich Ihnen bereits in Kapitel 4 „Der Manager-Lifecycle" berichtet, nämlich der Versuch einer Unternehmensakquisition, ein klassischer „Big Leap"-Ansatz. In besagtem Fall sah es ja auch ganz danach aus, als würde ich mich mit meinem Mut zum Risiko selbst aus der Erfolgsspur katapultieren. Dass es nicht dazu kam und ich in einem zweiten Anlauf einen deutlich größeren und bedeutenderen Wurf landen konnte, kann man natürlich auch als Glück bezeichnen, oder sagen wir besser das Glück des Tüchtigen.

Letzten Endes aber glaube ich waren es die Personen um mich herum, deren berufliche Laufbahn von ähnlich risikoreichen Manövern geprägt waren. Sie maßen meinem Mut und meiner Entschlusskraft wohl mehr Bedeutung bei als dem folgenreichen Fehler, der mir damals unterlaufen war.

Deshalb endete der Absturz meines ersten Katapultflugs nicht in der Verdammung. Er war stattdessen die Feuertaufe für den zweiten, dann sehr erfolgreichen Anlauf. Egal wie, auf jeden Fall hat mich die positive Erfahrung aus der Anwendung der Katapult-Strategie darin bestärkt, auch weiterhin nach solchen Gelegenheiten Ausschau zu halten. Was dann einige Zeit später zu meinem zweiten „Big Leap" führte.

Von Null auf Hundert

Aus der Praxis

Es war inmitten der sogenannten „Nullerjahre", das laute Platzen der Dotcom-Blase war bereits lange genug verhallt und die Gefahr einer heraufziehenden Finanzkrise am Horizont noch nicht erkennbar. So kam es, dass es in der Welt der internationalen Werbeagenturen, in der ich mich damals bewegte, wieder stetig aufwärts ging und es auch in meinem Unternehmen und in meinem Zuständigkeitsbereich als CFO eigentlich ganz gut lief.

Ich war knapp vier Jahre zuvor von einem Mitkonkurrenten kommend bei meiner neuen Firma erstmalig in eine C-Level-Position gewechselt. Dadurch hatte sich meine Verantwortungsbereich im Hinblick auf Umsatz und Mitarbeiteranzahl fast verdreifacht. Da der Jobwechsel aber voll in die Hochzeit der damaligen Internetkrise fiel, hatte ich kaum Zeit zum Eingewöhnen. Stattdessen jagte eine Restrukturierung oder Reorganisation die andere. Abgesehen davon, dass ich mir meinen Einstieg gerne anders gewünscht hätte, war das für mich eine geradezu perfekte Situation. Boten sich mir doch gleich zu Anfang aufgrund prekärer Situationen reichlich Möglichkeiten, um Führungsqualität zu zeigen und als „Fels in der Brandung" stehend jede Menge Gegenwind auszuhalten.

In dieser Zeit wurde auch mein CEO-Partner ausgewechselt, er hatte schlicht keine Lust mehr auf Stress und entschied sich dazu, fortan das Leben als Privatier auf seinem Landsitz in Irland zu genießen. Er wurde durch ein Eigengewächs aus der internen Führungsriege – bis dato Managing Director – ersetzt.

Nach erfolgreich gemeisterter Dotcom-Krise lief es businessmäßig wieder ganz gut, die Zahlen stimmten und mein neuer CEO und ich hatten es uns gut, um nicht zu sagen gemütlich, eingerichtet. Und so kam es mir nicht ungelegen, dass sich aufgrund eines Managementwechsels im Londoner Regional Headquarter „frischer Wind" ankündigte. Doch bereits bei den ersten gemeinsamen Meetings wurde ein neues Problem offenbar: Der EMEA-Chef und mein CEO-Partner konnten gar nicht miteinander. Der Verlust eines wichtigen Kunden hat dann schließlich das Fass zum Überlaufen gebracht. In einem Review-Meeting in London gerieten die beiden Protagonisten so aneinander, dass mir schnell klar war: Das wird kein gutes Ende für meinen CEO-Partner nehmen.

Und so war es dann auch: Zwei Tage später bekam ich spätabends einen Anruf aus London, ich solle dafür sorgen, dass ich morgen zusammen mit meinem CEO im Office zugegen sei, der Europa-Chef würde mit der Frühmaschine zu einem spontanen Management-Meeting nach Frankfurt kommen. Auch wenn sich mein Kollege immer noch in vermeintlicher Sicherheit wähnte, mir war ziemlich klar was passieren würde – und Sie ahnen es sicherlich auch schon: Mein CEO wurde in dem Meeting am nächsten Morgen von unserem gemeinsamen Boss gefeuert und sofort freigestellt.

Was ich an dem Abend zuvor nicht ahnen konnte, war Folgendes: Bevor das betreffende Meeting begann, nahm mich der Europa-Chef zu Seite und kam auf etwas zu sprechen, worüber ich mir in der Nacht zuvor auch schon den Kopf zerbrochen hatte. Er sagte, dass er die Kündigung jetzt durchziehen wolle, das sei für ihn alternativlos, aber er brauche natürlich Zeit, um eine adäquate Nachbesetzung zu finden. Es gäbe nach Rücksprache mit den Führungsgremien in London und Chicago daher mehrere Optionen, wie diese Übergangzeit denn am besten gestaltet werden könne; wenn er es sich aber genau überlege, dann sei ich der richtige Mann für diese Mission. Er würde sich jetzt in der Cafeteria einen Cappuccino holen und wenn er zurück sei, wolle er noch vor dem Meeting wissen, ob ich sein Angebot annehmen und die Verantwortung auf mich nehmen würde.

Ich hatte also maximal fünf Minuten Zeit, um mir zu überlegen, ob ich ab sofort, quasi von Null auf Hundert, neben meinem Job als CFO auch noch die CEO-Position interimistisch mitübernehmen wollte, bzw. konnte. Und das, ohne zu wissen, wie lange diese Übergangszeit denn dauern und was da genau auf mich zukommen würde. Ich mache es kurz: Ich habe nach seiner Rückkehr aus der Cafeteria vor dem Konferenzraum „Ja" gesagt. Nach dem Kündigungsgespräch gab es dann eine spontane Mitarbeiterversammlung, bei der die Belegschaft über die Veränderungen informiert und ich als neuer Interim-CEO vorgestellt wurde. Big Leap!

Jetzt werden Sie denken: Er hatte sich bloß nicht getraut, „Nein" zu seinem Europa-Boss zu sagen. In der Tat gab es diesen gedanklichen Zwiespalt für einen Moment. Rückblickend komme ich zu dem Ergebnis, dass ich wohl unterbewusst schon geahnt hatte, dass ein solches Anliegen an mich herangetragen werden könnte – vielleicht hatte ich das insgeheim ja sogar gehofft. Das heißt, in meinem Innersten hatte ich wohl schon die Folgen eines „Ja" abgewogen und als es dann so weit war, hat mir meine Intuition ihr Plazet dazu gegeben.

Um die Geschichte zum Abschluss zu bringen: Bis zur Nachbesetzung der CEO-Position hat es ganze vierzehn Monate gedauert. Das war aber noch nicht das Ende meiner CEO-Mission, denn der Nachfolgekandidat erwies sich unglücklicherweise als kompletter Fehlgriff. Sie ahnen es: Bereits nach kurzer Zeit wurde ich zum zweiten Mal als Interim-CEO inthronisiert. Erst nach acht weiteren Monaten konnte die Lücke im Management-Team nachhaltig geschlossen werden.

Der hohe Einsatz und meine Risikobereitschaft sollten sich aber auszahlen: Mit dem Abschluss der fast zweijährigen „Übergangszeit" wurde ich vom CFO zum COO mit erweitertem Aufgabengebiet befördert und bekam über meinen lokalen Verantwortungsbereich hinaus eine zusätzliche Aufgabe im European Management Board übertragen. Extra „Big Leap"!

Take-Aways

Wir halten fest: Wenn Sie Ihrer Karriere einen „Push" geben wollen, seien Sie kein „Bruder Leichtfuß" und auch kein Hasardeur. Aber: Wann immer Ihnen sich die Gelegenheit dazu bietet, üben Sie sich darin Ihre Komfortzone zu verlassen. Halten Sie gezielt Ausschau nach Katapult-Optionen und greifen Sie zu, wenn sich ebensolche Chancen bieten.

Woran Sie Karrierebeschleuniger erkennen, haben ich Ihnen in diesem Kapitel versucht zu verdeutlichen. Trauen Sie sich etwas! Übernehmen Sie beispielsweise Aufgaben, an denen andere gescheitert sind. Scheuen Sie sich nicht davor, Ordnung in den denkbar größten Schlamassel bringen zu wollen. Der Mensch wächst an seinen Aufgaben – eine meiner liebsten Redensarten – aber es ist ebenso zutreffend, dass der Mensch vor allem auch am Widerstand wächst.

Take-Aways

Und: Nutzen Sie Krisen – egal, ob unternehmensinterne oder gesamtwirtschaftliche. So können Sie sich in riskanten Situationen beweisen und auf sich aufmerksam machen. Krisen lassen sich meist sowieso nicht aufhalten, warum ihnen also nicht mit Courage begegnen.

Nutzen Sie das Risiko, das Unbekannte, als Hebel für das Vorwärtskommen in Ihrer Karriere. Auch wenn sich das für Sie im Moment noch etwas fremd anfühlen sollte – Sie werden für Ihren Mut belohnt werden.

Kapitel 8:
Immer Glück ist Können

„Glück ist, was passiert, wenn Vorbereitung auf Gelegenheit trifft."

Lucius Annaeus Seneca

Wie Sie den Zufall mit in Ihre Karriere-Strategie integrieren

Sie haben es bestimmt schon eingangs beim Lesen des Zitats von Seneca bemerkt. Die Attribute Glück und Zufall sind inhaltlich und gedanklich sehr eng mit den Fähigkeiten und Merkmalen verknüpft, die Sie in den beiden vorangegangenen Kapiteln bereits kennengelernt haben: Sich in Geduld üben, den rechten Moment abpassen, Risiken eingehen und sich bietende Chancen ergreifen.

Vielleicht wirkt es auf Sie zunächst befremdlich, wenn in einem Management-Buch nun auch noch über das Glück als Erfolgsmerkmal von Top-Karrieren geschrieben wird. Dafür habe ich volles Verständnis, denn es liegt ja zunächst auch nicht auf der Hand. Aber glauben Sie mir, gerade zu Beginn einer Management-Karriere lohnt es einmal genauer hinzuschauen und sich mit einer gewissen Systematik mit der „Glückssache" zu befassen.

Denn eine gehörige Portion Glück trägt unweigerlich zum eigenen Fortkommen bei, es wird jedoch nicht einfach nur so geschehen, sondern braucht Ihr Zutun.

Die Business-Welt ist voll von Geschichten über glückliche Umstände und schicksalhafte Begegnungen aus denen Großes entstand. Und auch so manche Karriere ergibt sich durch ein zufälliges Zusammentreffen. Der Zufall spielt außerdem eine oft unterschätzte Rolle beim Gründen von Unternehmen.

So etwa die Begegnung von Sergey Brin und Larry Page im Sommer 1995. Der eine, als junger Wissenschaftler damit betraut, einer Gruppe neuer Doktoranden der Universität Stanford eine Orientierungstour durch San Francisco zu geben, der andere, einer dieser Neuankömmlinge, ein junger Ingenieur aus Michigan. Die beiden fanden einander zunächst unausstehlich und sollen, so erzählten sie es später, während der gesamten Tour pausenlos miteinander gestritten haben.

Und trotzdem konnten sie ab sofort nicht mehr voneinander lassen, erforschten gemeinsam wie besessen die Zusammenhänge im Internet, entwickelten binnen drei Jahren eine Suchmaschine für das Web und gründeten 1998 in Menlo Park, Kalifornien, ein Unternehmen, dem sie den Namen „*Google*" gaben. Wären sich die beiden bei der Campus-Tour in jenem Sommer nicht begegnet, oder hätte das Coronavirus bereits damals schon gewütet und die Tour ausfallen lassen, *Google* oder ähnliche technologische Fortschritte hätte es erst später, vielleicht nie gegeben.[91]

So wie bei den beiden *Google*-Gründern ist es ganz oft: Nicht allen Menschen, denen man Erfolg zuschreibt, haben ihn allein ihrer Leistung zu verdanken – häufig ist Glück oder Zufall mit im Spiel.

CxO-Mindset

Leistung und Glück zu kombinieren ist somit eine wichtige Kompetenz für Führungskräfte und all diejenigen, die Verantwortung in Unternehmen tragen.

Das bestätigt auch der italienische Ökonom Alessio Emanuele Bionde, er sagt: „Fähigkeiten ermöglichen Erfolg, um ihn zu erreichen, braucht man aber auch das nötige Glück". Man müsse also unterscheiden zwischen Fortüne und Fähigkeit – und beides zugleich in eins denken. Denn wer ihn zu nehmen wisse, könne den Zufall für sich und seinen Erfolg arbeiten lassen.[92]

In der Tat hat es mitunter den Anschein, als würden erfolgreiche Menschen geradezu über das Glück stolpern. Oder sind sie einfach nur besonders talentiert darin, ihr Glück so zu bezirzen, dass der Erfolg sich quasi als logische Konsequenz wie von selbst einstellt? Ein kleiner Ausflug in den Profisport hilft diesem mutmaßlichen Zusammenhang auf die Spur zu kommen.

Helfen Sie dem Glück auf die Sprünge

„Immer Glück ist Können" – den Fußballfreunden unter Ihnen wird der Spruch sicherlich bekannt vorkommen. Es handelt sich dabei ursprünglich um ein Zitat von Hermann Gerland, langjähriger Nachwuchs- und Co-Trainer beim FC Bayern München.

Von Kritikern in einem Interview auf die unorthodoxe und von vermeintlich beispiellosem Glück begünstigte Spielweise seines damaligen Schützlings und späteren Bayern-Stars und Nationalstürmers Thomas Müller angesprochen, konterte Gerland, dies sei mitnichten dem Zufall oder dem oft bemühten „Bayern-Dusel" zuzuschreiben, sondern in Wirklichkeit der hohen Kunst des Toreschießens geschuldet. Wie kaum ein anderer verfüge Müller nämlich über einen unvergleichlichen Instinkt, immer dort zu stehen, wo der Ball hinkommt. Mit Mut zum Risiko und Entschlossenheit suche er dann kompromisslos und ohne Umschweife den Torabschluss, was verdientermaßen und erfreulich oft von Erfolg gekrönt sei. Was also für den Laien wie Glück aussieht, sei vielmehr das Ergebnis harten Trainings und exzellenter Vorbereitung auf Spiel und Gegner, so Gerland über Müllers Qualitäten.

Was für die hohe Fußballkunst gilt, ist in besonderem Maße auch für das Berufs- bzw. Managerdasein von Bedeutung.

Immer Glück zu haben oder stets vom Pech verfolgt zu sein, hat nichts damit zu tun, schicksalshaft oder willenlos höheren Mächten ausgesetzt zu sein, sondern ist entweder das Ergebnis von individuellem Können oder von selbst zu verantwortendem Unvermögen.

Und so wie Thomas Müller im Fußball sind manche Manager in der Businesswelt offensichtlich talentierter als andere darin, ihr Glück zu umgarnen und Zufälle effizient zu nutzen. Etwa Heinrich von Pierer, langjähriger und außerordentlich erfolgreicher Ex-Vorstandsvorsitzender von *Siemens*, der bei seinem Karriererückblick dem Glück ebenfalls eine entscheidende Rolle beimisst, wenn er sagt: „Zum beruflichen Aufstieg gehört auch Glück: Man muss im richtigen Augenblick an der richtigen Stelle sein – aber dann die Chance auch beim Schopf ergreifen.“[93]

Wie bereits erwähnt, es scheint tatsächlich so, als hätten erfolgreiche Menschen oft mehr Glück. Oder entspringt ihr Erfolg vielmehr der Fähigkeit Bedingungen zu erschaffen, unter denen dem Glück leichter begegnet werden kann?

Die Studie *Leadership or Luck* der beiden amerikanischen Professoren Christopher R. Berry und Anthony Fowler von der Universität Chicago untersuchte, ob und inwiefern sich Unternehmenserfolge tatsächlich dem individuellen Leistungsbeitrag und dem persönlichen Stil von Top-Führungskräften zuschreiben lassen, oder ob sie einfach nur das Glück – oder Unglück – hatten, zu einer bestimmten Zeit oder in einer besonderen Situation in einem Unternehmen Verantwortung im Management zu tragen.[94]

Unter Zuhilfenahme eines neuartigen und von ihnen selbst entwickelten statistischen Verfahrens, die Forscher nennen es *RIFLE* – Randomization Inference for Leader Effects – kommen sie zu einem überraschenden Ergebnis: Anders als im Sport oder in der Politik gibt es in der Wirtschaft kaum Indizien dafür, dass sich individuelle Entscheidungen und das personifizierte Wirken einer Top-Führungskraft wirklich unmittelbar positiv oder negativ auf den Unternehmenserfolg einer Firma auswirkt.

CxO-Mindset

Offenbar haben Glück, Zufall oder das schicksalhafte Zusammenwirken bestimmter Ereignisse eine wesentlich größere Bedeutung für die Entwicklung der Firmenergebnisse als Personality, Tatkraft und Charisma einer Führungskraft.

Oder anders formuliert: Jeder andere C-Level-Manager hätte zur gleichen Zeit, in der gleichen Situation und unter gleichen Rahmenbedingungen dieselben Ergebnisse erzielt – gleich gute oder gleich schlechte. Jetzt kann man von dieser Studie halten was man will, aber mal angenommen, die Forscher hätten wirklich recht, wäre dann nicht auch der Umkehrschluss zutreffend, dass C-Level-Manager gerade dann besonders erfolgreich sind, wenn sie – bewusst oder unbewusst – gelernt haben, vermeintliche Zufälle, überraschende Begebenheiten oder Fügungen, kurz gesagt das Glück, besser für sich nutzen zu können als ihre Pendants? Aber warum ist das so, was macht den Unterschied und wie können Führungskräfte ihrem Karriereglück proaktiv auf die Sprünge helfen?

Rechnen Sie mit dem Unberechenbaren

Wer dem tradierten Management-Verständnis folgt, für den ist klar: Für den beruflichen Aufstieg kommt es vor allem auf individuelle Leistung und Talent, auf Tatkraft und Zielstrebigkeit an. Das ist auch nicht weiter verwunderlich, denn viele Jahre oder sogar jahrzehntelang haben ganze Manager-Generationen gelernt, sich vor allem auf das zu konzentrieren, was sie vermeintlich beeinflussen können und worüber sie zumindest scheinbar die Kontrolle haben.

Zugegeben, vor dem Hintergrund eines solchen Mindsets erscheint es erst einmal ziemlich abwegig, sich als angehende Führungskraft beim Karriereschmieden mit Aspekten wie Glück oder Zufall zu beschäftigen. In Managerkreisen gilt es heutzutage sogar immer noch als geradezu unschicklich, auch einmal offen zuzugeben: Ja, es stimmt, ich hatte Glück! Lieber wird das Glück geleugnet oder ganz aus dem Führungs-Vokabular verbannt, anstatt sich aufrichtig und seriös damit zu beschäftigen, wie man das Glück noch besser für sich arbeiten lassen könnte. Denn glauben Sie mir, im wirklichen Management-Leben sind glückliche Zufälle indes mindestens genauso erfolgsentscheidend für die Karriere wie Eifer, Disziplin und Mut.

CxO-Mindset

Auch wenn viele Voraussetzungen, die den beruflichen Aufstieg leichter machen, tatsächlich reine Glückssache sind, so gibt es doch erprobte Strategien, die das sprichwörtliche Schmieden es eigenen Glücks ermöglichen.

In der Wissenschaft und neuerdings auch in der modernen Management-Lehre spricht man in diesem Zusammenhang von **Serendipität** oder neudeutsch vom „Serendipity-Mindset". Der Begriff wurde erstmals von dem britischen Schriftsteller, Künstler und Politiker Horace Walpole Mitte des 18. Jahrhunderts geprägt, in Anlehnung an eine altpersische Erzählung über *Die drei Prinzen von Serendip*, dem alten Namen für Sri Lanka.

Der Vater der drei Prinzen, König Giaffer, fand das Leben seiner drei Söhne zu behütet. Daher schickte er sie auf eine Reise, bei der sie nach dem Kostbarsten auf der Welt suchen und sich dadurch im wirklichen Leben bewähren sollten. Dabei entdecken die drei Prinzen durch scharfsinnige Beobachtungen quasi zufällig immer wieder andere überraschende Zusammenhänge und lösen gewissermaßen in Detektiv-Manier zahlreiche Rätsel und Kriminalfälle. Nach vielen Abenteuern kehren sie zurück und werden alle drei zu weisen Herrschern.

Diese Geschichte lehrt, dass die Aneinanderreihung glücklicher Zufälle und die Art und Weise, wie den Prinzen das Glück scheinbar nur so zufliegt, ein Glück ist, das sie durch ihr Denken und Handeln selbst beeinflusst haben. Sie sorgen bei unerwarteten Begebenheiten nämlich dafür, die richtigen Schlüsse zu ziehen, dranzubleiben und zu handeln.

CxO-Mindset

Das Glück passiert also nicht einfach nur so, sondern durch proaktives und kluges Handeln – man hat quasi das Glück des Tüchtigen.

Dr. Christian Busch, Entrepreneurship- und Leadership-Dozent an der New York University und einer der weltweit "Top 50 upcoming Management Thinkers", transformiert den althergebrachten Serendipitäts-Begriff in die moderne Management- und Wirtschaftspraxis. Er spricht in diesem Zusammenhang von „smart luck“, also klugem Glück, im Gegensatz zu „dump luck“, also dem dummem, plumpem Glück, das einfach nur so geschieht.

Busch beschäftigt sich seit vielen Jahren mit Serendipität und hat seine Forschungsergebnisse diesbezüglich in einem vielbeachteten Buch zusammengefasst, welches Ende 2020 erschienen ist. Für ihn ist die Fähigkeit zur Serendipität einer der entscheidenden Erfolgsfaktoren für Top-Management-Karrieren und für den Unternehmenserfolg an sich im 21. Jahrhundert.[95]

CxO-Mindset

Seine Studien belegen, dass viele überdurchschnittlich erfolgreichen Spitzen-Manager, darunter mehr als 30 der weltweit anerkanntesten Top-CEOs, über die ausgeprägte Fähigkeit verfügen, Unerwartetes wahrzunehmen, relevante Zusammenhänge zu entdecken, diese Anknüpfungspunkte miteinander zu verbinden und dadurch auf etwas gänzlich Neues zu stoßen.

Oft ist das dann die Lösung zu einem Problem, nach der ursprünglich gar nicht gesucht wurde. Man ist leicht versucht, so etwas als „glücklichen Zufall“ abzutun, tatsächlich aber ist es eine Kombination aus Spürsinn, Findigkeit und intelligenter Schlussfolgerung.[96]

Management by Serendipity – Wie Sie Zufälle selbst herbeiführen

Neben Dr. Christian Busch beschäftigen sich zahlreiche Wissenschaftler unterschiedlicher Fachrichtungen damit, danach zu forschen, wie und unter welchen Rahmenbedingungen Serendipität in Unternehmen am besten gedeiht und wie Führungskräfte aktiv an ihrem individuellen Serendipity-Mindset arbeiten können. Konkret geht es den Forschern jeweils darum, herauszufinden, mit welcher Haltung, Denkweise und mit welchem Verhaltensmuster Manager die Fähigkeit ausbilden, zu Entdeckungen, Problemlösungen oder Innovationen zu gelangen, die, ausgelöst durch etwas Unerwartetes und Überraschendes, nur durch einen glücklichen Zufall in Kombination mit anderen Faktoren möglich sind. Oder überspitzt formuliert: Wichtiges und Entscheidendes zu finden, was man gerade nicht suchte.

Klar ist, die glückliche Fügung lässt sich nicht erzwingen, aber mit einer Lebenseinstellung und Geisteshaltung, die uns dafür öffnet, glückliche Umstände zu erkennen, kann man sich die Gesetze von Glück und Zufall durchaus zunutze machen. Der Chemiker und Mikrobiologe Louis Pasteur etwa sprach bereits Ausgangs des 19. Jahrhunderts in diesem Zusammenhang vom „vorbereiteten Geist", der für unverhoffte Entdeckungen empfänglich sein solle.

Auch der britische Psychologe Richard Wiseman von der University of Hertfordshire ist überzeugt, dass die Persönlichkeit das Pendel des Zufalls auszulenken vermag. Seine Forschungen haben gezeigt, dass Glücksfälle aus einer Konstellation persönlicher Eigenschaften resultierten. Manche Menschen würden durch ihre Art zu denken und zu handeln die Chance steigern, außerordentliche Gelegenheiten in ihrem Leben zu schaffen, zu erkennen und zu nutzen, so Wiseman.[97]

Der kanadische Psychologe Albert Bandura schließt sich dem an, wenn er sagt: „Wir beeinflussen unser Schicksal zu einem gewissen Grad durchaus – kraft unserer Überzeugungen".[98] Dies bestätigt auch eine Studie der Informationswissenschaftlerin Sanda Erdelez, Professorin an der Simmons University in Boston. Ihr zufolge erleichtern bestimmte Charaktereigenschaften und Verhaltensweisen die Eintrittswahrscheinlichkeit für unverhoffte Glücksfälle. Neugier, Flexibilität und Frustrationstoleranz seien die entscheidenden Kernkompetenzen der Glückspilze, so die Forscherin.[99]

Von entscheidender Bedeutung für das Serendipity-Mindset sind offensichtlich auch positive Emotionen und eine von Grund auf optimistische Sichtweise, nicht zuletzt auch mit Blick auf sich selbst. Auch die Forschung des Psychologen Richard Wisemann, der über viele Jahre hinweg selbst ernannte Glückpilze und Pechvögel begleitet und befragt hat, deutet darauf hin:

CxO-Mindset

Wer Glück hat, lächelt öfter, sucht eher Augenkontakt, ist ausgesprochen kommunikativ und wirkt auf andere anziehender.[100] Menschen also, die im Allgemeinen gut gelaunt und ausgeglichen sind und sich selbst als vom Glück oder Zufall begünstigt ansehen sind weniger ängstlich und offener für neue Erfahrungen und Kontakte. Ergo: Wer an sein Glück glaubt, dem ist es eher hold.

Andere Untersuchungen bestätigen, dass der Zufall jene Menschen begünstigt, die über ein großes Netzwerk verfügen und somit dem Glück ein breites Betätigungsfeld eröffnen. Viele Anknüpfungspunkte helfen also eine Karriere voranzutreiben. Durch jeden neuen Kontakt vergrößert sich das Netzwerk noch mehr, wenngleich auch mit schwächeren Kontakten, aus denen aber stets neue Impulse kommen. Zufall braucht also Gelegenheit. Und je häufiger jemand Gelegenheiten schafft und die Anzahl der Momente steigert, in denen Zufall wirken kann, umso wahrscheinlicher wird es, dass der glückliche Zufall für die betreffende Person auch tatsächlich eintritt.

Ich will Ihnen ein einfaches Beispiel geben: Wir alle wissen, dass es Woche für Woche möglich ist, Millionen im Lotto zu gewinnen. Viele Menschen beklagen sich aber, dass die Wahrscheinlichkeit tatsächlich zu gewinnen, so gering ist, dass es eigentlich gar nicht lohnt mitzuspielen. Fakt ist aber: Auch wenn die Eintrittswahrscheinlichkeit für einen Lottogewinn kaum gegeben ist, so ist sie dennoch real existent. Und die Grundvoraussetzung dafür, überhaupt eine Gewinnchance zu haben ist doch zunächst die, dass man mitspielt und einen Tipp abgibt. Wer nicht proaktiv wird und dafür sorgt, bei der Ziehung mit dabei zu sein, hat nämlich definitiv keine Chance auf einen Gewinn. Und die Aussicht auf Erfolg lässt sich noch dadurch steigern, dass man nicht nur einmal, sondern regelmäßig, Woche für Woche, mit dabei ist und vielleicht statt einer Zahlenreihe zwei oder drei unterschiedliche Lottotipps abgibt. Ähnlich ist es beim Würfelspiel: Auch wenn pro Wurf die Wahrscheinlichkeit für einen „Kniffel" oder ein „Full-House" gering ist, so steigt die Chance darauf, je häufiger man würfelt.

Vergleichbare Muster werden Ihnen während Ihrer Management-Karriere laufend begegnen. Denn: Große Karrieren leben von der Dynamik glücklicher Zufälle und Begegnungen, dafür gibt es zahlreiche und auch prominente Beispiele. So wie die Karriere-Story von Gerhard Neumann, einer der wichtigsten Entwicklungsingenieure für Düsentriebwerke und Top-Manager beim amerikanischen Industriekonzern General Electric. Er hat sein Lebensmotto zum Titel seiner Autobiografie gemacht, die ich Ihnen als Lektüre ans Herz legen möchte: *Just lucky I guess.*[101]

Ich will Ihnen ein einfaches Beispiel für ein Glücks-Mindset geben – Thema Bewerbungsgespräche. Nehmen wir an, Sie werden von einem Headhunter angerufen, aber bereits nach einer Minute wissen Sie, dass die betreffende Position für Sie nicht wirklich interessant ist. Der Anrufer bietet an sich persönlich mit Ihnen zu treffen, um weitere Details zu erörtern. Eigentlich haben Sie aber gar keine Zeit und das Ganze ist Ihnen gerade irgendwie lästig. Mein Rat: Treffen Sie sich trotzdem, nehmen Sie sich die Zeit. Dieser Personalberater kann für Ihre künftige C-Level-Karriere eine entscheidende Rolle spielen, Sie wissen es nur noch nicht. Berauben Sie sich also nicht selbst dieser Kontakt-Gelegenheit.

Ich für meinen Teil habe es in meiner Karriere stets so gehalten und mir schon frühzeitig angewöhnt, solchen Anfragen grundsätzlich mit Offenheit und Neugier zu begegnen. An einem Punkt meiner Karriere sollte sich das dann tatsächlich auch entscheidend auszahlen. Hier die Geschichte:

Aus der Praxis

Mit einem Headhunter stand ich fast 20 Jahre in mehr oder weniger regelmäßigem Kontakt, und sei es nur, um sich bei einem gemeinsamen Lunch wieder einmal gegenseitig zu updaten. Aufgrund seines Tätigkeitsschwerpunkts, der weit abseits meiner angestammten Branche liegt, war es jedoch bis dahin nie zu einem konkreten Besetzungsprojekt gekommen.

Eines Abends schickte er mir eine E-Mail mit der Bitte um ein kurzfristiges Telefonat am nächsten Morgen. In dem betreffenden Gespräch erzählte er mir dann von seinem besten Freund, gleichzeitig auch der Patenonkel seines Sohnes, einem mittelständischen Medienunternehmer, der aufgrund der fulminanten Entwicklung seiner Firma dringend einen erfahrenen Vorstand brauchte und ihn deshalb um Hilfe bei der Besetzung dieser Position gebeten habe. Da er sonst kaum Kontakte in diese Branche habe und er ohnedies der Überzeugung wäre, dass wir beide ein gutes Gespann abgeben würden, wollte er mir anbieten – entsprechendes Interesse meinerseits natürlich vorausgesetzt – ein Treffen zu arrangieren.

Ein witziges Bonmot am Rande, das damals keinem der drei beteiligten Protagonisten bewusst war: Obwohl der Firmensitz des betreffenden Unternehmens sechs Autostunden von meinem Wohnort entfernt lag, stellte sich bei der Kontaktaufnahme heraus, dass der Firmeninhaber gerade dabei war, seinen Lebensmittelpunkt in meine Stadt zu verlegen. Und er hatte bereits eine Wohnung angemietet, die zwei Straßen weiter und keine einhundert Meter Luftlinie von mir entfernt lag.

Um es kurz zu machen: Nur vier Wochen später waren wir uns handelseinig geworden und einer der wichtigsten Wechsel meiner Karriere war vollzogen.

Wenn ich diese Geschichte zum Besten gebe, dann ist die spontane Reaktion meiner Gegenüber meist: „Was für ein Zufall", oder „Du hattest einfach nur Glück, den richtigen Personalberater zu kennen". Ich entgegne dem dann nicht ganz ohne Augenzwinkern: „Nein, ich nenne das „Strategie", und die wurde bereits vor mehr als 20 Jahren angelegt".

Ein weiterer Tipp von mir an dieser Stelle:

CxO-Mindset

Brechen Sie nie ohne triftigen Grund alte Brücken hinter sich ab. Halten und pflegen sie Kontakte möglichst langfristig, idealerweise ein (Berufs-)Leben lang. Sich abzunabeln, zu isolieren und Kontakte bewusst abreißen zu lassen ist kontraproduktiv und läuft der Zufalls-Dynamik Ihrer Karriere zuwider.

Ich zum Beispiel stehe auch heute noch in gutem Kontakt mit dem vorweg erwähnten Headhunter und bekomme bei unseren Treffen immer wieder neue und wertvolle Impulse.

Sie möchten ein weiteres Beispiel für ein Serendipity-Mindset? Kein Problem, Thema Neugeschäftspräsentationen: Auch wenn Sie glauben, dass Sie mit Ihrem Unternehmen oder mit Ihrer Abteilung bei einem Mega-Pitch ohnehin keine Gewinnchance haben, nehmen Sie trotzdem teil, und zwar mit dem Mindset, dass Sie so oder so nur gewinnen können. Nur wenn Sie mit in den Ring steigen, haben Sie überhaupt eine Erfolgschance und sei es ausschließlich, um die Gelegenheit zu nutzen, sich oder Ihr Unternehmen vorzustellen. Das ist zwar in dem betreffenden Moment noch ein schwacher Kontakt, aber er wird Ihnen in Zukunft mit Sicherheit neue Impulse liefern.

CxO-Mindset

Verschaffen Sie sich und Ihrem Glück möglichst viele Gelegenheiten und erhöhen Sie damit die Chance auf Zufallsmomente. Mehr Köder, mehr Beute.

Und wenn wir gerade dabei sind, hier noch ein paar Ratschlage, die gut in diesem Kontext passen: Seien Sie stets offen, denn Offenheit gewinnt immer. Lernen Sie neue Perspektiven einzunehmen und entwickeln Sie einen Spürsinn dafür, wann es lohnt, aus dem Kreis herauszutreten. Gehen Sie weder gedanklich noch physisch immer nur den einen, geraden und zielgerichteten Weg von A nach B, erlauben Sie sich Umwege und warten ab, was passiert. Je öfter Sie das tun, umso öfter werden Sie auf Dinge stoßen, die sich im Nachhinein als schicksalhaft, der besagte „glückliche Zufall", erweisen, ohne dass Sie es darauf angelegt hätten. Seien Sie stets bereit, neue Dinge zu lernen und andere Menschen zu treffen. Und – um auf den Pitch zurückzukommen – wer weiß: Irgendjemand muss den Auftrag ja gewinnen, warum also „zufälligerweise" nicht auch Sie?

Take-Aways

Lange Rede kurzer Sinn:

Karriere ist mehr oder wenig gesteuerter, selbst kreierter Zufall. Seien Sie also auf der Hut und stets auf das Unerwartete vorbereitet. Rechnen Sie mit dem Unberechenbaren und machen sie Selbiges für sich bedeutsam.

Und wenn Ihnen das Glück einmal hold war, dann sollten Sie, neben der Freude darüber und der Hoffnung, dass das in Zukunft wieder so sein wird, innehalten und reflektieren, warum Sie Glück hatten und welches Mindset Ihnen diese Fortüne bescherte.

Glücksdieb Coronavirus

Kommen wir abschließend kurz darauf zu sprechen, welchen Einfluss Corona auf das Geschehen glücklicher Zufälle hatte bzw. hat. Klar ist, wer im Homeoffice sitzt, der trifft niemanden, außer im *Teams-*, *Zoom-* oder *Webex*-Call. Persönliche Begegnungen, die nebenbei und ungeplant passieren, quasi die Grundvoraussetzung für Serendipität, Zufall und Glück, waren bzw. sind über Monate hinweg entweder gar nicht oder nur unter erschwerten Bedingungen möglich – d.h. keine zufälligen Begegnungen auf Messen, bei Geschäftsessen oder gemeinsamen Kaffeepausen.

Der individuelle Bewegungs- und Begegnungsradius war und ist zuweilen immer noch extrem eng gefasst. Corona hat uns also in gewissem Sinne den Zufall geraubt.[102]

Daher empfehlen Serendipitäts-Forscher wie Dr. Christian Busch zum Beispiel, jede Videokonferenz nach dem offiziellen Ende noch um ein paar Minuten zu verlängern, in denen man über andere, auch private Themen spricht, um einander mehr Anknüpfungspunkte zu bieten und dadurch dem glücklichen Zufall etwas auf die Sprünge zu helfen.[103] Auch seien C-Level-Manager gut beraten, zufällig zusammengestellte Gruppen aus unterschiedlichsten Firmenabteilungen in virtuellen Kaffee- oder Lunchpausen zusammenzubringen, um frische Konversationen zu entfachen, Verbundenheit und Beziehungen zu fördern, neuen Ideen Raum zu geben und so Gelegenheiten für Zufälliges zu erschaffen.

Doch nun genug der guten Ratschläge. Ich hoffe, ich konnte in diesem Kapitel ein Bewusstsein dafür schaffen, wie wichtig Glück und Zufall für eine erfolgreiche C-Level-Karriere sind. Kaum etwas von dem, was Sie hier gelesen haben, entspricht allerdings der landläufigen Management-Lehre. Sie werden höchstwahrscheinlich nichts davon im Curriculum eines MBA-Studiengangs wiederfinden oder darüber etwas in einem der gängigen Leadership-Seminare hören. Und dennoch: In fast dreißig Jahren Berufsleben als C-Level-Manager habe ich immer wieder praktische Belege für meine These geliefert bekommen:

Take-Aways

Zufällige Gelegenheiten für sich nutzen zu können ist eine Führungsbegabung. Die Fähigkeit von Managern, Aspekte des Glücks und des Zufalls in ihre individuelle Karriere-Strategie zu integrieren, ist ein entscheidendes Merkmal für ihren beruflichen Erfolg.

Kapitel 9: Scheitern? Unausweichlich!

„Treppenstürze schärfen das Bewusstsein für oben.“

Peter Horton, Musiker, Komponist und Autor

Wenn Fehlschläge kein Stigma, sondern zur Triebfeder Ihres Erfolgs werden

„Klar kann man scheitern, wenn man sich Großes vornimmt. Die Alternative wäre aber sich nichts mehr vorzunehmen aus Angst davor, dass man scheitern könnte. Wer wollte in solch einem Land leben, und wer will so eine Bundesregierung haben – ich habe keinen Bock, in so einer Regierung Minister zu sein."[104] Dieses bemerkenswert klare Statement des neuen deutschen Vizekanzlers Robert Habeck zu Beginn seiner Amtszeit zeigt, dass nach dem Machtwechsel in der deutschen Politik auch ein neuer Führungsstil in Berlin Einzug gehalten hat.

Wer als Führungskraft schon ein paar Tage im Geschäft ist, der weiß: Erfolg ist nicht gradlinig. Es gilt Rückschläge zu akzeptieren und zu verarbeiten, insbesondere für Manager, die viel Verantwortung tragen und an exponierter Stelle in Unternehmen und Organisationen stehen. Scheitern gehört somit – um den Vergleich mit dem Sport zu ziehen – zu einem erfolgreichen C-Level-Manager wie das Gegentor zum Fußball. Und so wie im Fußball, ist es auch mit dem Managerdasein: Nicht das Gegentor ist die eigentliche Herausforderung, sondern der Umgang damit. Also die Frage, wie und vor allem wie schnell gelingt es, einen Rückschlag zu verarbeiten und adäquat darauf zu reagieren? Wird die Spielweise umgestellt, kommen neue Akteure aufs Feld, was gilt es zu verändern, was beizubehalten?

CxO-Mindset

Auch wenn es zunächst widersprüchlich klingen mag: Niederlagen und Misserfolge bieten einer Führungskraft das perfekte Setting, um sowohl sich selbst als auch seine Mitarbeiter weiterzuentwickeln.

Im Grunde genommen bedeutet doch mit oder an etwas gescheitert zu sein erst einmal etwas Positives: Man hat sich etwas getraut, ist ein Risiko eingegangen und hat einen oder gleich mehrere Schritte aus seiner Komfortzone heraus getan. Scheitern kann also nur, wer dem Stillstand widersteht, aktiv wird und dem Mittelmaß eine Kampfansage erteilt. Misserfolg ist somit kein Grund zum Verzagen, sondern, um es mit den Worten des amerikanischen Schriftstellers Truman Capote zu sagen, die Würze, die dem Erfolg erst sein Aroma verleiht.

Der mittlerweile verstorbene *VW*-Patriarch Ferdinand Piëch postulierte einst sogar, dass ein richtig großer Manager nur der wird, wer zumindest einmal tief gefallen ist. Von einem anderen Großen seiner Zeit sind ebenfalls zwei schöne Zitate über das Wesen und den Umgang mit dem Misserfolg überliefert: Winston Churchill hat einmal den Erfolg als die Fähigkeit definiert, von Misserfolg zu Misserfolg zu schreiten, ohne dabei die Begeisterung zu verlieren. Außerdem soll er den Spruch geprägt haben „Never let a good crisis go to waste", was so viel bedeutet wie sich niemals eine formidable Krise entgehen zu lassen, also im Scheitern stets die Chance für den nächsten Erfolg zu sehen.

CxO-Mindset

Kurzum: Nicht nur *dürfen* C-Level-Manager sich im Scheitern üben, sie *müssen* es sogar!

Ich gebe zu, diese These ist starker Tobak für jede nach Erfolg strebende Führungskraft – so viel weiß ich aus eigener Erfahrung – und bei dem ein oder anderen von Ihnen wird dies beim Lesen bestimmt ungläubiges Stirnrunzeln hervorrufen. Dennoch: Erfolgreiches, „schönes" Scheitern will und muss gelernt sein. Auf den kommenden Seiten möchte ich Ihnen den Nutzen und die Notwendigkeit des Fehlermachens näherbringen.

Glorifiziertes vs. stigmatisiertes Scheitern

Zum Einstieg in die Thematik ist es hilfreich, sich zunächst damit zu beschäftigen, mit welcher Haltung und Einstellung Misserfolgen und gescheiterten Vorhaben in der Geschäftswelt klassischerweise begegnet wird.

Gerade in Deutschland gibt es diesbezüglich zwei extreme Ausprägungen: Einerseits wird das Scheitern geradezu glorifiziert, andererseits werden Fehlschläge stigmatisiert und die gescheiterten Personen regelrecht an den Pranger gestellt.

Schauen wir uns als Erstes die verherrlichende Seite des Scheiterns an: Insbesondere in der Start-up-Szene haben sich sogenannte „Fuckup Nights" etabliert, bei denen Unternehmensgründer vor einem Auditorium interessierter Protagonisten aus der Businesswelt offen über ihre Misserfolge sprechen. Diese Events bieten die Möglichkeit, gemachte Erfahrung und Fehler zu teilen. Den Anwesenden wird dabei auf unterhaltsame Art und Weise vermittelt, dass Fehler da sind, um gemacht zu werden und um aus ihnen zu lernen.

Fuckup Nights gelten als Innovation im Umgang mit Misserfolgen. Sie sollen angehende Führungskräfte dazu animieren, in ihrem jeweiligen Verantwortungsbereich ein Klima zu erschaffen, in dem es möglich ist, transparent und konstruktiv mit Fehlern umzugehen. Bei den Veranstaltungen wird das Scheitern quasi als Show inszeniert. Mit Blick auf einige Misserfolgs-Geschichten könnte man sogar den Eindruck gewinnen, als würden die Fuckups dabei fast noch mehr gefeiert als die Erfolge selbst. Tatsache ist, Pleiten, Pech und Pannen rund um das Unternehmertum gehören mittlerweile quasi zum guten Managerton, getreu dem Gründermotto „Fail fast, fail often".

Aber Vorsicht, wer das Scheitern zu sehr auf die leichte Schulter nimmt übersieht ein großes Dilemma. In aller Regel hört und liest man nämlich nur von den Stories, an deren Ende nach anfänglichen Misserfolgen stets ein grandioser

Erfolg steht. Das sind Geschichten wie die von Howard Schultz, der nur allzu gerne hervorhebt, über Jahre hinweg bei mehr als zweihundert Investoren abgeblitzt zu sein, bevor er die Coffee-Shop-Kette *Starbucks* gründete. Oder atemberaubende Episoden von prominenten Erfolgsmenschen wie etwa Elon Musk. Der war im Jahr 2008 unter der Last seiner Unternehmungen *Space X* und *Tesla* quasi schon pleite, bevor sich für ihn und seine Firmen die Umstände doch noch zum Guten veränderten. Heute predigt er mantramäßig und nicht ganz ohne Süffisanz, wer nicht scheitere sei, nicht innovativ genug.

Im Gegensatz dazu aber erfährt man über Geschichten, wenn sich nach einem Misserfolg das Blatt nicht gewendet und kein aufsehenerregendes Happy End eingestellt hat, normalerweise wenig bis gar nichts. Solche Schicksale bleiben meist im Verborgenen, wie etwa die von jungen Unternehmen und Gründern, deren Geschäftsmodell von der Corona-Pandemie mit voller Wucht getroffen wurde.

Auch wenn die langfristigen Auswirkungen noch nicht gänzlich absehbar sind und bestimmte Branchen den Krisenfolgen gegenüber resilienter zu sein scheinen als andere, so herrscht doch unter den Betroffenen große Sorge: In einer vom *Bundesverband Deutscher Start-ups* in Kooperation mit dem Beratungsunternehmen *PwC* in 2020 unter Gründern und Wagniskapitalgebern durchgeführten Umfrage äußerten fast 75 Prozent der Befragten die Befürchtung, die Pandemie werde ihr Geschäft sehr stark beeinträchtigen.[105] Und einer im gleichen Jahr durchgeführten *bitkom*-Studie zufolge sah sich in Deutschland fast jedes zweite der befragten IT- und Internet-Start-ups in seiner Existenz bedroht, drei Viertel der befragten Unternehmen erwarteten sogar eine massive Pleitewelle in der Szene.[106] Das ist umso bemerkenswerter, da man eigentlich davon ausgehen müsste, dass die Digital-Branche mittel- bis langfristig eher zu den sogenannten „Krisengewinnlern" gehört.

Take-Aways

Ergo: Statt der vermeintlichen Chance, aus einem Misserfolg die richtigen Lehren für den nächsten Erfolg ziehen zu können, kann Scheitern in bestimmten Situationen oder aufgrund von Fehlern Einzelner tatsächlich auch in die Pleite führen und das ultimative „Aus" bedeuten – für ein Unternehmen und natürlich auch für eine Karriere. Insofern darf Scheitern im unternehmerischen Kontext keinesfalls verharmlost oder gar schöngeredet werden.

Schauen wir uns nun das andere Extrem im Umgang mit Fehlern an, insbesondere weil Deutschland in Sachen Fehlertoleranz im internationalen Vergleich traditionell die hintersten Plätze belegt. Der Wirtschaftspsychologe Michael Frese von der Leuphana-Universität in Lüneburg untersuchte, wie verschiedene Kulturen mit Fehlern umgehen. Von 61 Ländern belegte Deutschland neben Singapur die letzten Plätze.

Er fand heraus, dass Kulturen, in denen Altruismus und Fairness zentrale Werte sind und in denen die Gemeinschaft wichtiger ist als das Individuum, erfolgreicher sind im Entdecken von Fehlern und im Management von Fehlern.[107] Kulturen, in denen es wichtig ist, Unsicherheiten zu vermeiden, die klare Normen und Regeln haben, sind besonders gut in der Vermeidung von Fehlern, allerdings nicht im Umgang damit. Wer hierzulande scheitert, kann sich Spott und Häme mit großer Wahrscheinlichkeit sicher sein.

Keinen Erfolg haben, versagen, straucheln oder Schiffbruch erleiden – Scheitern ist hierzulande immer noch ein gesellschaftliches Tabuthema. Fehlschläge werden in unserer leistungsorientierten Gesellschaft für gewöhnlich stigmatisiert und Misserfolge mit Schmach und Schande gleichgesetzt. Deshalb ist es auch wenig überraschend, wenn in den meisten Unternehmen ebenfalls nicht offen über Scheitern oder Misslungenes gesprochen wird.

CxO-Mindset

Vielerorts beherrschen Risikoaversion und fundamentale Angst vor dem Scheitern immer noch das Geschehen auf den Führungsetagen. Stattdessen wäre es insbesondere für Spitzenmanager wichtig, einen offenen Umgang mit dem Prinzip von „Trial and Error" zu pflegen, um dadurch das Scheitern als Weg des Erkenntnisgewinns und Fortschritts salonfähig zu machen.

Aus eigener Erfahrung kann ich berichten, dass die Angst vor dem Scheitern belastender und lähmender ist, als die aus dem Scheitern unmittelbar resultierenden Konsequenzen. Höchste Zeit also, um in den Unternehmen eine Kultur zu erschaffen, die das systematische Lernen aus Fehlern ermöglicht.

CxO-Mindset

C-Level-Manager müssen sich deshalb darin fit machen, kreativ und angstfrei mit Misserfolgen, den eigenen und den der Mitarbeiter, umzugehen und statt der althergebrachten Fehlervermeidungsstrategie eine innovationsfreundliche Fehlermotivationsstrategie zu betreiben.[108]

Im angelsächsischen Sprachgebrauch übrigens klingt das etwas weniger sperrig, man spricht dort in diesem Zusammenhang von „open error culture" bzw. „no blame culture".

In punkto Fehlerkultur macht nebenbei bemerkt eine repräsentative Studie der Universität Hohenheim Hoffnung:[109] Anders als bei den älteren Jahrgängen hat insbesondere der jüngere Anteil der deutschen Bevölkerung – und hier speziell die Altersgruppe 18 bis 39 Jahre – eine tendenziell positive Einstellung gegenüber dem Fehlermachen im Allgemeinen und dem unternehmerischen Scheitern im Speziellen. Ein Lichtblick und ein ermutigendes Indiz für den bereits begonnenen Wandel in Deutschland hin zu einer Kultur des positiven Scheiterns.

Nicht aus einem Fehler zu lernen, ist der größte Fehler überhaupt

Jetzt werden Sie sich vielleicht fragen, warum man sich denn mit Misserfolgen und Fehlschlägen aufhalten soll, wenn Erfolge doch viel angenehmer sind und gleichfalls eine Menge positives Lernpotenzial in sich bergen. Tatsächlich haben die Wirtschaftsprofessorinnen Lauren Eskreis-Winkler und Ayelet Fishbach von der University of Chicago in einer Reihe von wissenschaftlichen Experimenten auf diesem Gebiet herausgefunden, dass Menschen grundsätzlich mehr und besser durch positives Feedback aufgrund von Erfolgserlebnissen lernen als aufgrund von Misserfolgen, die mit negativem Feedback einhergehen.[110] Auch wenn dieses Ergebnis vordergründig betrachtet einleuchtend erscheint, so ist dennoch Vorsicht geboten. Die Krux bei der Sache ist nämlich:

Erfolge haben grundsätzlich ein hohes Potenzial, Fehler zu maskieren! Bei Misserfolgen hingegen ist das anders: Eine voll und ganz negativ empfundene Rückmeldung aufgrund eines Fehlers ist enttarnend und zwingt den Betroffenen zur Reflexion.

Das kann zuweilen sehr unangenehm und anstrengend, aber eben auch äußerst nützlich sein. Ich denke, die in Führungsfragen bereits etwas Fortgeschrittenen unter Ihnen wissen, wovon ich rede.

Die beiden amerikanischen Ökonominnen konnten im Rahmen ihrer Studien sodann auch den Hauptgrund für das „schlechte“ Lernen aus Misserfolgen festmachen: Das Ego. Unsere Psyche empfindet nämlich das Scheitern als Bedrohung, ein Angriff auf unsere Identität, die es abzuwehren gilt. Die Forscherinnen konnten nachweisen, dass bei negativem Feedback aufgrund von Fehlern das Konzentrationsvermögen ihrer Probanden deutlich zurückgegangen ist und dieses das logische Denken für einen Moment quasi abzuschalten schien.

CxO-Mindset

Mit anderen Worten: Scheitern untergräbt unsere Bereitschaft und Fähigkeit zum Lernen. Viele Menschen realisieren leider nicht oder zu spät, welch wertvolle Erfahrungen und Aha-Erlebnisse Misserfolge liefern können. Dieser Effekt ist besonders bei Spezies mit starkem Ego ausgeprägt, sie stehen sich beim Erkenntnisgewinn aufgrund ihrer Hybris tendenziell selbst im Wege.

Was bedeutet, dass Top-Manager mit übersteigertem Selbstbewusstsein besonders anfällig dafür sind, den Nutzen des Scheiterns systematisch auszublenden. Ihre Karrieren scheitern dann früher oder später, weil sie nicht erkannt haben, dass nicht aus einem Fehler zu lernen der größte Fehler überhaupt ist.

Ein Versagen macht noch keinen Versager

Der Harvard-Professor Thomas R. Eisenmann geht sogar noch einen Schritt weiter. Seine These lautet: Der steinige Weg führt stets zu einem besseren Lernerfolg. Nur wer richtig, sozusagen „grandios" scheitere, dies anerkenne und seine Gefühle, Frust und Ärger zulasse, könne überhaupt erst an einen Punkt gelangen, der es erlaube, sich mit Fehlern konstruktiv auseinanderzusetzen, Lehren aus dem Misserfolg zu ziehen und die so gewonnenen Erkenntnisse im Berufs- und Führungsalltag gewinnbringend anzuwenden, so Eisenmanns Überzeugung. Dabei sei es wichtig, genug emotionalen Abstand zu wahren, so dass aus hemmendem Groll über den Misserfolg eine produktive, treibende Kraft für künftige Erfolge werden könne.[111]

CxO-Mindset

Das Fehlermachen ist anerkanntermaßen ein effektiver Weg, um dazuzulernen, sich als Mensch und Führungskraft weiterzubilden und so zur eigenen und zur Entwicklung anderer beizutragen. Dabei ist es meines Erachtens essenziell, dass C-Level-Manager aus dem Nähkästchen plaudern können, das Scheitern also selbst erlebt haben, um Mitarbeitern die Angst vor dem Misserfolg nehmen und ihnen stattdessen Mut zum positiven Scheitern zusprechen zu können.

Nur wer sich aufrichtig in die Seelenlage einer Person, die gerade einen Misserfolg oder eine belastende Phase durchläuft, hineinversetzen kann, wird in diesem Kontext seiner Führungsverantwortung tatsächlich gerecht: Eine Unternehmenskultur zu etablieren, die das Scheitern als Möglichkeit zum Lernen, also als positiven Progress betrachtet, anstatt es zu stigmatisieren. Damit bereiten C-Level-Manager sich und ihren Mitarbeitern den Boden, um die Ursachen des Scheiterns konstruktiv analysieren, die entsprechenden Lehren daraus ziehen und selbständig die notwendigen Kurswechsel vornehmen zu können.

Resilienz und Ambiguitätstoleranz – Stehaufmännchen-Qualitäten für den C-Level

Sie ahnen es sicherlich schon – die Sache mit der Fehlerkultur hat einen entscheidenden Haken: Nicht jeder, der ins Top-Management strebt, hat von Natur aus bereits das notwendige Rüstzeug, um sich nicht von den Widrigkeiten, die mit dem Scheitern einhergehen, aus der Bahn werfen zu lassen. Und selbst wer robust genug ist, muss dennoch ein waches Auge dafür haben, seine Mitarbeiter mit gut gemeintem Trail-and-Error-Management nicht zu überfordern. Klar ist, und das zeigen viele Studien: Unter Stress und Erregung stellt sich kein echter Lerneffekt ein.

CxO-Mindset

Es braucht eine gehörige Portion Widerstandsfähigkeit gegen Krisen und psychischen Stress, um aus dem Scheitern auch die richtigen Lehren ziehen zu können. Das Zauberwort dafür lautet „Resilienz".

Resilient zu sein, also über sogenannte „Comeback-Fähigkeiten" zu verfügen, bedeutet, auch nach schweren Schlägen wieder zurückzukommen. Rückschläge sind für resiliente Menschen demnach nicht gleichbedeutend mit Niederlagen. Im Kern geht es bei der Resilienz-Kompetenz darum, dass ein Mensch, eine Organisation oder eine Gesellschaft nach heftigen Schocks wieder neu erstarkt. Diese Widerstandskraft entwickelt sich naturgemäß vor allem in der Krise. Übertragen auf das Top-Management heißt Resilienz, trotz schlechter Rahmenbedingungen, Stressbelastungen oder sonstiger Zumutungen des Berufslebens psychisch stabil zu bleiben, statt im Job unglücklich oder langfristig gar depressiv zu werden. Es gilt harte Zeiten gut durchzustehen und sich nicht unterkriegen zu lassen.

Seelische Widerstandskraft ist bei Menschen sehr unterschiedlich ausgeprägt: An den einen scheinen Stress und Schicksalsschläge abzuprallen, bei anderen können schon kleinste alltägliche Stresssituationen tiefe Krisen auslösen. Nicht zuletzt die Corona-Pandemie und die damit einhergehenden mentalen Verschleißerscheinungen durch Arbeits- und Lebensüberlastungen haben gezeigt: Psychische Belastbarkeit wird ein immer wichtigerer Faktor für erfolgreiche Top-Management-Karrieren.

Auch Headhunter und Personalleiter achten bei Neueinstellungen und Beförderungen seit Corona vermehrt auf das Vorhandensein von Resilienz-Eigenschaften. Laut einer Umfrage des Jobportals *Stepstone* im Herbst 2020 ist Resilienz aus Sicht der Personalexperten eine der entscheidenden Kompetenzen, über die Führungskandidaten aktuell und in Zukunft verfügen müssen.[112] Denn Eines ist klar: Die nächste große Krise kommt garantiert und die eigentliche Frage ist, in welchem Trainingszustand man ihr begegnet.

Bei der Beurteilung der Resilienz-Kompetenz von Managern folgen die Berater und Personaler dabei einer einfachen Devise: Hat ein Bewerber bereits eine oder mehrere Krisensituationen in der Vergangenheit gut gemeistert – egal ob privat oder beruflich –, dabei einen kühlen Kopf bewahrt und Lösungen für seine oder die Probleme der Firma gefunden, so stehen die Chancen gut, dass er oder sie das auch in Zukunft wieder schaffen wird.

Es steht außer Frage: Resilienz-Kompetenz ist zu einer Haltungs- und Handlungsanforderung geworden, der sich kein C-Level-Manager mehr verschließen kann, zumal dann nicht, wenn auch nach der Covid-Pandemie die Welt fortan als krisenhaft wahrgenommen wird.[113]

Take-Aways

Zeit für ein kurzes Zwischenresümee:

Wenn Scheitern nicht das Gegenteil von Erfolg ist, sondern ein Teil davon, dann ist die Resilienz von Organisationen, Führungskräften und Mitarbeitern die Voraussetzung dafür, um aus Fehlern, Misserfolgen und Notlagen die richtigen Lehren ziehen und erfolgreich im Management wirken zu können. Scheitern und Resilienz sind also eng miteinander verbundene und gewissermaßen in einer Wechselbeziehung stehende Erfolgsmerkmale von und für C-Level-Karrieren.

Was aber, wenn man als angehende Führungskraft nicht über die besagte Widerstandskraft und das entsprechend stabile Seelenkostüm verfügt? Die gute Nachricht: Während man früher annahm, Resilienz sei angeboren oder werde früh in der Kindheit erworben, gehen Wissenschaftler heute davon aus, dass sie auch noch in späteren Jahren trainiert werden kann.[114] Da jeder Mensch resiliente Anteile in sich hat, ist es möglich, diese zu verbessern oder Fähigkeiten zu erlernen, um leichter mit schwierigen Lebens- und Berufssituationen umgehen und negativen Einflüssen standhalten zu können. Psychische Herausforderungen oder Stresssituationen lassen sich so besser und vor allem positiv verarbeiten.

Studien zeigen, dass nicht so resiliente gegenüber sehr resilienten Menschen besonders von gezielten Maßnahmen der Resilienz-Förderung profitieren. Dazu gehören zum Beispiel so vermeintlich einfache Dinge wie sich Pausen zu gönnen, Grenzen zu erkennen und schwierige Situationen anzunehmen, anstatt sich an ihnen abzuarbeiten. Auch das aktive Gestalten seines Beziehungsgeflechts in Familie, Arbeit und Freizeit gehört mit in den Resilienz-Baukasten von Top-Führungskräften.

Nicht zu unterschätzen ist auch das Bewahren oder Wiederherstellen einer gesunden Leistungsfähigkeit, also körperlich fit zu sein, genug zu schlafen, zu trinken und sich ausgewogen zu ernähren. Resilienz-Trainer und andere Fachleute sprechen in dem Zusammenhang von „Saluto Genese“. Damit gemeint ist der individuelle Entwicklungs- und Erhaltungsprozess von physischer und psychischer Gesundheit. Qualitativ hochwertiges Coaching mit gezielten Übungen zur Selbstfürsorge, Selbstwirksamkeit und Selbstregulation können beim Trainieren von Resilienz helfen.

Analysiert man das aktuelle Angebot an Resilienz-Praktiken, dann lässt sich das Erfolgsrezept auf einen einfachen Nenner bringen: Entscheidend ist, dass ein Top-Manager gut mit sich selbst umgeht. All das sind Fähigkeiten und Eigenschaften, die – so selbstverständlich sie klingen mögen – künftigen Top-Management-Aspiranten heutzutage immer noch viel zu wenig vermittelt werden.

Take-Aways

Gerade aber für das Wirken auf C-Level-Niveau und bei der Entfaltung eines tranformationalen Führungsstils ist es unerlässlich, dass Manager körperliche und mentale Gesundheit und Leistungsfähigkeit fördern und fordern, um so ein dauerhaft hohes energetische Leistungsniveau zu erreichen – bei sich selbst und bei ihren Teams.

Mehr zu diesem Themenkomplex dann im Kapitel 17 der *Mission Leadership.*

Eine besondere Ausprägung der Resilienz ist die sogenannte **„Ambiguitätstoleranz“**. In der Wissenschaft wird der sperrige Begriff oft auch als Unsicherheits- oder Ungewissheitstoleranz bezeichnet und beschreibt die Fähigkeit von Menschen, unsichere, unklare, mehrdeutige oder widersprüchliche Situationen neutral, vorbehaltlos und offen wahrzunehmen und trotz dieser Ungewissheiten souveräne Entscheidungen zu treffen.

Für Menschen, die jeden Tag mit Unsicherheiten konfrontiert werden und darauf basierend Entscheidungen treffen müssen, ist es nahezu überlebenswichtig, stets „Herr oder Herrin der Lage“ zu sein. Konstellationen also, denen C-Level-Manger permanent ausgesetzt sind. Nicht zuletzt während der Corona-Krise hat sich das zu einer der wichtigsten Fähigkeiten von Top-Managern herauskristallisiert. Die Pandemie hat uns sozusagen ein nützliches Lehrstück geboten, denn Führungskräfte werden auch in den nächsten Jahren in vielen Bereichen mit wachsender Unsicherheit leben müssen.

Wenn Situationen oder Menschen unberechenbar und unkontrollierbar erscheinen, wenn es unübersichtlich, hektisch und unsicher wird, sind viele Führungskräfte überfordert, sie empfinden Stress, Angst oder Unbehagen und tendieren dazu, unreflektiert und mit einer linearen Denkweise Situationen entweder einseitig negativ oder vorbehaltlos positiv zu bewerten. Andere wiederum blühen in solchen Phasen richtiggehend auf, empfinden komplexe Problemstellungen, Mehrdeutigkeit und Unschärfe als Herausforderung und Ansporn. Sie können es sehr gut aushalten, trotz unsicherer und unvollständiger, ja zuweilen paradoxer Informationslage Entscheidungen zu treffen. Und was noch wichtiger ist:

CxO-Mindset

Ambiguitätstolerante Manager haben kein Problem damit, flexibel zu bleiben, Anpassungsschritte vorzunehmen und eine einmal getroffene Entscheidung jederzeit auch schnell wieder zu revidieren. Sie haben gelernt zu akzeptieren, dass es auf manch neue Frage spontan keine klare Antwort gibt, sondern nur das Annähern an eine mögliche Lösung durch Versuch und Irrtum.[115]

Auch wenn ein solches Hin und Her oft als Schwäche, das „Fähnchen mit Wind“, ausgelegt wird, so zeugt das bei genauerem Hinsehen doch eher von enormer Führungsstärke und verantwortlichem Handeln. Entscheidend ist, dass man als Manger solche Richtungs- und Strategiewechsel kommunikativ gut bewältigt, also Mitarbeitern und anderen Betroffenen die Beweggründe für das vermeintlich widersprüchliche Handeln gut erklärt.

Take-Aways

Fakt ist: Unternehmerischer Erfolg hängt in hohem Maß davon ab, wie gut Führungskräfte mit Unsicherheit umgehen.

Personaler, Karriereberater oder Headhunter setzten daher neuerdings bei ihren Besetzungsentscheidungen verstärkt auf ambiguitätstolerante Manager. Außerdem hat das *World Economic Forum* vor Kurzem im *Future of Jobs Report* die künftigen „Must-haves“ im Repertoire von erfolgreichen Führungskräften benannt. Diese sind Resilienz, Stresstoleranz, kritisches Denken und flexibles Handeln sowie die Fähigkeit zur Bewältigung komplexer Probleme.[116] Ähnlich wie beim Resilienz-Training gilt auch hier: Wer nicht oder wenig ambiguitätstolerant ist, kann das mit Hilfe von gezieltem Coaching durchaus erlernen.

Scheitern will gelernt sein

Wir fassen zusammen:

Take-Aways

- Erstens, Zielverfehlung und damit verbundenes Scheitern ist für wirkungsvolles Lernen unumgänglich.
- Zweitens, gestärkt aus dem Scheitern zurückzukommen lässt sich erlernen und die richtigen Lehren aus einem Misserfolg zu ziehen ist für einen potenziellen C-Level-Manager eine entscheidende Voraussetzung, um in Zukunft kritische Situationen mit Erfolg zu meistern und diese Erfahrungskompetenz an seine Mitarbeiter weitergeben zu können. Dabei ist es unerheblich, ob man nun der Meinung ist, dass es Krisen braucht, um resilient und widerstandsfähig zu werden, oder ob eine Führungskraft Resilienz braucht, um überhaupt gut durch Krisen zu kommen. Beides bedingt sich zweifelsohne gegenseitig.
- Der dritte Punkt: Da es in den Augen vieler egogetriebener Manager immer noch als Karriere-Handicap gilt, gescheitert zu sein, braucht es in den Unternehmen – und dort insbesondere auf dem C-Level – eine veränderte Einstellung im Hinblick auf die Entwicklung besagter Fehlerkultur. Als Führungskraft müssen Sie sich und Ihrem Team deshalb das Recht auf Misserfolg einräumen und jederzeit und überall Unterstützung im Umgang mit Fehlern und Scheitern anbieten.
- Aber Achtung: Eine Fehlerkultur zu etablieren darf nicht bedeuten, das Fehlermachen in Ihrem Verantwortungsbereich systematisch herunterzuspielen, zu verniedlichen oder grundsätzlich zu entproblematisieren. Das wäre zu trivial, lapidar und am Ziel vorbei gemanagt.

- Nein, zur Fehlerkultur gehört, dass Sie Fehler explizit als solche auch thematisieren und Betroffene damit konfrontieren. In der Folge gilt es dann, klare und verbindliche Entscheidungen und Vereinbarungen zur künftigen Fehlervermeidung zu treffen.

Lassen Sie mich zu guter Letzt noch eines anmerken: Egal wie sehr Sie sich darum bemühen, in Ihrem Managerdasein immer nur erfolgreich sein und das Fehlermachen vermeiden zu wollen, so viel ist sicher: Unerwartete Veränderungen können Ihren Masterplan jederzeit über den Haufen werfen und Ihre Karriere ins Straucheln bringen. Und glauben Sie mir, diese Momente werden kommen. Das richtige Maß an Resilienz wird Ihnen in solchen Phasen dann helfen, zum „Stehaufmännchen" zu werden und sich von Schicksalsschlägen und Misserfolgen rasch zu erholen, und zwar ohne dass es Sie Ihre Karriere kostet.

Resilientes Verhalten bedeutet allerdings nicht, stressbedingte Krisen einfach nur auszuhalten und sich von Emotionen nicht aus der Bahn werfen zu lassen. Besser ist es, wenn Sie als verantwortungsvoller C-Level-Manager darüber hinaus Ursachenforschung betreiben und stets hinterfragen, worin die Triebfeder für ein Problem bzw. der tatsächliche Grund für ein Scheitern liegt.

Denn durch die Lösung von Problemen und mit der Beseitigung von Hindernissen schaffen Sie die besten Voraussetzungen dafür, ihr wertvolles Resilienz-Reservoir erst gar nicht anzapfen zu müssen.

Kapitel 10: Innehalten. Nachdenken. Verändern. Schlüsselkompetenz Reflexionsfähigkeit

„Das einzig legitime Ziel von Führung ist die Unterstützung zur Selbstführung.“

Götz Werner, Gründer der Drogeriekette dm

Gehen Sie auf Entdeckungsreise!

„Ich fürchte, mich zu kennen, und kann mich doch nicht ignorieren." Dieses Zitat des französischen Schriftstellers und Philosophen Voltaire ist einer der bekanntesten Sinnsprüche zum Thema Selbsterkenntnis. Wenngleich fast 300 Jahre alt, so kommt darin ein zeitloses, immerwährendes Dilemma zu Ausdruck, mit dem sich jede aufstrebende Führungskraft im Verlauf der Karriere früher oder später konfrontiert sieht: Trotz stetem Verantwortungszuwachs und beachtlichem Expertenwissen verweigern einem plötzlich die bekannten und erprobten Problemlösungs-Muster im Manageralltag den Dienst, eigene Schwächen werden offenbar und Fehlentscheidungen häufen sich. Dieser Umstand wird indes lieber verdrängt oder mit viel Geschick kaschiert, statt ihm mit Offenheit zu begegnen.

Die Gründe für diesen Zustand suchen die leidtragenden Manager dann regelmäßig im Außen, werden dort aber nicht fündig. Ein Gedankenstrom beginnt zu fließen, Spannungen entstehen. Der Betroffene dreht sich im Kreis, tritt entwicklungstechnisch also im wahrsten Sinne des Wortes auf der Stelle. Kurzum: Der Führungskraft gelingt es immer weniger, mit sich selbst zurechtzukommen.

Dabei überträgt sich die eigene Ratlosigkeit nach und nach auch auf das unmittelbare Umfeld, also die direkt unterstellten Mitarbeiter oder gar auf die gesamte Belegschaft. Einmal so festgefahren, gelingt es dann kaum noch, Mitarbeitern oder Teams die notwendige Orientierung zu geben und sie arbeitsfähig und zuversichtlich zu halten. Die Folge: Leistung, Motivation und Zufriedenheit rauschen allenthalben in den Keller.

Zu Ihrer Beruhigung: Es gibt natürlich einen Ausweg aus dieser Misere. Der nimmt dort seinen Anfang, wo sich unter das mulmige Gefühl der Hilflosigkeit die leise Ahnung zu mischen beginnt, dass es da auch noch eine andere, bisher unbekannte Seite der eigenen Persönlichkeit geben könnte, die ebenfalls gesehen, gehört und bei der Führungsarbeit zu Rate gezogen werden möchte.

Wie aber Zugang zu diesem scheinbar verborgenen Potenzial erlangen? Keine Angst, um sich mit der Gesamtheit Ihrer eigenen Ressourcen zu verorten müssen Sie ja nicht gleich den *Navy SEALs*, einer Spezialeinheit der US-amerikanischen Streitkräfte, nacheifern. Deren sogenannte „40-Prozent-Regel für mentale Stärke" besagt nämlich, dass erst 40 Prozent der tatsächlichen Leistungsfähigkeit erreicht sind, wenn man glaubt, dass nichts mehr geht und fest davon überzeugt ist, bereits das Maximale aus sich herausgeholt zu haben. Im Rahmen einer Spezialausbildung, den gefürchteten „hell weeks", ist der Name dann Programm: Die Rekruten werden gnadenlos darauf trainiert, konsequent über ihre körperlichen und psychischen Grenzen zu gehen.

CxO-Mindset

Zum Glück liegt im Top-Management der Schlüssel zur Überwindung von derlei Hemmnissen nicht im militärischen Drill oder gar in der Hirnwäsche, sondern in der Selbstwahrnehmung, also im Entdecken, Erkennen und Auseinandersetzen mit der eigenen Innenwelt.

Aber auch das hat seinen Preis, denn nicht erst seit Voltaire bereitet es den Menschen eher Unbehagen und Angst, wenn sie auf Spurensuche im inneren Selbst gehen. In der Tat ist die Beschäftigung mit dem eigenen Ich Fluch und Segen zugleich. Aus eigener Erfahrung kann ich Ihnen berichten: Gerade wenn man von der grundsätzlichen Veranlagung her eher ein Kontroll-Freak ist und zu Perfektionismus und Unfehlbarkeit neigt – bei gleichermaßen hochmotivierten wie unerfahrenen Jungmanagern ist das beileibe kein seltener Charakterzug – kann diese Entdeckungsreise für die Akteure sehr herausfordernd werden.

Es braucht also ein beachtliches Maß an Mut, um sich seinen Schwächen zu stellen, eigene Irrwege zu erkennen und sich an fest verankerten Glaubenssätzen aufzureiben. Ergo: Wer gute Führungsarbeit leisten und erfolgreich auf seine Mitarbeiter einwirken will, kommt über kurz oder lang um persönliche Weiterentwicklung, das Eintauchen in die eigene Gedanken-, Gefühls- und Erfahrungswelt und um den damit verbundenen Schmerz der Selbsterkenntnis nicht herum.

CxO-Mindset

Nur wer diese Innenschau vollzieht und lernt, sich als Mensch und Führungskraft zunächst erst einmal selbst zu begreifen, kann die Wahrnehmungsfähigkeit entwickeln, die es braucht, um andere Menschen und ihr Verhalten zu erkennen und zu entschlüsseln, sie also im besten Sinne des Wortes zu *führen*.

Die gute Nachricht: Mutige Selbstwahrnehmung und Selbstführung kann man trainieren. Das Zauberwort dafür lautet: „Reflexion“. Also ein Lernen, das sich nicht auf das bloße Anhäufen von Wissen, sondern auf Erfahrung bezieht – eigene, selbst gemachte und reflektierte Erfahrung. Im Kern geht es bei Reflexion darum, innezuhalten und über konkrete Erfahrungen, die in Führungssituationen gemacht worden sind, nachzudenken, sie zu hinterfragen, neu zu bewerten und dabei abzuschätzen, ob durch verändertes Handeln in einer nächsten ähnlichen Situation gegebenenfalls auch das Ergebnis insgesamt verändert werden kann.

Zur Reflexion gehört aber nicht nur herauszufinden, wie Individuen (vermutlich) denken und handeln und wie andere Personen dies interpretieren, sondern zu verstehen, welche Dynamik sich in der Interaktion mit ihnen ergibt[117]. So lässt sich peu à peu immer besser einschätzen, was sich bei einem selbst als wirksames Führungshandeln bewährt und was nicht.

CxO-Mindset

Der Clou an der Selbstwahrnehmung ist: Indem sie sich selbst bewusst werden, lernen Manager das Verhalten ihrer Mitarbeiter, Kollegen oder Vorgesetzten besser zu verstehen. Sie bewerten weniger und führen besser.

Wichtig dabei ist: Damit dieser Wahrnehmungsprozess in Gang gesetzt werden kann, müssen Räume für Selbstreflexion geschaffen werden, sowohl physisch als auch organisatorisch und zeitlich und nicht nur im, sondern auch außerhalb des Führungsalltags. Mein Tipp: Natürlich geht das Lernen von Reflexion grundsätzlich auch allein, aber in einer unterstützenden Gruppe oder mit einem externen Coach oder Sparringspartner und vor allem abseits des täglichen Trubels ist es noch effektiver und erfüllender.

Fast drei Jahrzehnte Führungserfahrung in Top-Management-Positionen haben mir gezeigt, wie unendlich wertvoll Selbstreflexion sein kann.

Ja, ich wage sogar die These, dass Reflexionsfähigkeit, also Selbst- und Menschenkenntnis, die Grundvoraussetzung für erstklassige Leadership-Arbeit überhaupt ist.

In diesen Kontext passt im Übrigen auch eine schöne Lebensweisheit von Arthur Schopenhauer, einem der bedeutendsten deutschen Philosophen des 19. Jahrhunderts. Sie lautet: „Wenn es überhaupt ein Rezept für den Erfolg gibt, besteht es darin, sich in die Lage anderer Menschen zu versetzen". Bezogen auf C-Level-Karrieren bedeutet dies im übertragenen Sinne, dass Reflexionsfähigkeit ein wichtiger Garant – nach Schopenhauers Einschätzung sogar der entscheidende – für Erfolg ist.

Tatsächlich ist die Notwendigkeit zur Reflexion in der modernen Führungslehre nicht wirklich etwas Neues. Was aber verleiht ihr Aktualität und Relevanz? Welche Eigenschaften vereinen reflektierte Chefs und warum sind sie heutzutage für die Führung von Menschen und Unternehmen praktisch unverzichtbar? Und warum ist es so wichtig, das C-Level-Manager diese Reflektiertheit authentisch vorleben und ihre Mitarbeiter dazu befähigen, es ihnen gleich zu tun? Lassen Sie uns auf den nächsten Seiten gemeinsam auf Entdeckungsreise gehen und einige Antworten darauf finden.

Selbstreflexion – Game-Changer für das Führen in der VUKA-Welt

Ob sie es nun wollen oder nicht, Manager in Spitzenpositionen werden auf absehbare Zeit mit der Anforderung konfrontiert sein, sich stetig an veränderte Bedingungen anpassen und das eigene Führungsverhalten immer wieder aufs Neue reflektieren zu müssen.

CxO-Mindset

Ob Globalisierung, technologischer Wandel, weltpolitische und lokale Krisen, Individualisierung, Wertevielfalt oder Diversität, gute Menschen- und Unternehmensführung bedeutet, etablierte Handlungsmuster bewusst und systematisch zu hinterfragen und Veränderungen aktiv anzustoßen. Gleichzeitig besteht die Herausforderung, Bewährtes zu erkennen und zu erhalten.[118]

Seit einiger Zeit macht ein Begriff Furore, der diese Rahmenbedingungen trefflich beschreibt. Die Rede ist von der *VUKA-Welt*. VUKA ist ein Akronym und steht für volatil, unsicher, komplex und ambivalent – jene Merkmale des digitalen Zeitalters und der aktuellen Arbeitswelt, die zunehmend für Unsicherheit sorgen. Die VUKA-Welt ist kompliziert, schnell, zwiespältig und unvorhersehbar und meint im engeren Sinne eine Geschäftswelt, in der Unternehmen selbst bei Erfolg einer unsicheren und unsteten Zukunft entgegenblicken. Für C-Level-Manager bedeutet die VUKA-Welt Risiko und Chance zugleich.

CxO-Mindset

Doch nur wer VUKA versteht und akzeptiert und seine Rolle als Führungskraft in diesem Sinnzusammenhang reflektiert, kann sich entsprechend für die Zukunft wappnen und Mitarbeiter und Unternehmen unbeschadet durch diese beispiellose und außerordentlich anspruchsvolle Zeit manövrieren.

Ich werde die VUKA-Thematik in Kapitel 14 noch einmal konkret aufgreifen, insbesondere im Hinblick auf agile Führungskompetenzen und die Rolle von C-Level-Führungskräften bei Transformationsvorhaben und disruptiven Veränderungen.

Schaut man in die Hochglanzbroschüren oder Jahresberichte von Unternehmen und analysiert man die dort niedergeschriebenen Verhaltens- und Führungskodizes, so scheint es, als seien bestimmte Werte und Grundüberzeugungen wie etwa die Förderung von Autonomie und Selbstorganisation, entwicklungsorientierte Mitarbeiterführung oder Reflexionskompetenz bereits fest in den Firmenkulturen verankert und das Top-Management in den Unternehmen in derlei Hinsicht bestens gerüstet. In der Theorie klingt das erst einmal vielversprechend, in der Praxis bleibt es jedoch leider oft nur beim gut gemeinten Vorsatz.

Auch wenn es den Kommunikationsabteilungen gelingt, Reflexionskompetenz medial unter Beweis zu stellen, so bleibt doch die Frage, wie es wirklich um die Reflektiertheit des Managements bestellt ist, wie Führung also tatsächlich Tag für Tag praktiziert wird? Entspricht das allgemein vorherrschende Niveau an Reflektiertheit in der C-Suite überhaupt den Erfordernissen der heutigen Zeit bzw. den künftigen Notwendigkeiten?

Um es vorwegzunehmen, meine persönliche Einschätzung hierzu ist ein klares „Nein"! Ich will Ihnen auch ein Beispiel geben warum: Selbst Managern, die sich als reflektiert bezeichnen, ist es nicht gelungen, während der harten Corona-Lockdown-Phasen die richtige Balance zwischen virtueller Zusammenarbeit und Präsenztreffen zu finden oder aus dem zunehmend selbstverständlich gewordenen Homeoffice heraus auf medialem Wege Commitment und Emotionalität bei ihren Mitarbeitern zu wecken.

Vielen C-Level-Managern ist das zwangsverordnete Führen aus Distanz deshalb gar nicht gut bekommen. Dort, wo schon vor Corona Verwerfung und Dissonanz zwischen Führung und Geführten erkennbar war, ist die Kluft durch die Pandemie nur noch größer geworden. Zuweilen beobachte ich ein besorgniserregendes Maß an Unzufriedenheit oder gar Misstrauen gegenüber den Vertretern des Top-Managements, selbst dort, wo vor Corona noch alles in Ordnung zu sein schien. Eine derartige Entwicklung ist fatal, denn dadurch verpufft die Wirkung von wohlgemeinten Leitsätzen, Richtlinien, Appellen und strategischen Vorgaben, d. h. Führung verliert dadurch im wahrsten Sinne des Wortes an Kraft.

Eine weitere, wichtige Erkenntnis in diesem Zusammenhang ist die folgende: Die Devise „einmal reflektiert, immer reflektiert" ist schlichtweg falsch. Übrigens möchte ich mich da nicht ausnehmen. Obwohl ich mich jahrelang in Reflexionsarbeit geübt und mir dabei auch regelmäßig externe Unterstützung an die Seite geholt habe, wurde und werde auch ich nicht von Rückschlägen verschont. Die erlernte Wahrnehmungsfähigkeit schwächt sich mit der Zeit ab, ähnlich wie die Kraft der Muskeln nachlässt, wenn sie nicht trainiert werden.

CxO-Skillset

Um sicherzustellen, dass der individuelle Reflexions-Work-out den erwarteten Trainingseffekt erzielt, empfehle ich selbst den in Sachen Reflexion durchaus geübten Top-Managern einen regelmäßigen Check dahingehend vorzunehmen, ob das vorhandene Verhaltensrepertoire noch zu den aktuellen Führungsherausforderungen passt. Wenn Sie so wollen, eine Art Compliance-Management in Sachen Selbstwahrnehmung.

Alles in allem, so meine Beobachtung, ist bei vielen Verantwortungsträgern im Top-Management im Hinblick auf Selbstreflexion noch reichlich Luft nach oben. Zu dieser Conclusio kommen auch eine Reihe von Studien und Umfragen. Hier ein paar Beispiele: Bereits vor einigen Jahren ist der Kreditversicherer *Euler Hermes* in Kooperation mit der Universität Mannheim in einer Studie der Frage nachgegangen, ob Insolvenzen tatsächlich immer nur durch schlechtes Wirtschaften oder äußere Krisen entstehen.[119] Überraschenderweise wurde in den Ergebnissen ein direkter Zusammenhang von Pleiten und praktiziertem Führungsstil offenbar. Fast 60 Prozent der hierzu befragten 124 Insolvenzverwalter waren der Ansicht, dass autoritäre und unreflektierte Unternehmensführung der eigentliche Grund für den Bankrott der insgesamt rund 19.000 von ihnen abgewickelten Firmen gewesen sei. Außerdem kam bei der Studie heraus, dass nur die allerwenigsten Führungskräfte im deutschen Mittelstand die eigene Führungskompetenz überhaupt jemals ins Zentrum ihrer unternehmerischen Überlegungen rücken. Ergo: Eine nicht ausreichend reflektierte Führung kann fatale Konsequenzen für das Wohl und Wehe und den Fortbestand von Unternehmen und Existenzen haben.

Auch Managementberater und Coaches bestätigen regelmäßig den Mangel an Reflektiertheit in der C-Suite. Experten zufolge wird Selbstreflektion nur von einer kleinen Managerelite beherrscht.[120]

Ungefähr 80 Prozent der Führungskräfte seien sogar gänzlich ohne ein Fünkchen Selbstspiegelung unterwegs, bei etwa 15 Prozent wird zumindest eine gute Grundtendenz zum intuitiven Hinterfragen der eigenen Vorgehensweisen beobachtet, oft fehle es den Akteuren aber an Systematik und holistischem Background in Sachen Reflexion. Nur der Rest, also höchstens 5 Prozent der Top-Manager, sei vorbildlich in der eigenen Arbeit mit sich selbst und dadurch mit einer ausgeprägten Fähigkeit und Bereitschaft zur Selbstreflexion ausgestattet. Ich finde, das ist eine ziemlich beängstigende Diagnose, bedenkt man, welch hohe Verantwortung mit der Wahrnehmung einer C-Level-Position in aller Regel einhergeht.

Ernüchternd ist auch das Ergebnis der weltweit angelegten Studie *GLOBE* – Global Leadership and Organizational Behavior Effectivness – der Ludwig-Maximilians-Universität (LMU) in München, bei der 17.000 Manager der mittleren Führungsebene in 62 Ländern nach Merkmalen einer guten Führungskraft befragt wurden. Es kam heraus, dass reflektierte Führungskräfte, die motivieren und Mitarbeiter bei der Erledigung ihrer Aufgaben und in ihrer persönlichen und beruflichen Entwicklung unterstützen, zwar enorm nachgefragt, aber in der Realität klar in der Minderheit sind.[121]

Ähnlich verhält es sich in anderen Studien: Während heutzutage eigentlich jede Führungskraft angibt, die Einbeziehung der Mitarbeiter in die eigenen Entscheidungsprozesse sei wichtig, glaubt nicht einmal jeder zehnte Mitarbeiter, dass der eigene Vorgesetzte ausreichend genug reflektiert ist und über ein gutes Selbstmanagement verfügt, um diesen partizipativen Führungsstil tatsächlich erfolgreich praktizieren zu können.[122]

Aus diesen und anderen Untersuchungen und Erhebungen lassen sich außerdem noch weitere grundsätzliche Rückschlüsse ziehen:

Take-Aways

- Erstens, Mitarbeiter und Organisationen erwarten heutzutage von ihren Führungskräften weitaus mehr als „one-size-fits-all-Führung“, sie müssen stattdessen in der Lage sein, mehrere Führungsstile zu beherrschen und diese situativ anzuwenden.
- Zweitens, je höher die Reflexionskompetenz bei den Chefs, umso mehr unterschiedliche Führungsstile kennen und praktizieren sie.
- Das begünstigt nachweislich den dritten Punkt: Je variantenreicher, vielfältiger und situationsbezogener ein Manager führt und den eigenen Perspektivenwechsel beherrscht, desto besser, leistungsfördernder und motivierender ist das Unternehmensklima und umso höher die Mitarbeiterzufriedenheit.

Vertrauen – Lohn der Selbstreflexion

„Ich würde lieber Geld verlieren als Vertrauen“. Das schrieb Robert Bosch, Gründer und Namensgeber des weltweit agierenden deutschen Industriekonzerns mit mehr als 400.000 Mitarbeitern, bereits 1919 in der zweiten Ausgabe des *Bosch-Zünder*, einer für die damalige Zeit revolutionäre und bis heute regelmäßig erscheinende Mitarbeiterzeitung.

Aber nicht nur in der internen Kommunikation, mit der Bosch das Ziel verfolgte, seine Mitarbeiter an Leben, Schicksal, Sorgen und Hoffnungen des Unternehmens teilhaben zu lassen,[123] sondern auch in vielen anderen Dingen war der deutsche Industrielle, Ingenieur und Erfinder bereits vor über einhundert Jahren seiner Zeit weit voraus. Er galt als außerordentlich reflektierte Unternehmer- und Führungspersönlichkeit und hatte schon früh sehr genaue Vorstellungen davon, welche Grundsätze und Wertevorstellungen er in seinem Unternehmen über alle Hierarchieebenen hinweg eingehalten haben wollte.

Dazu zählten vor allem Vertrauen, Offenheit und Verlässlichkeit. Für Bosch waren diese Werte nicht nur im Außen, also bei der Qualität der hergestellten Produkte und im Kundenservice das oberste Gebot, sondern vor allem unternehmensintern im Verhältnis zu seinen Mitarbeitern. Robert Bosch legte großen Wert darauf, seinen Arbeitern und Angestellten optimale berufliche Förderung zuteil werden zu lassen und sie entsprechend ihrer Potenziale weiterzuentwickeln.

Für ihn war es stets von Bedeutung, Mitarbeiter statt Lohnempfänger zu beschäftigen und wenn er von den Qualitäten eines Mitarbeiters überzeugt war, übertrug er ihm, sofern dieser bereit dazu war, kurzerhand auch viel Verantwortung.[124] Dieses Vertrauen zahlte sich langfristig aus, und zwar wechselseitig: Gute Arbeitsbedingungen und ausgezeichnete Entwicklungsmöglichkeiten trugen zu entsprechend hoher Identifikation der sogenannten „Boschler“ mit ihrem Unternehmen bei, was eine gute Arbeitsmoral, hohe Produktivität und hohe Loyalität seitens der Belegschaft nach sich zog.

Mit wachsendem Erfolg der Firma konnte Bosch so seinen Mitarbeitern Löhne und Gehälter bezahlen, die um bis zu 60 Prozent über denen der Konkurrenz lagen. Dennoch konnte das Unternehmen *Bosch* im direkten Vergleich mit seinen Wettbewerbern regelmäßig deutlich höhere Gewinne erzielen. In der hochindustriellen Phase ausgangs des 19. und zu Beginn des 20. Jahrhunderts war eine solche unternehmerische Gesinnung alles andere als eine Selbstverständlichkeit. Aufgrund seiner hohen sozialen und emotionalen Kompetenz brachte das dem Unternehmensgründer auch den Namen „Vater Bosch“ ein.

Warum erzähle ich Ihnen das alles? Nun, ähnlich wie damals zu Robert Boschs Zeiten haben Top-Manager es heute mir einer Zeitenwende in der Führung von Unternehmen und Mitarbeitern zu tun. Die Herausforderungen einer volatilen, unsicheren, komplexen und ambivalenten Geschäftswelt spielen dabei unweigerlich eine große Rolle. Aber auch auf einer anderen Ebene vollzieht sich aktuell ein Umbruch, der vermutlich noch viel tiefgreifender und nachhaltiger wirken wird als das VUKA-Phänomen. Während im Industriezeitalter Regierungen und Unternehmenslenker allenthalben darauf abzielten, Wachstum, Expansion und Wohlstand auf Gedeih und Verderb zu fördern, steht jetzt das Hinterfragen der Sinnhaftigkeit und Erwünschtheit von ebensolchem grenzen- und bedingungslosem Wirtschaftswachstum im Mittelpunkt vieler strategischer und operativer Überlegungen.

Take-Aways

Tatsächlich befinden wir uns schon mitten im Übergang zu einer Phase, die Ökonomen als Postwachstums- bzw. Postgrowth-Ära beschreiben, und in der Wachstumskritiker sogenannter „Degrowth-Bewegungen“ mit ihren Konzepten das seitherige gesellschaftliche, politische und unternehmerische Ziel des uneingeschränkten Wirtschaftswachstums vehement in Frage stellen.

Diese beiden Themen, VUKA-Welt und zunehmende Distanzierung von ökonomischem Wachstum, werden sich meines Erachtens über Jahre hinweg auf die Führung von Unternehmen und Mitarbeitern auswirken.

CxO-Skillset

Für C-Level-Manager besteht die große Herausforderung darin, in Zeiten solch fundamentaler Umwälzungen trotz allem konstant tragfähige, verlässliche und vor allem vertrauensvolle Arbeitsbeziehungen zu gestalten.

Einen kleinen Vorgeschmack darauf, wie sich fundamentale Veränderungen auf die Vertrauenskultur einer Gesellschaft oder in Unternehmen auswirken kann, haben wir durch die Corona-Krise ja bereits schon bekommen: Die Menschen sind nicht nur depressiv und dicker geworden oder haben Angststörungen entwickelt oder zum Alkohol gegriffen, sondern sie werden nachweislich auch immer misstrauischer. Es ist belegt, dass wachsende Einsamkeit, etwa durch andauerndes Homeoffice oder aufgrund wiederholter Lockdown-Phasen, ein reduziertes Vertrauen in andere Menschen nach sich zieht.[125]

Daher gilt: Nur wer von seinen Mitarbeitern als stete, glaub- und vertrauenswürdige Orientierungsfigur wahrgenommen wird, kann durch äußere Umstände ausgelöste Krisen meistern oder Veränderungsprozesse im Unternehmen erfolgreich umsetzen – ganz so, wie Robert Bosch das schon vor über einhundert Jahren getan hat. Ja, ich meine sogar, sein damaliges Erfolgs-Credo, Vertrauen sei wichtiger als Geld, ist heute aktueller denn je:

CxO-Skillset

Vertrauen ist *die* „harte", also krisenfeste, zeitlose und kraftvolle Währung erfolgreicher Unternehmens- und Mitarbeiterführung schlechthin.

Apropos: Den *Bosch-Zünder* gibt es heute immer noch. Das mittlerweile crossmediale Magazin erscheint in zehn Sprachen viermal im Jahr und gewinnt in Fachkreisen regelmäßig Preise und Auszeichnungen für transparente und besonders gut gemachte interne Kommunikation.

CxO-Mindset

Vertrauen beruht also auf einer offenen und kontinuierlichen Kommunikations- und Feedbackkultur im Unternehmen. Selbstreflexion ist eine wichtige, wenn nicht sogar die wichtigste, Voraussetzung dafür.

Es steht außer Frage: Wer die Bereitschaft besitzt, sich selbst und die Zusammenarbeit mit anderen ehrlich zu reflektieren, erzeugt Vertrauen. Das gilt im Übrigen nicht nur für die Beziehung zwischen Management und Mitarbeitern, sondern ebenso im Verhältnis zwischen der Führungskraft und anderen C-Level-Kollegen bzw. Vertretern des Aufsichtsrats oder der Aktionärsversammlung.

Um eine solche Vertrauenskultur zu erschaffen, braucht es Manager an der Unternehmensspitze, die über ein hohes Maß an emotionaler und sozialer Intelligenz und die damit verknüpften, charakteristischen Eigenschaften verfügen. Dazu gehören insbesondere Empathie, Ehrlichkeit und Offenheit. Diesem Themenbereich habe ich in Anbetracht seiner Bedeutung ein eigenes Kapitel gewidmet. Diesbezüglich also später mehr.

Risiken und Nebenwirkungen bei zu viel Reflektiertheit

Auf eine einfache Formel gebracht macht gute Führung also aus, bewährte Handlungsmuster bewusst und systematisch zu hinterfragen und Veränderungen, sofern diese das Ergebnis der Reflexion sind, aktiv anzustoßen. So weit, so gut. Wie bei jeder Tätigkeit oder Verhaltensweise kann es aber auch ein zu viel des Guten geben. So auch hier:

CxO-Mindset

Ein Übermaß an Reflektiertheit kann bei C-Level-Managern zu einem Verlust an Leichtigkeit und Spontanität im Führungsalltag führen. Und das kann zu Lasten der Authentizität, also der Echtheit und Glaubwürdigkeit einer Führungskraft gehen, eine für das Überleben einer Vertrauenskultur im Unternehmen essenzielle Persönlichkeitseigenschaft.

Nur authentische Spitzen-Manager sind in der Lage, ein Gefühl der Sicherheit und Souveränität zu vermitteln – echt und unverfälscht. Es braucht deshalb eine gute Verbindung zwischen Reflektiertheit und Spontanität, damit der Betreffende von seinem Umfeld nicht wegen, sondern trotz seiner „Innenschau" ungekünstelt und immer noch als „er selbst" wahrgenommen wird.

Die amerikanischen Sozialpsychologen Brian Goldman und Michael Kernis haben vier Kriterien definiert, die erfüllt sein müssen, damit Menschen sich authentisch denkend und handelnd erleben: Erstens Bewusstsein darüber, was die individuellen Stärken, Schwächen, Gefühle und Motive sind, zweitens Ehrlichkeit, drittens konsequentes Handeln nach eigenen Werten und viertens Aufrichtigkeit sich selbst gegenüber.[126] Gerade wenn Führungskräfte in Sachen Reflexionsarbeit noch eher unerfahrenen sind, gilt es die Reflexionsintensität und ihre Auswirkungen gut zu beobachten und gegebenenfalls auf ein gesundes Maß zu korrigieren.

Ich möchte schließlich noch auf eine Führungskompetenz zu sprechen kommen, die in Verbindung mit Selbstreflexion oft missverstanden wird und bei der es aufgrund falscher Dosierung in der Anwendung buchstäblich zu Risiken und Nebenwirkungen kommen kann. Und zwar geht es um den Zweifel.

Bei zu viel an Reflexionsarbeit kann es nämlich je nach Seelenkostüm vorkommen, dass eine Führungskraft von ihrem Umfeld plötzlich als Pessimist, Bedenkenträger oder als Spaßbremse wahrgenommen wird.

Auch hier gilt es die Auswirkungen der an sich positiven Selbstreflexion zu beobachten und gegebenenfalls nachzujustieren, damit die Spurensuche im Inneren nicht genau das Gegenteil von dem bewirkt, was eigentlich beabsichtigt war.

CxO-Mindset

Im Kompetenz-Kontext der C-Suite bedeutet zweifeln jedoch nicht etwa Wankelmut, Grübelei oder Selbstzweifel, auch nicht, dass man buchstäblich „verzweifelt" ist, sondern das Herstellen von innerer Klarheit.

Bitte merken Sie sich: Klarheit zu schaffen ist eine der wichtigsten Führungsaufgaben im Management überhaupt, denn das Berufsleben, wie das Leben schlechthin, stellt uns immer wieder vor neue Herausforderungen. Gerade in Zeiten enormer Komplexität und Unsicherheit hilft konstruktiver Zweifel, durch die Irrungen und Wirrungen des Manager-Lebens hindurch bis zum wahren Kern einer Sache zu sehen, und zwar so lange, bis kein Zweifel mehr darüber herrscht, was als nächstes zu tun ist. Dort, wo Zweifel erlaubt sind, wird Altes in Frage gestellt und Neues kann entstehen.

„Zweifler" erreichen diese Klarheit durch Abwägen, Perspektivwechsel und Zulassen von Vielstimmigkeit bei der Entscheidungsfindung. Lieber mehr Fragen und weniger vorschnelle Antworten.

Eine auf innerer Klarheit basierte Entscheidung lässt sich dann selbstbewusst und entgegen allen Widerständen vertreten und durchsetzen. Zweifeln hat auch nichts mit Grübeln zu tun, denn beim Grübeln drehen sich die immer gleichen Gedanken im Kopf. Nein, Zweifeln hat mit Denken und Handeln zu tun, es ist also immer lösungsorientiert.

In der Praxis ist dieses Vorgehen am Führungs- und Arbeitsstil des *Daimler*-Chefs Ola Källenius gut zu beobachten. Anders als seine teils charismatischen und zuweilen herrschaftlich agierenden Vorgänger managet der schwedische CEO den deutschen Automobilkonzern nordisch kühl, distanziert und voller Gleichmut. Trotzdem – oder vielleicht gerade deshalb – hat Källenius in nur zweieinhalb Jahren die *Daimler AG* und seine Traditionsmarken auf spektakuläre Art und Weise nach vorne gebracht. Das Manager Magazin hat ihn deshalb zum „Manager des Jahres 2021" gekürt. In der Begründung der Jury wird Ola Källenius als jemand charakterisiert, der seine Argumente und damit verbundene Entscheidungen ständig und systematisch prüft und überdenkt, auch wenn er glaubt, es schon besser zu wissen. Er gilt als guter, reflektierter Zuhörer, der sich und sein Tun regelmäßig infrage stellt. Was sich vor allem von ihm lernen ließe, so die Jury, sei die porentief klare Analyse und die Konsequenz, mit der er so seine Ziele entgegen allen Widerständen zum Erfolg führe.[127]

Auch wenn er in der Managerzunft zuweilen immer noch ein negatives Image hat, so plädiere ich dafür, den Zweifel als Kompetenz in das Führungsbild des C-Level-Managements zu integrieren.

CxO-Mindset

Wer zweifelt, ist offen, reflektiert und lernfähig und hat ausreichend emotionale Distanz zu seinen Entscheidungen. Das hilft im Manageralltag schnell und flexibel zu reagieren, statt aus emotionalen Gründen an etwas festzuhalten und Gefahr zu laufen, dem eigenen Ego Schaden zuzufügen.

Übrigens, kurze Zwischenfrage: Was meinen Sie, welcher Berufsstand hat den Zweifel, oder neudeutsch das „re-thinking“, also das permanente und systematische Hinterfragen des Status quo, schon ebenso lange wie erfolgreich in seinem Business Model verankert? Richtig, es sind die Unternehmens- und Management-Berater à la *McKinsey*, *Accenture* und Co.

Mit Selbstmanagement dem Burnout vorbeugen

Als letzten Punkt möchte ich auf ein Thema eingehen, dass mir besonders am Herzen liegt, nämlich der gesundheitliche Mehrwert der Selbstreflexion. Und zwar aus folgendem Grund: Der Job ist, wie Arbeit überhaupt, bei sehr vielen Menschen noch immer die Sinnstiftungskategorie Nummer eins im Leben. Und je höher eine Position angesiedelt ist, umso extremer zeigen sich diesbezügliche Begleiterscheinungen. Insbesondere auf Top-Management-Ebene wird Arbeit geradezu glorifiziert, getreu dem Motto „nur wer viel arbeitet, wird viel“.

Auf den ersten Blick wirken die heutigen Arbeitsbedingungen, zumindest in größeren Unternehmen und im digitalen oder Start-up-Bereich, geradezu paradiesisch: Es gibt Wellness-Ecken, Tischfußball, Teamevents, tägliche Happy Hour mit Snacks und Drinks aufs Haus und Ähnliches mehr. Nichts gegen solche freiwilligen Zuwendungen, aber machen wir uns nichts vor: In aller Regel dienen solche „goodies“ doch primär einem Zweck: Die Mitarbeiter emotional noch stärker an die Firma zu binden und statt der ohnehin üblichen ein oder zwei Überstunden am Tag noch die ein oder andere Arbeitsstunde zusätzlich „on-top“ einzukassieren, unbezahlt natürlich.

Bestimmte Branchen fahren in derlei Hinsicht die ganz großen Geschütze auf, was einer regelrechten Perversion an Selbstausbeutung gleichkommt. Die Folge: Der Job wird alleiniger Lebensmittelpunkt und schiebt sich immer mehr ins Zentrum des Bewusstseins. Andere Dinge wie Familie, Freunde, Hobbies, oder einfach mal das allzu menschliche Bedürfnis, eine Erkältung richtig auskurieren zu können, werden nebensächlich, es bleibt ja keine Zeit dafür.

So abwegig es auch klingen mag, tatsächlich aber geschieht genau das Tag für Tag. Dabei sollte einem der gesunde Menschenverstand schon anraten, dass gerade dort, wo tagtäglich Höchstleistung gefordert wird – und die C-Suite sehe ich da ganz weit vorne – regelmäßige Auszeiten zur Regeneration wichtig sind, um langfristig erfolgreich und vor allem gesund zu sein. Geschieht das alles nicht, kommt es früher oder später zur Überlastung von Körper, Geist und Seele, was sich dann bei dem Betroffenen nicht selten als sogenannte „Managerkrankheit", also Burnout, manifestiert. Burnout ist aber längst keine reine Managerkrankheit mehr, auch Berufseinsteiger und Menschen ohne explizite Führungsverantwortung leiden darunter. Gleichwohl sind die Leistungs- und Verantwortungsträger auf den obersten Führungsebenen die Hauptbetroffenen.

CxO-Mindset

Zudem sind Manager, die nach übertriebener Perfektion und Fehlervermeidung streben, in besonderem Maße gefährdet. Ihr Perfektionismus wirkt quasi als Brandbeschleuniger für das Entstehen eines Burnouts, entweder bei der Führungskraft selbst oder innerhalb ihres Teams.

Ich gestehe, auch bei mir hat es einige Zeit gedauert, bis ich in der Lage war, dem Hamsterrad und den angestammten Denkmustern des Führungsalltags zu entkommen, und zwar ohne ständig mit mir im inneren Zwiespalt zu sein und mich an diesem aufzuzehren. Erst aufgrund von Selbstreflexion habe ich nach und nach gemerkt, dass die Elemente eines erfolgreichen und erfüllenden Lebens nicht ausschließlich Arbeit und Geld sind, sondern dass Familie, Freunde und vor allem körperliche Fitness und mentale Gesundheit eine ganz entscheidende Rolle spielen.

Dabei war es bei mir nie die reine Arbeitsbelastung, die mich ab und an aus der Balance brachte. Wie bei vielen anderen meiner Art- und Leidensgenossen waren es vor allem Sinndefizite und ein verdrängter Wertekonflikt zwischen den eigenen ethischen Maßstäben auf der einen und dem tatsächlich gelebten Führungsalltag auf der anderen Seite.

Auch Studien belegen einen engen Zusammenhang zwischen Burnout-Prävention und bestimmten Erfolgsfaktoren, die eine intakte Unternehmenskultur prägen.

CxO-Mindset

Mit Blick auf die Ergebnisse lässt sich insgesamt feststellen, dass die Wahrnehmungs- und Reflexionsfähigkeit des Top-Managements als eine besonders wirkungsvolle Vorbeugemaßnahme gegen das Gefühl ausgebrannt zu sein gilt und dass Führungskräfte durch bewusste Steuerung einer positiven und als authentisch empfunden Unternehmenskultur einen wertvollen Beitrag zur Burnout-Prophylaxe im Unternehmen leisten können.[128]

Gleichwohl, und auch das lässt sich aus Studien ableiten, sind derart reflektierte Führungskräfte auf den oberen Leitungsebenen leider immer noch zu selten anzutreffen. Ergo: Zur Vermeidung von gesundheitlichen Belastungen, die bis hin zum Burnout reichen können, braucht es mehr reflektierte Chefs, die dieses

Denken ihren Mitarbeitern vorleben und sie dazu inspirieren, selbst Reflexion zu betreiben.

Nur am Rande möchte ich erwähnen, dass Reflexionsfähigkeit im Management von vielen Coaches, Beratern und Personalern heutzutage als wichtige Eigenschaft für sogenannte nachhaltige Führung gesehen wird, im Management-Jargon auch **„Sustainable Leadership“** genannt. Das leuchtet ein, denn eine reflektierte Führungskraft versteht, dass nachhaltige Unternehmensführung nicht nur den verantwortungsvollen Blick auf die Gesellschaft und die Umwelt, d. h. nach außen hat, sondern dass zu einem nachhaltigen Wirken vor allem der Blick nach innen, auf die Mitarbeiter gehört.

Oder anders ausgedrückt: Nachhaltige Führung hat das Ziel, die Arbeitsfähigkeit und Motivation innerhalb der Belegschaft zu erhalten. Es geht also nicht nur darum, Ressourcen nicht zu verbrauchen, es geht vor allen Dingen darum, Menschen nicht zu „verbrauchen“ oder zu verbrennen.

CxO-Mindset

Auch wenn ich den wissenschaftlichen Beleg dafür (noch) schuldig bleiben muss, so wage ich dennoch die These, dass C-Level-Manager, die aufgrund ihrer Reflektiertheit etwaigen Burnout-Tendenzen entgegenwirken, sozusagen gelernt haben, sich ihrer eigenen Ressourcen als „erneuerbare Energie“ zu bemächtigen, auch im ökologischen Bereich achtsam und ressourcenschonend, gleichwohl gewinnbringend agieren.

Gesunde, weil reflektierte Führungskräfte erschaffen also auf Dauer nicht nur ein gesundes Arbeitsumfeld und stete Unternehmensbilanzen, sondern auch ein gesundes Klima auf unserem Planeten.

„Ich beobachte mich und verstehe dadurch die anderen“

Ja, der legendäre chinesische Philosoph Laotse hat schon vor mehr als zweitausend Jahren sehr treffend formuliert, worauf es bei Leadership ankommt: Nur wer sich selbst kennt und führt, kann andere führen.

Die Entwicklung wahrer Führungskompetenz beginnt bei der eigenen Selbstwahrnehmung, der Reflexion.

Ohne Reflexion kann kein echter Lernprozess stattfinden, zumindest nicht für das Erlernen von Leadership, was sich an Erfahrung orientiert und nicht nur am bloßen Anhäufen von Fachwissen. Angehende C-Level-Manager benötigen demnach Reflexionsmöglichkeiten und -räume, um Handlungskompetenzen für die tägliche Führungsarbeit zu entwickeln. Das Selbstverständnis, sich als

Führungskraft regelmäßig auf den Prüfstand zu stellen und dabei auch Zielkonflikte, Widersprüche und Führungsfehler offen zu thematisieren, ist von elementarer Bedeutung für erfolgreiche Führung.

Das Vorhandensein einer belastbaren Vertrauenskultur und die Authentizität der Führungskraft sind ebenfalls entscheidende Erfolgsmerkmale für leistungsstarker Organisationen. Vertrauen sorgt nicht nur für ein gutes Betriebsklima, sondern steigert auch die Effizienz im Unternehmen.

Anhand von Studien konnte belegt werden, dass Mitarbeiter von sogenannten „High-Trust-Unternehmen" produktiver und zufriedener mit ihrem Job sind, dass sie mehr Einsatzfreude zeigen, seltener den Arbeitgeber wechseln und sogar gesünder sind als Beschäftigte in Firmen mit schwacher Vertrauenskultur. Vertrauen ist unverzichtbar für effektive Führungs- und Teamarbeit, für erstklassigen Kundenservice und hohe Arbeitszufriedenheit und – so zeigen es wissenschaftliche Forschungen – Vertrauen wirkt sich unmittelbar positiv auf die Umsatzentwicklung von Unternehmen aus.[129]

Die Selbst-Reflektiertheit des Top-Managements ist – wenn Sie so wollen – die „Mutter" der Vertrauensbildung im Unternehmen

und somit die Grundvoraussetzung, um als Führungskraft bei der Gestaltung von Stakeholder-Beziehungen – internen wie externen – als entsprechend glaubwürdig, souverän und fachlich-sozial kompetent wahrgenommen zu werden.

Take-Aways

- Es ist wichtig, Führungskräfte zu haben, die es schaffen, dass Menschen ihnen vertrauen. Noch wichtiger als das ist jedoch Führungskräfte in den eigenen Reihen zu haben, die es schaffen, dass Menschen sich selbst vertrauen.
- Die Ausprägung der Reflektiertheit bei Führungskräften, insbesondere wenn ein Mangel besteht, hat hingegen weitreichende Konsequenzen für die strategische Ausrichtung, Produktivität und Reputation eines Unternehmens sowie mittelbare Auswirkungen auf die Gesundheit und Leistungsfähigkeit der gesamten Belegschaft.
- Diese gesundheitlichen Risiken sind dabei insbesondere für die Führungskräfte virulent. All das macht meines Erachtens die Reflexionsfähigkeit des Managements zu einer der praxisrelevantesten Schlüsselkompetenzen kommender C-Level-Generationen überhaupt. Manager, die sich systematisch in Reflektiertheit üben, verschaffen sich so einen entscheidenden Wettbewerbsvorteil.

Übrigens: Wer Metaphern mag, dem wird zum Abschluss dieses Kapitels die folgende, bildhafte Beschreibung gefallen: Selbstreflexion ist wie kaltes Duschen: Es ist am Anfang ein wenig unangenehm und braucht Überwindung, aber wer es regelmäßig tut, für den ist es gesund und es macht angeblich sogar schön. Na dann: Wasser marsch!

Kapitel 11: Culture Making und Inclusiveness. Die neuen Machtwährungen im Management

„Eine vielfältige Mischung von Stimmen führt zu besseren Diskussionen, Entscheidungen und Ergebnissen für alle."

Sundar Pichai, CEO von Google

Warum es wichtig ist, der menschlichen Vielfalt zum Durchbruch zu verhelfen

Vielfalt statt Einfalt – so das Motto von Joe Biden, der Ende 2020 ins Amt des amerikanischen Präsidenten gewählt worden ist. Zwar ist auch er, ähnlich wie sein Vorgänger Donald Trump, im wahrsten Sinne des Wortes ein „alter weißer Mann", aber was die Besetzung seines Kabinetts angeht, so ist Biden etwas gelungen, was kein US-amerikanisches Staatsoberhaupt vor ihm zustande gebracht hat: Noch nie war eine Regierung diverser besetzt als die des 46. Präsidenten.

Gut, nur fünf der insgesamt siebenundzwanzig Kabinettsmitglieder sind jünger als 50 Jahre, hier war Biden die politische und professionelle Erfahrung offenkundig viel wichtiger als das Lebensalter, aber immerhin sind von siebenundzwanzig Positionen zwölf mit Frauen besetzt, einschließlich der Vizepräsidentin der Vereinigten Staaten, Kamala Harris. Zum Vergleich: In der letzten Zusammensetzung der Trump-Administration gab es gerade mal zwei Frauen.

Insbesondere die Wirtschafts- und Finanzressorts strotzen unter Bidens Präsidentschaft geradezu vor Frauenpower und Vielfalt. Außerdem hat Biden die Verantwortung für eine der wichtigsten Aufgaben im Weißen Haus, nämlich für Kommunikation und Pressearbeit, erstmals einem rein weiblichen Expertenteam übertragen.

Auch die kulturelle und ethnische Vielfalt der US-amerikanischen Gesellschaft spiegelt sich in der aktuellen Regierung wider: Fünf Mitglieder haben einen afroamerikanischen Hintergrund, vier lateinamerikanische Wurzeln und zum ersten Mal überhaupt ist eine Vertreterin eines indigenen Volkes Ministerin geworden. Hinzu kommen Regierungsmitglieder mit indischem, chinesischem und jüdischem Background.

Zudem fällt auf, dass Bidens Regierung auch sonst recht vielstimmig und bunt gemischt aufgestellt ist. So ist seine Administration beispielsweise gespickt mit Experten und wissenschaftlichen Beratern, also keine angestammten Berufspolitiker, sondern Quereinsteiger, die zuvor – von wenigen Ausnahmen abgesehen – weit abseits politisch-ideologischer Zwangsjacken tätig waren. Deren Rolle und Mitspracherecht hat Biden dadurch gestärkt, indem er sie kurzerhand über ihren eigentlichen Expertenstatus hinaus in den Kabinettsrang erhob.

Klar ist, Präsident Biden folgt bei der Besetzung dieser Spitzenpositionen seiner Überzeugung, dass sich die Vielfalt der US-amerikanischen Bevölkerung auch in einem divers zusammengesetzten Regierungskabinett widerspiegeln muss.

Noch wichtiger erscheint mir aber, dass er und seine Berater offensichtlich verstanden haben, dass der Schlüssel zu Lösung aktueller und künftiger politischer wie gesellschaftlicher Herausforderungen darin liegt, möglichst viele und vor allem unterschiedlichste Gruppierungen aktiv an der praktischen Regierungsarbeit teilhaben zu lassen. Ein ähnliches Ziel verfolgt im Übrigen auch der neue deutsche Kanzler und Merkel-Nachfolger Olaf Scholz mit seinem Ampel-Bündnis und einem erstmals geschlechterparitätisch besetzten Bundeskabinett.

Ob Bidens und Scholz' Rechnungen tatsächlich aufgehen und ob ihre jeweilige Amtszeit von Erfolg gekrönt sein wird, hängt jedoch noch mehr als von den begrüßenswert vielfältigen Positionsbesetzungen vor allem von ihrer praktischen Regierungs- und Führungsarbeit der nächsten Jahre ab.

CxO-Mindset

Ein heterogenes und bunt gemischtes Kabinetts-Team allein ist sicherlich noch kein Erfolgsgarant per se, zum Gelingen braucht es darüber hinaus auch die entsprechend angelegten Leadership-Kompetenzen der betreffenden Personen an der Spitze. Hierzu gehören insbesondere die charakteristischen Merkmale sogenannte „inklusiver" und „diverser" Führungsarbeit wie zum Beispiel Offenheit, Vernetzung, Partizipation und Vertrauen.

In der Tat liegt Diversität schwer im Trend, und das nicht nur in der Politik, sondern logischerweise auch in der Arbeits- und Geschäftswelt. Wer als Firma oder Führungskraft auf Veränderung und Transformation setzt, kommt in Zeiten hoher Komplexität von Märkten, Technologien und Organisationsveränderungen nicht daran vorbei, die Dinge noch differenzierter, vielschichtiger und aus immer wieder neuen Perspektiven heraus zu sehen und zu bewerten.

Ob Globalisierung, Digitalisierung oder ESG-Thematik, mehrere Megatrends gleichzeitig verändern momentan die Rahmenbedingungen der Führungsarbeit in Unternehmen fundamental. Daher müssen C-Level-Manager nunmehr anders agieren und über andere Qualitäten verfügen, um erfolgreich zu sein, als das bislang der Fall war. Wie in der Politik, so gilt auch hier: Die Förderung von Diversität im Businessalltag und die Fähigkeit zu inklusiver Führung sind entscheidende Merkmale für nachhaltigen Erfolg im Top-Management.

Verschiedenheit ist das neue Normal

Diversity matters! Und zwar mehr denn je. Ja, es stimmt: Unserer Gesellschaft ist von jeher divers. Neu ist aber, dass wir in Zeiten komplexer Herausforderungen und permanenter Veränderung leben, wo Vielfaltsbestrebungen sofern sie denn klug und zeitgemäß, also inklusiv, in Unternehmen praktiziert werden, einen wesentlichen, wenn nicht sogar den entscheidenden Beitrag zum Gelingen vieler Transformationsvorhaben und somit zum Unternehmenserfolg leisten.

Insofern bietet Diversität und Inklusion gerade für die Führungsarbeit der C-Suite ein außerordentlich großes Chancenpotenzial.

Denn machen wir uns nichts vor: In gewisser Hinsicht ist selbst der vermeintlich glamouröse Alltag von Top-Managern aufgrund von Routinen oder zeitlichem Druck oft von Einfalt geprägt. Die Folge: Der Betrachtungshorizont für die Wahrnehmung und Bewertung komplexer Sachverhalte ist eingeschränkt und viele Entscheidungen werden im Tunnelblick getroffen.

Vielfalt stattdessen fördert die Innovationskraft und Kreativität in Unternehmen, schafft Platz für neue Denkweisen, Perspektiven und frische Ideen und ermöglicht umsichtige Vorausschau. Vielfalt ist somit kein „nice-to-have" und kein lästiges Anhängsel politisch korrekter Corporate Governance, sondern ein „must-have", eine bedeutende Machtwährung und unverzichtbarer Wettbewerbsvorteil bei der Führung von Menschen und Unternehmen.

CxO-Mindset

C-Level-Manager sind gefordert, sich für Diversität einzusetzen und ein wertschätzendes, befähigendes und menschorientiertes Arbeitsumfeld zu erschaffen.

Keine Frage, „Diversity & Inclusion", beide Schlagwörter werden oft in einem Atemzug genannt, sind große und wichtige Themen unsere Zeit. Neben Frauen in Führungspositionen, gemischten Teams und vielfältigen Belegschaften umschreibt das eingedeutschte Wortpaar die Notwendigkeit zur vorbehaltlosen Einbindung aller Mitarbeitenden in die Arbeitswelt und das Erschaffen von diskriminierungsfreien Zonen in Unternehmen und Organisationen.

Gelegentlich werden die beiden Begriffe aber auch missverstanden. Wird in Deutschland zum Beispiel von „Inklusion" gesprochen, so geht es dabei in der Regel um den Einschluss und die Einbeziehung von sozial benachteiligen Menschen in die Gesellschaft oder um die Frage, ob und wie im Bildungs- und Erziehungswesen durch das gemeinsame Lernen von Kindern mit und ohne Behinderung das Leistungsniveau und die soziale Kompetenz sogenannter „gemischter" Klassen insgesamt angehoben werden kann.

Inclusion im geschäftlichen Kontext ist allerdings breiter angelegt und meint vor allem die konkrete Umsetzung von Vielfaltsbestrebungen im Business-Alltag, also Themen wie Chancengleichheit, Teilhabe, Zugehörigkeit, gerechtere Machtverteilung und Antidiskriminierung. Verna Myers, ihres Zeichens oberste Beauftragte bei *Netflix* für die globale Inklusions-Strategie, beschreibt mit der folgenden Metapher das Zusammenwirken und die Wechselbeziehung von Diversität und Inklusion sehr anschaulich:

Diversity ist die Einladung zur Party, _Inclusion_ die Aufforderung zum Tanz!

Neben der intensiven Geschlechterdiskussion der vergangenen Jahre wird das Thema Diversität weltweit so breit diskutiert, wie es angelegt ist. Im deutschsprachigen Raum definiert die sogenannte „*Charta der Vielfalt*" den Grundgedanken von betrieblichem Diversity-Management. Die Charta versteht sich als grundlegendes Bekenntnis zum wirtschaftlichen und sozialen Nutzen von Vielfalt, Toleranz, Fairness und Wertschätzung, sowohl in der Arbeitswelt als auch in der Gesellschaft.

Bei der *Charta der Vielfalt* handelt es sich um eine hierzulande als Verein organisierte Initiative, die sich für ein vorurteilsfreies Arbeitsumfeld in Unternehmen und Institutionen einsetzt. Ihre Maxime lautet: Die Hervorhebung und Wertschätzung der Vielfalt von Mitarbeitenden dient dem Erfolg von Unternehmen. Die Charta-Initiative hilft viele wichtige Themen in der Geschäftswelt voranzubringen, insbesondere die Berücksichtigung und systematische Einbeziehung von Diversity & Inclusion in Unternehmensstrategien.

Mit der Unterzeichnung der Charta verpflichten sich Unternehmen und ihre Spitzenmanager dazu, im Einklang mit dem definierten Kodex alle Mitarbeitenden gleichermaßen und über alle Vielfaltsdimensionen hinweg zu respektieren und die Verschiedenheit der Beschäftigten im Rahmen ihrer Personalstrategie und Organisationsentwicklung systematisch zu fördern, und zwar unabhängig von Alter, ethnischer Herkunft und Nationalität, Geschlecht bzw. geschlechtlicher Identität, körperlichen und geistigen Fähigkeiten, Religion und Weltanschauung, sexueller Orientierung und sozialer Herkunft.[130] Die Charta wurde mittlerweile von mehr als viertausend Unternehmen unterzeichnet.

D&I-Management – Buzzword oder echte Chance?

Wenn ein Unternehmen mit Diversity punkten kann, so profitiert davon in erster Linie das Firmenimage. Das gilt insbesondere für das sogenannte „Employer Branding". Firmen nutzen ihre Diversity-Konzepte nämlich oft auch als Personalmarketing-Instrument, um beim Recruiting als attraktiver und weltoffener Arbeitgeber wahrgenommen zu werden. Sie bringen sich so am Personalmarkt für möglichst viele Bewerber und für eine vielfältige Zusammensetzung der Belegschaft in Stellung. Eins ist klar:

Wer Diversity & Inclusion belächelt, wird als Arbeitgeber und Führungskraft auf lange Sicht verlieren.

Wie eine aktuelle *StepStone*-Studie zum Thema Diversity ergab, bewerben sich Menschen viel lieber bei Unternehmen, die sich nach außen hin klar pro Vielfalt positionieren und dies auch mit konkreten Maßnahmen belegen.[131] Der Arbeitsmarktreport 2022 des Beratungsunternehmens *Robert Half* bestätigt ebenfalls: Diversität, Inklusion und Antirassismus werden immer relevanter und je diverser Unternehmen sich präsentieren, umso attraktiver sind sie für potenzielle Bewerber. Knapp die Hälfte der in dieser Studie befragten Unternehmen bieten mittlerweile Fortbildungs- und Schulungsmaßnahmen an, die sich mit Vielfalt, Inklusion und Gleichstellung befassen und fast ein Viertel der Befragten bestätigte, dass sich mit dieser Förderung gleichzeitig auch die Arbeitskultur in ihrem Unternehmen deutlich verbessert habe.[132]

Fakt ist aber auch: Insbesondere im angelsächsischen Kulturraum sind uns andere Länder in Sachen Diversität und Inklusion zum Teil meilenweit voraus, nicht nur in der Politik – auch wenn die neue „Ampel-Regierung“ unter der Führung von Kanzler Olaf Scholz hier eine Richtungsänderung eingeschlagen hat –, sondern auch in anderen Bereichen. So etwa in der Berichterstattung der Medien.

Zum Beispiel der britische Nachrichtensender *BBC* und das US-amerikanische Medienunternehmen *Bloomberg*. Sie engagieren sich schon länger für eine von Grund auf gleichberechtigte Medienberichterstattung. So hat die *BBC* etwa mit ihrem *50:50 The Equality Projekt*[133] weltweit viel Aufmerksamkeit erlangt. Ziel des noch andauernden Projektes ist es, Organisationen so zu verändern, dass ihre journalistischen und medialen Inhalte der Welt ein faires und gleichberechtigtes Bild zeigen.

Um dieses Vorhaben erfolgreich durchführen zu können, modifiziert und analysiert die *BBC* fortwährend ihr Programm und überprüft, ob und wie ausgeglichen die Berichterstattung ist und wie sich die Sichtbarkeit von unterschiedlichen Bevölkerungsgruppen auf bestimmten Sendeplätzen entwickelt. Ein konkretes Vorgehen dabei ist etwa, die Besetzung von Talkshows zu verändern, gezielt weibliche Moderatorinnen einzustellen und auch Expertinnen vor die Kamera zu holen. Das Konzept scheint aufzugehen: Durch den Strategiewechsel stieg die Reichweite des Senders insgesamt, was insbesondere daran liegt, dass aufgrund der Equality-Initiative inzwischen ein deutlich diverseres und insbesondere jüngeres Publikum erreicht wird.

Wie konsequent Diversity & Inclusion bereits jenseits unserer Landesgrenzen in den Unternehmensstrategien verankert sind, zeigen zwei Beispiele aus der Finanzwelt: Ende 2020 gab die US-amerikanische Beteiligungsgesellschaft *Blackstone* bekannt, man wolle sich in Zukunft nur noch an solchen Unternehmen substanziell beteiligen, deren Vorstandsetagen auch vielfältig besetzt sind. Ein bemerkenswerter Paradigmenwechsel im Finanzwesen und Kapitalanlagegeschäft. *Goldman Sachs*, ebenfalls ein Branchenriese im globalen Investmentbanking, hat daraufhin in Sachen Gender-Diversity nachgezogen und macht sich in seinem *Womenomics*-Report nicht nur in eigener Sache, sondern grundsätzlich vehement für mehr Frauen in den Führungsetagen amerikanischer Unternehmen stark.

Doch zurück nach Deutschland. Ein besonders eindrucksvolles Beispiel für die Wirkungskraft von Diversität und Inklusion ist die Erfolgsgeschichte des hiesigen Biotechnologieunternehmens *BioNTech*. Dessen Gründer und heutiges Vorstandsehepaar Ugur Şahin und Özlem Türeci – beide kamen im Alter von vier Jahren als Migranten mit ihren Eltern aus der Türkei nach Deutschland – haben in Mainz zusammen mit Mitarbeitern aus über sechzig Nationen im Rahmen eines globalen Entwicklungsprojektes und in enger Kooperation mit dem amerikanischen Pharmakonzern *Pfizer* in Rekordzeit den ersten hochwirksamen COVID-19-Impfstoff entwickelt. Damit wurde von Deutschland aus der Grundstein für den Erfolg in der Bekämpfung der weltweiten Corona-Pandemie gelegt. Diversität, Vielfalt und Vielstimmigkeit waren entscheidend für diesen Erfolg und wichtige Triebfedern eines beispiellosen Forschungs- und Entwicklungsprozesses.

CxO-Skillset

Überhaupt lässt sich von der Wissenschaft diesbezüglich einiges lernen: Vielstimmigkeit ist ein essenzielles Grundprinzip von Wissenschaft und Forschung, denn nur über den Dialog der Fachleute und durch den Austausch unterschiedlicher Meinungen zwischen den Wissenschaftlern kann inhaltlicher Konsens entstehen.

Konsens bedeutet aber nicht, dass alle miteinander einstimmen oder dass der Standpunkt zu einem bestimmten Thema endgültig ist. Im Gegenteil, Meinungsverschiedenheiten und kontroverse Diskussion können sich ereignen und auch notwendig sein, um der Wissenschaft zum Fortschritt zu verhelfen. Dabei kann und muss sich eine einmal abgegebene Einschätzung aufgrund neuer Entdeckungen der Forschung und aufgrund vielstimmiger und entgegengesetzter Meinungen auch jederzeit weiterentwickeln. Daraus folgt:

CxO-Skillset

Unternehmen sind gut darin beraten, Spannungen nicht kategorisch vermeiden zu wollen, sondern sie zu begrüßen. Dazu gehört, dass C-Level-Manager in der Lage sind, Spannungen in Lösungen umzuwandeln. Eine gut durchdachte Diversity-Strategie kann ihnen dabei helfen, festgefahrene Strukturen aufzubrechen und damit ganz bewusst trügerische Harmonie und „innere Ruhe" im Unternehmen zu stören.

Diversität betriebswirtschaftlich betrachtet

Diverse und inklusive Unternehmensführung ist häufig ein ebenso lohnender, wie schwieriger Kampf, insbesondere wenn die Führungsspitze, so wie im deutschen Mittelstand, immer noch von weißen heterosexuellen Männern dominiert wird. Das zeigen die folgenden Zahlen: Bei den hundert größten Familienunternehmen ist die Zusammensetzung der Geschäftsführung und der Vorstände zu 92 Prozent männlich.[134]

Und auch um die Vielstimmigkeit und Diversität in den Kontrollgremien deutscher Mittelstandsunternehmen ist es schlecht bestellt: 90 Prozent der Aufsichtsmitglieder haben deutsche Nationalität, acht Prozent kommen aus europäischen Drittstaaten und nur zwei Prozent entstammen jenseits der europäischen Grenzen.[135] Kein Wunder also, dass gerade im mittelstandsgeprägten Deutschland diverse Unternehmensführung allzu oft zu einem bloßen Lippenbekenntnis verkommt.

Positiv betrachtet lauert hinter diesem bedauernswerten Zustand jedoch eine riesige Chance, nämlich mit Hilfe von Diversity-Management die wirtschaftliche und soziale Leistungsfähigkeit deutscher Mittelstandsunternehmen und damit der deutschen Wirtschaft insgesamt zu stärken.

Dass Diversity tatsächlich auch gut fürs Geschäft ist, das belegen die Ergebnisse zahlreicher Studien.

Einer Untersuchung der Unternehmensberatung *McKinsey* zufolge haben beispielsweise Firmen mit gender-diversen und ethnisch und kulturell vielfältigen Vorständen eine um 36 Prozent höhere Wahrscheinlichkeit, finanziell auf Dauer besser abzuschneiden als Unternehmen mit einer eher klassisch, also homogen besetzten Führungsriege.[136]

Und Experten der Personalberatung *Heidrick & Struggles* haben in einer weltweit durchgeführten Studie herausgefunden, dass das Umsatzwachstum von Unternehmen, die Diversity & Inclusion zu einem permanenten Businessprozess gemacht und fest in ihrer Unternehmensstrategie verankert haben, langfristig gesehen um mehr als 60 Prozent über dem Umsatzwachstum von Firmen lag, die über keine konsequente Diversity-Strategie verfügen.[137]

Andere Studien belegen vor allem im Hinblick auf Ideenfindung und Produktentwicklung oder bei der Schnelligkeit bzw. Wahrscheinlichkeit der Erschließung neuer Märkte einen deutlichen Vorsprung divers geführter Unternehmen gegenüber ihren Peers.[138]

Auch in der Kreativwirtschaft wird mehr und mehr der konkrete wirtschaftliche Nutzen von Diversity offenbar. Laut dem *Frühjahrsmonitor 2021*, einer regelmäßig durchgeführten Branchenerhebung des *Gesamtverbands Werbeagen-*

turen (GWA), sagen 89 Prozent der befragten Agenturen, dass diverse Teams erkennbar positive Effekte auf die Qualität ihres kreativen Outputs haben. Dies ist wohl nicht zuletzt auch das Ergebnis der systematischen Umsetzung entsprechender Strategien bei den Werbeunternehmen: 79 Prozent von ihnen gaben nämlich an, bereits schon länger konkrete Prozesse implementiert zu haben, die Diversitiy & Inclusion im Agenturalltag tragen und fördern.[139]

Tatsächlich wurden zu Diversity & Inclusion in den letzten Jahren weltweit unzählige Studien durchgeführt. Wer sich hierzu einen ebenso raschen wie umfassenden Überblick verschaffen möchte, dem empfehle ich als seriöse Informationsquelle die Recherchen und Untersuchungen von *Catalyst Inc.*, einer Non-Profit-Organisation mit Sitz in den USA, die sich global für die Förderung von Frauen, Diversität und Inklusion am Arbeitsplatz einsetzt. Sie wurde 1962 von der Feministin, Schriftstellerin und Anwältin Felice Schwartz gegründet. *Catalyst Inc.* unterhält Büros in den USA, Kanada und Europa und seit Kurzem auch in Deutschland. Mehr als 400 renommierte Unternehmen und CEOs zählen zu den Mitgliedern. Die Organisation verfügt über eine Vielzahl von Studiensammlungen zu Diversity & Inclusion, die regelmäßig aktualisiert und neu interpretiert werden.[140]

Wie immer man zu der Aussagekraft solcher Studien auch stehen mag – einige bleiben zuweilen bei genauerem Hinsehen den letztendlichen wissenschaftlichen Beweis schuldig –, das Potenzial und die Vorteile von Diversität und Inklusion liegen auf der Hand:

Take-Aways

- Vielfalt hilft beim Recruiting und dabei den Fachkräftemangel auszugleichen, mit vielfältiger Belegschaft können neue Zielgruppen und Märkte besser und schneller erschlossen werden und gemischte Teams bringen bessere Lösungen und innovativere Produkte.
- Diversität und Inklusion sind also immer wichtiger werdende Bestandteile von Unternehmensstrategien und daher auch entscheidend für den Karriereerfolg des Führungspersonals.

Inclusive Leadership – Vom Ich zum Wir

Diversität lässt in Unternehmen und Organisationen ein Spannungsfeld mit unterschiedlichen, teils gegensätzlichen Kräften entstehen, die aufeinander einwirken und sich gegenseitig beeinflussen. Das hat zu einer radikalen Veränderung des Rahmens geführt, in dem heute Führungsarbeit stattfindet bzw. in Zukunft stattfinden wird.

Man bedenke nur allein die Generationsunterschiede zwischen Silver Surfer, Baby Boomer, Generation X, Millenials und Generation Z. Ihre unterschiedlichen Erwartungen und Ansprüche, die divergierende Werteprägung und Sozialisation, unterschiedliche Herkunft, Nationalität, Religion und Weltanschauung oder Hautfarbe und Geschlecht müssen in einem Unternehmen gleichzeitig unter einen Hut gebracht werden.

Ja, das betriebliche Diversitäts-Management reicht heutzutage sogar bis hin zur sogenannten Neurodiversität, also die Einbeziehung von Menschen mit atypischen neurobiologischen Entwicklungen wie ADHS, Hochsensibilität oder Autismus. Ihr enormes Potenzial für die Arbeitswelt wird von Personalfachleuten und Top-Managern häufig noch gänzlich übersehenen oder unterschätzt.

Ein solcher Zustand birgt Chancen und Risiken gleichermaßen und verlangt der C-Suite ein erhebliches Umdenken ab. Für die Führung heterogener und bunt gemischter Teams sind überdurchschnittlich gute und zudem erfahrene Persönlichkeiten mit besonderen, inklusiven Kompetenzen gefragt.

„Inclusiveness", so der mittlerweile eingedeutschte Fachbegriff dafür, zeichnet sich durch drei Kernmerkmale aus: Erstens ein progressiver und situativer Führungsstil – er setzt auf Vernetzung, Offenheit, Partizipation und Gleichstellungskultur –, zweitens das Erschaffen und Bewahren von diskriminierungsfreien Organisationsstrukturen und drittens die Etablierung eines befähigenden Umfelds, welches den Mitarbeitenden Vertrauen schenkt, sie einbindet, respektiert, wertschätzt und ihnen eine gewisse Entscheidungsfreiheit und Flexibilität einräumt.

CxO-Mindset

Damit Diversität ihre inhärente Kraft voll entfalten kann, sind Führungskräfte gefordert, „Inclusiveness" zu verkörpern und zu leben, also eine Unternehmens-, Arbeits- und Kommunikationskultur zu erschaffen, die Vielstimmigkeit, Teilhabe, ehrliche Botschaften und offenen Dialog ermöglicht, sodass ein starkes Gemeinschafts- und Zusammengehörigkeitsgefühl entstehen kann. Dafür braucht es in der Top-Riege gleichermaßen anpassungsfähige wie befähigende Typen, keine Ich-bezogenen Schablonen-Manager.

Culture Maker – Kulturveränderung als Stellschraube für Gleichstellung

Es steht außer Frage: Inklusive Führungspersönlichkeiten haben eine enorme Wirkung auf die Entstehung und Entwicklung kultureller Wertemuster in den Firmen.

Sogenannte „Culture Maker" verfügen über eine klare Vorstellung davon, wie es um die Unternehmenskultur, also die Art und Weise des firmeninternen Umgangs, bestellt sein soll.

Ihr Führungsverständnis basiert nicht auf Quotenvorgaben, akribischem Nachhalten von Vielfaltindizes oder dogmatisiertem Einsatz von Gendersprache, sondern auf einer Vielzahl sorgfältig ausgewählter und miteinander verzahnter Einzelmaßnahmen, die letztendlich immer darauf abzielen, angestammte Verhaltensmuster aufzubrechen, andere Perspektiven einzunehmen und gegen Gruppendenken und Ausgrenzung anzugehen. Auch verwechseln sie Gleichstellung nicht mit Gleichheit im Sinne der Gleichmacherei, sondern fördern Individualismus, Normabweichung und die Visibilität von Verschiedenheit im Unternehmen.

Der alles entscheidende Faktor aber ist das permanente Kümmern der Führungsspitze um den Erhalt der Firmenkultur, sprich ein Arbeits- und Unternehmensumfeld zu bewahren, dem ganz bestimmte Werte als Fundament für das Handeln aller Beschäftigten zugrunde liegt: Gleichstellung und Teilhabe, Individualisierung und Pluralismus, vielstimmige Diskussion und konstruktive Kommunikation. Das Führungsverhalten der C-Suite wird somit zum Spiegelbild des Wertekanons von Unternehmen.

Wie ist es aber um die vieldiskutierte **Wertedivergenz** bestellt, also den vermeintlichen Culture-Clash zwischen Profit und Purpose? Untersuchungen haben in den letzten Jahren mehrfach belegt, dass Innovations- und Finanzkraft von Unternehmen nachhaltig gestärkt werden, wenn dort eine starke Gleichstellungskultur herrscht und Mitarbeitende sich in ihrem Arbeitsumfeld wertgeschätzt fühlen.

Die *Getting to Equal*-Studie der Management- und Strategieberatung *Accenture* belegt etwa, dass die Innovationsbereitschaft und Innovationsfähigkeit von Mitarbeitenden in Unternehmen mit einer starken Gleichstellungskultur sechsmal höher ist als in Unternehmen mit einem deutlich niedrigeren Gleichstellungsniveau.[141]

Außerdem können Gleichstellung und Einbindung von Mitarbeitenden einen regelrechten Profit-Boost bewirken. Das hat beispielsweise eine Studie des Washingtoner Markt- und Meinungsforschungsinstituts *Gallup* gezeigt: Ein größeres Zugehörigkeitsgefühl der Belegschaft aufgrund von hoher Einsatzbereitschaft, starker Verbundenheit und intensiver Teilhabe am Firmengeschehen steigert die Produktivität von Unternehmen und die Zufriedenheit ihrer Kunden unmittelbar, was – nimmt man all diese Effekte zusammen – zu einer um mehr als 20 Prozent höheren Profitabilität führt.[142]

CxO-Mindset

Ergo: Wenn C-Level-Manager einer Gleichstellungskultur Priorität einräumen und damit die Potenziale und Stärken Einzelner zielführend zusammenführen, erschafft das ein Umfeld, welches mit höherer Wahrscheinlichkeit die Finanzergebnisse hervorbringen wird, die sie sich wünschen und die von ihren Stake- und Shareholdern erwartet werden, als wenn sie das nicht tun. Unternehmenskultur und Gewinn sind demnach nicht getrennt voneinander zu betrachten, sondern eng miteinander verknüpfte Ziele.

Aber: So wirklich populär scheint das vermeintliche Erfolgsrezept der „Inclusiveness" in der C-Suite noch nicht zu sein. Obwohl vielen Führungskräften durchaus bewusst ist, dass Arbeits- und Unternehmenskultur eine wichtige Rolle spielen, verleihen ihr nur die wenigsten Entscheider tatsächlich eine hohe Priorität im Alltag.

Der vorweg bereits zitierten *Accenture*-Studie zufolge steht gerade einmal bei etwas mehr als einem Fünftel der befragten Top-Manager das Erschaffen einer Gleichstellungskultur im Unternehmen ganz oben auf der Business-Agenda. Diese Halbherzigkeit spiegelt sich auch in folgendem Untersuchungsergebnis der Studie wider: Auch wenn etwas mehr als zwei Drittel der C-Level-Manager angegeben haben, dass für sie eine Gleichstellungskultur durchaus wichtig ist und dass diese nach ihrem Ermessen auch bereits gut in ihrem Unternehmen verankert ist, sahen die Mitarbeitenden jedoch die Sache ganz anders: Nur gut ein Drittel der Beschäftigten stimmt der Einschätzung der Führungskräfte zu.

Noch bemerkenswerter tritt diese unterschiedliche Wahrnehmung bei dem folgenden Detail zu Tage: Der Anteil der Mitarbeitenden, die sich in ihrem Unternehmen nicht integriert fühlen, d. h. die das Gefühl haben, auf der Arbeit nicht willkommen zu sein und sich nicht voll einbringen und weiterentwickeln zu können, ist der Studie zufolge zehnmal höher als die Führungskräfte glauben, nämlich 20 Prozent im Vergleich zu nur 2 Prozent.[143]

Take-Aways

Für Diversität im Unternehmen zu sorgen ist für die C-Suite also nur die halbe Miete. Die gute Absicht und die anfänglichen positiven Effekte verpuffen schnell, wenn das Top-Management darüber hinaus nicht sicherstellt, dass das Führungshandeln in dem so geschaffenen Umfeld tatsächlich auch inklusiv, also teilhabend, wertschätzend und verbindend erfolgt.

Mal Hand aufs Herz, können Sie mit Sicherheit sagen, dass diese Wahrnehmungslücke nicht auch bei Ihnen, in ihrem Unternehmen und in Ihrem Verantwortungsbereich existiert? Tatsächlich ist es sogar höchst wahrscheinlich, dass auch Sie derzeit noch nicht zu den sogenannten „Culture Maker" gehören. Die

Vermutung liegt nämlich nahe, dass diese Spezies in der C-Suite derzeit noch eher rar gesät ist, denn nur sechs Prozent der Führungskräfte in der zitierten *Accenture*-Studie erfüllen zweifelsfrei die von den Experten definierten Kriterien und Merkmale der „Culture Maker" und „Inclusive Leader". Das heißt, nur eine sehr kleine Gruppe von Führungskräften weiß aktuell nicht nur um die Wichtigkeit des Culture Making, sondern wendet es auch tatsächlich konsequent an.

Die gute Nachricht ist: Für ambitionierte Führungskräfte sind die Entwicklungsmöglichkeiten und das Potenzial ebenso groß wie die klaffende Lücke, in die es für sie zu stoßen gilt. Und wem es gelingt dieses Vakuum auszufüllen, für den wird das zu einem wirtschaftlich wie finanziell lohnenden Unterfangen: Unternehmen, deren Führungsetagen von „Culture Makern" besetzt sind, wachsen nämlich viel schneller und profitabler als Firmen, die von anderen Führungskräften geleitet werden. Laut der *Accenture*-Studie können sie mit doppelt so hohen Umsätzen und mehr als dreimal so hohen Gewinnen aufwarten.

Take-Aways

Ergo: Für den C-Level ist Kulturveränderung nicht nur die Stellschraube für mehr Gleichstellung, sondern auch der Hebel für mehr finanzielle Power.

Innovation braucht Diversität

Die Innovationsfähigkeit bzw. Innovationsbereitschaft einer Führungskraft ist für sich allein gesehen schon ein wichtiges Element für das Gelingen einer Top-Management-Karriere. Wir werden in einem der folgenden Kapitel noch gesondert darauf eingehen. So viel aber sei an dieser Stelle bereits erwähnt: Innovativ zu sein bedeutet vor allem, gut differenzieren zu können und sich von Wettbewerbern abzugrenzen und ebenso gewinnträchtige wie sinnstiftende Produkt- oder Dienstleistungsnischen aufzuspüren oder zu erschließen.

Leadership spielt beim Innovations-Management eine ebenso entscheidende Rolle wie in allen anderen Bereichen des unternehmerischen Handelns. Ergo: Nur, wenn die C-Suite klar und entschieden signalisiert, dass sie für Ideen und Kreativität offen ist und auch konsequent in Neuerungen investieren will, kann das Innovationspotenzial des gesamten Unternehmens aktiviert und vollumfänglich ausgeschöpft werden.

CxO-Skillset

Diversity & Inclusion bildet in diesem Kontext das unverzichtbare Fundament für das Zustandekommen von Innovationen bzw. für ihre beschleunigte Entstehung. Nur durch den Austausch von unterschiedlichem Wissen und Können und aufgrund der Einbeziehung unterschiedlichster Perspektiven der Mitarbeitenden können neue Ideen überhaupt erst entstehen und Vorurteile und Scheuklappendenken – Letzteres ist vor allem ein Problem auf Top-Management-Ebene – überwunden werden.

Erfolg hat viele Gesichter

Gerade im Dienstleistungssektor ist zu beobachten, dass eine konsequente Diversity-Strategie viele Transformationsbestrebungen unterstützt und Veränderungen nachhaltig vorantreibt. Das kommt beispielsweise dadurch zum Ausdruck, dass Unternehmen, deren Kundenstamm ausgesprochen heterogen ist, damit beginnen, sich vom Vertrieb über das Backoffice bis hin zum Top-Management personell neu und diverser aufzustellen.

Das führt einerseits zu einem authentischeren Marktauftritt, was von den angesprochenen Kundenzielgruppen in der Regel mit höheren Identifikations- und Loyalitätswerten belohnt wird, andererseits können Unternehmen so die wirklichen Bedürfnisse ihrer Zielgruppe und gegebenenfalls notwendige Anpassungen des Businessmodells oder Serviceportfolios früher erkennen. Durch Einbeziehung des Kundenfeedbacks kann so schneller und zielgerichteter reagiert und Marktanteile können besser abgesichert bzw. ausgebaut werden. Gerade bei Telekommunikations- und Mobilfunkunternehmen lässt sich eine solche Entwicklung zuweilen gut nachvollziehen. C-Level-Manager müssen daher insbesondere lernen, auf die „Stimme der Straße“ zu hören und Wege finden, mit sogenannten „Grassroots“-Gruppen, also politischen, gesellschaftlichen und ethnischen Initiativen, die aus der Basis der Bevölkerung heraus entstehen, zusammenzuarbeiten. Ergo:

Diversität auf Kundenseite fordert ein Unternehmen geradezu heraus, selbst diverser und vielfältiger zu werden.

Dies zu übersehen oder das Businesspotenzial von Diversity & Inclusion zu unterschätzen kann einer vermeintlich erfolgreich angelegten C-Level-Karriere zum Verhängnis werden. Lassen Sie mich Ihnen dafür ein Beispiel aus meiner eigenen Karriere geben:

Aus der Praxis

Ein US-amerikanischer, weltweit operierender Konzern, seit Jahrzehnten ein treuer Kunde der von mir damals mitgeführten internationalen Werbeagentur, gab bekannt, die kreative Betreuung seiner drei größten globalen Marken innerhalb unseres Agentur-Networks konsolidieren zu wollen. Ein umfassender Pitch für den sogenannte „Creative-Lead" wurde ausgerufen, fünf Länder waren sodann eingeladen ihre Konzepte und Ideen zu präsentieren, darunter auch die deutsche Niederlassung, deren COO ich damals war.

Die erste Präsentationsrunde war gut vorbereitet und auch die Performance aller Beteiligten war so, dass wir wirklich zufrieden mit uns und hoffnungsvoll sein konnten. Die kalte Dusche kam dann zwei Wochen später, nämlich als das erste offizielle Kundenfeedback mitgeteilt wurde: Deutschland lag nach der ersten Runde auf Platz vier von fünf, ein Wettbewerber war bereits ausgeschieden.

Angesichts unserer hohen Ansprüche und Erwartungshaltung war das natürlich ein Desaster, auch für mich persönlich. Etwas aufgelöst verbrachten wir die nächsten Tage damit, zu analysieren, was wohl schiefgelaufen sein könnte. Dabei erweiterten wir das Team um bislang unbeteiligte Personen, in der Hoffnung, einen neuen und unverstellten Blick auf unsere bisherige Arbeit zu bekommen.

Und siehe da: Es stellte sich rasch heraus, dass es nicht an den präsentierten Ideen gelegen haben kann, die waren wirklich hervorragend, aber bei aller Fokussierung hatten wir einen ebenso wichtigen wie naheliegenden Punkt bis dahin komplett ausgeblendet: Nämlich die Frage, wie und mit welchem Team es gelingen kann, von Deutschland aus weltumspannend Werbekampagnen zu entwickeln, die in jedem der maßgeblichen Länder ihre maximale Authentizität entfalten?

Die Antwort lag auf der Hand: Mit einem maximal interkulturell und divers besetzten Kreativ- und Beratungs-Team vor Ort unter der Führung eines international erfahrenen Leaders. Gesagt, getan: Innerhalb nur einer Woche gelang es uns, für die Spitzenposition aus den eigenen Reihen einen global exzellent vernetzten Expatriate zu gewinnen und mit dessen Hilfe ein 30-köpfiges Spitzen-Team aus 25 Nationen zusammenzustellen.

Der Clou dabei war: Für die Kundenpräsentation – damals wurden solche Termine noch persönlich vor Ort und nicht digital gemacht – ist das gesamte Team aus allen Herren Ländern angereist, um sich dem Kunden face-to-face und in aller Vielfalt zu präsentieren. Das Ganze wurde noch durch das Commitment getoppt, das jedes Teammitglied dem Kunden unisono gab, im Falle des Etatgewinns das Pitch-Versprechen einzulösen, mit Sack und Pack nach Deutschland umzuziehen.

Um es abzukürzen: Offensichtlich traf genau dieser Ansatz die Erwartungshaltung des Kunden. Nach der zweiten und später dritten, finalen, Präsentationsrunde war unsere Niederlassung in Deutschland von dem Entscheider-Gremium einstimmig auf Platz eins gewählt worden. Für die Wahl des künftigen Partners war dem Kunden neben dem „Was" – die eigentliche Kampagnenidee – ganz offensichtlich das „Wer" und „Wie" noch wichtiger.

Mit unserem auf Diversity & Inclusion ausgerichteten Agenturmodel hatten wir offensichtlich voll ins Schwarze getroffen. Erst viel später haben wir auf Umwegen erfahren, dass uns das Fehlen einer entsprechenden D&I-Strategie in der ersten Pitchrunde fast den Garaus gemacht hätte.

Und noch etwas: Für mich selbst begann damals eine prägende Zeit. Obwohl als C-Level-Manager schon durchaus erfahren, war es mir vergönnt, über viele Jahre hinweg mit einem unglaublich vielfältigen Team und einem in Sachen Inclusive Leadership über die Maßen versierten Management-Partner zusammenarbeiten und von ihm lernen zu dürfen. Das hat mich nicht nur zu einer noch besseren Führungskraft, sondern auch zu einem wesentlich aufgeschlosseneren, weltoffeneren und an Verschiedenheit interessierten Menschen werden lassen.

Take-Aways

Die Praxis zeigt also: Richtig angepackt, maximieren Diversity & Inclusion die Leistung jedes Einzelnen, von Teams und von ganzen Unternehmen.

Für das C-Level-Management liegt der eigentliche Lohn von Vielfaltsbestrebungen vor allem im konkreten wirtschaftlichen Erfolg und damit jenseits des reinen Imagegewinns oder dem Sammeln einiger unternehmens- oder gesellschaftspolitischer Pluspunkte, dem sogenannten „Changewashing“. Aber Achtung: Diversitiy ist kein Allheilmittel oder Patentrezept für leistungsschwache Unternehmen. Denn selbst wenn Sie Diversität zum Top-Thema in Ihrem Unternehmen machen, so ist das allein noch kein Garantieversprechen dafür, dass Sie damit tatsächlich auch bessere Geschäftsergebnisse erzielen werden.

Und bedenken Sie: Eine homogene, also weniger gemischte Belegschaft hat auch einiges für sich, denn die Führung von Menschen mit ähnlichem Background und gleichwertigen Erfahrungen ist in der Regel einfacher und weniger zeit- und kräfteraubend, als das bei diversen Teams der Fall ist.

Zudem ist es so, dass zu viel oder schlecht oder aktionistisch gemanagte Vielfaltsbestrebungen durchaus auch das Potenzial haben, ein Unternehmen ins Chaos zu führen. Die Folge sind unzufriedene Mitarbeitende, unzufriedene Kunden, ein allgemeines Absinken der Produktivität und im schlimmsten Fall sogar Rechtsstreitigkeiten und damit einhergehend wirtschaftliche Risiken oder folgenschwere Imageschäden. Größere Diversität führt also nicht unweigerlich zu besseren Unternehmensergebnissen, sie kann auch zu Minderleistung führen.

Take-Aways

Ein Zuviel an Vielfalt kann genauso schädlich sein wie ein Mangel daran. Insofern stellt sich die Frage nach dem richtigen Maß. Grundsätzlich lässt sich feststellen: Gut geführte homogene Teams sind in der Regel produktiver und führen zu besseren wirtschaftlichen Ergebnissen als schlecht gemanagte diverse Teams.

Und selbst wenn Führungskräfte in Sachen Diversity erfahren sind und auch schon entsprechend Erfolge in dieser Hinsicht vorzuweisen haben, so dauert es bei bunt gemischten Belegschaften vergleichsweise länger, um auf dasselbe Leistungsniveau zu kommen. Nicht selten entstehen bei der Implementierung von Diversity-Strategien anfänglich Konfliktsituationen und Störungen in der Organisation, was zu einer Verlangsamung des Findungsprozesses führt und divers aufgestellte Teams in puncto Leistungsfähigkeit zunächst ins Hintertreffen bringt. Mit der Zeit aber zahlen sich die Mühen von gutem und beharrlichem Diversity-Management aus und die Ergebnisse vielfältig besetzter Teams übertreffen die von nicht gemischten Belegschaften sodann bei Weitem.[144]

Mit ganzheitlicher Führung gegen Scheuklappen und Tunnelblick

Ich hatte es an anderer Stelle bereits schon einmal erwähnt: Top-Manager wandern in der Hektik und Komplexität ihres Tagesgeschäfts meist auf einem schmalen Grat. Zwar verfügen sie naturgemäß über einen großen Handlungsspielraum, müssen aber Entscheidungen oft unter Unsicherheit und innerhalb eines engen Zeitkorridors treffen. Das Problem dabei ist: Die Führungsthemen sind so divers und vielschichtig wie die Protagonisten, mit denen man es zu tun hat.

Aus eigener Erfahrung kann ich Ihnen berichten: Oft entsteht in der Alltagsroutine eine geradezu reduktionistische Sehnsucht nach einfachen Antworten auf sehr komplexe Fragen. In solchen Situationen kann ein Tunnelblick zwar durchaus hilfreich sein, aber – und das ist die Krux –, er schränkt den Betrachtungshorizont des Entscheiders unweigerlich ein und zieht eine Verengung des Denkens nach sich.

Es steht außer Frage: Jeder Top-Manager, gleich welcher Couleur, hat gewohntermaßen mehr oder weniger Scheuklappen auf. Einem Turnierpferd gleich wird durch den Manageralltag galoppiert, dabei aber oft das Offensichtliche nicht erkannt und die Realität nur begrenzt wahrgenommen. Das Resultat ist: Management-Entscheidungen sitzen einem eingeschränkten Urteilsvermögen auf, was zwar meist noch durchaus zufriedenstellende, aber eben nur selten die bestmöglichsten Entscheidungen nach sich zieht.

Das adäquate Gegenmittel gegen solch blinde Flecken ist ganzheitliches Führungshandeln, neudeutsch auch „Enterprise Leadership“ bzw. „Holistic Leadership“ genannt. Das Erfolgsrezept ganzheitlichen Führens besteht darin, stets das Unternehmen als Ganzes im Blick zu haben.

CxO-Mindset

Gute Manager kennen ihren angestammten Verantwortungsbereich aus dem Effeff, die besten Manager allerdings schauen stets über ihren eigenen Tellerrand hinaus und ermächtigen ihre Teams, es ihnen gleich zu tun.

Studien zeigen beispielsweise, dass etwa zwei Drittel der Führungskräfte nicht die Arbeitsergebnisse bereichsfremder Teams nutzen und auch selbst keinerlei eigenen Beitrag für vernetztes und bereichsübergreifendes Arbeiten im Unternehmen leisten.[145] Absolut erschreckend, wie ich meine! Während sich also die meisten Führungskräfte überwiegend oder fast ausschließlich auf ihre eigene Performance und ihren ureigenen Verantwortungsbereich konzentrieren, haben Manager, die sich nicht nur um die eigenen Ziele und die ihrer Teams kümmern, sondern stets das Unternehmen als Ganzes im Blick haben, den mit Abstand größten und positivsten Impact.

Enterprise Leader nutzen ihre Netzwerke, bringen das Unternehmen insgesamt zusammen und sorgen so im Kollektiv für noch bessere Ergebnisse. Ihre Teams sind nachweislich innovativer, motivierter, anpassungsfähiger und tragen maßgeblich zu einer höheren Kundenzufriedenheit bei.[146] Einer Untersuchung der Beratungsgesellschaft *Korn Ferry* zufolge sind die durchschnittlichen Umsatzwachstumsraten von Unternehmen, die nach Enterprise Leadership-Maßstäben geführt werden, mehr als viermal so hoch wie das durchschnittliche jährliche Wachstum der im amerikanischen S&P 500 gelisteten Unternehmen.

CxO-Mindset

Außerdem sind C-Level-Manager mit ganzheitlichen Führungskompetenzen für die soziale und ökologische Transformation von Unternehmen, also die Umsetzung der jeweiligen ESG-Strategie, von besonderer Bedeutung.[147]

Ganzheitliches Führen nutzt die Vielstimmigkeit im Unternehmen und setzt auf ein starkes Zusammengehörigkeitsgefühl in der Belegschaft. Diversity und Inclusiveness sind daher wichtige und unverzichtbare Merkmale einer so angelegten Führungskultur.

The Power of All – Die Macht des Ganzen

Lassen Sie uns am Ende dieses ebenso umfangreichen wie gehaltvollen Kapitels Bilanz ziehen: Diversity ist nicht nur ein gesellschaftliches Thema, ein Trend oder eine Modererscheinung, nein, sie ist eine Business-Notwendigkeit und deshalb ein Fokusthema bei der Führungskräfteentwicklung. Egal, ob Regierungskabinetts, Medienanstalten oder Industrieunternehmen: Ohne eine auf Diversität fokussierte Führungs- und Organisationskultur schrumpfen Vielfaltsbestrebungen und -bekundungen zur Worthülse und verlaufen früher oder später unweigerlich im Sande.

Take-Aways

Inklusives Handeln und Führen, also Inclusive Leadership, ist die Grundvoraussetzung dafür, dass einmal verabschiedete Diversity-Strategien nicht nur auf dem Papier von Hochglanzbroschüren stehen und allein dem „Changewashing" von Führungskräften und Unternehmen dienen, sondern auch in der Praxis tagtäglich ihre volle Wirkung entfalten können.

Aus unternehmerischer Sicht bedeuten Diversität und Inklusion die Integration der individuellen Verschiedenheit der Mitarbeitenden und die ausdrückliche Wertschätzung dieser Vielfalt, verbunden mit dem Bestreben, dies für den Unternehmenserfolg nutzbar zu machen.

Diversity-Management bedeutet aber auch, als C-Level-Manager selbst einen Beitrag zu leisten, um Menschen aus unterschiedlichen sozialen Schichten, mit unterschiedlichen Zugangswegen und mit unterschiedlicher kultureller Prägung zu fördern und ihnen so den Zugang zu Top-Führungspositionen zu ermöglichen. Hier gilt es für die C-Suite eng mit den Aufsichts- und Besetzungsgremien zusammenzuarbeiten und dort, wo nötig, entsprechende Überzeugungsarbeit zu leisten. Mit Blick auf die aktuelle Besetzung der Vorstandspositionen der DAX, M-, S- und Tec-DAX-Unternehmen scheint hierzulande definitiv noch viel Luft nach oben zu sein. Wirtschaft und Gesellschaft lassen leider reichlich Potenzial ungenutzt liegen.

Ich für meinen Teil bin der festen Überzeugung: Richtig angepackt maximiert Diversität die Leistung jedes Unternehmens. Sie ist Chefsache und sollte im Kern jeder Unternehmensstrategie verankert sein. Gerade mit Blick auf den deutschen Mittelstand ist, was diverse Unternehmensführung anbelangt, in den Firmen ein gewisser Handlungsrückstau zu erkennen. Eine Neuausrichtung ist hier zwingend vonnöten, damit das der Diversität innewohnende, unternehmerische Potenzial genutzt werden kann, und zwar jenseits von reinen Imageüberlegungen oder Political Correctness. Das gilt insbesondere für viele global agierenden „Hidden Champions", oft Weltmarktführer in ihrem Segment, die sich damit konfrontiert sehen, in den kommenden Jahren ihre Spitzenposition im internationalen Wettbewerb verteidigen zu müssen.

Take-Aways

Die Führungs- und Unternehmensverantwortung – oder sagen wir besser die Mission – des C-Level-Managements besteht darin, der Vielfalt von Individuen, Teams und Organisationen zum Durchbruch zu verhelfen, verbunden mit dem Ziel, Leistungserwartungen zu übertreffen und bessere, schnellere und nachhaltigere Lösungen für komplexe Probleme zu bekommen.

Diversität und eine wertebasierte und inklusive Arbeits- und Unternehmenskultur steigern Engagement und Einsatzfreude von Teams, bringen viel positive Energie, stärken die Moral und machen Unternehmen attraktiv für Nachwuchskräfte und potenzielle Kunden.

Es ist essenziell, dass zukünftig noch mehr Entscheider dieses Potenzial erkennen und ausschöpfen. Seien Sie also mit dabei und setzen Sie Kultur, Diversität und Inklusion in den Focus Ihrer Entwicklungs- und Führungsarbeit. Nutzen Sie diese neue Machtwährung, und zwar zum Wohle Ihrer Belegschaft, der Stakeholder Ihres Unternehmens und selbstverständlich auch zum Wohle Ihrer Karriere.

Kapitel 12: EXKURS – Marathon in Stöckelschuhen. Ein Plädoyer für mehr Frauen in Top-Positionen

„Der drei häufigsten Vornamen deutscher Geschäftsführer sind Andreas, Michael und Christian. Auf Platz 9 folgt als erster Frauenname Katja. Unter den ersten 100 Namen rangieren nur 15 Frauennamen."[148]

Zwiespältige Frauenquote – Fluch und Segen gleichermaßen

Frauen sind super, Quoten völliger Unsinn! So lautete zumindest bisher meine Devise im Hinblick auf die gesetzliche Frauenquote für die Besetzung von C-Level-Positionen. Und deshalb hatte ich ursprünglich auch überhaupt nicht vor, *Mission Leadership* ein eigenes Kapitel darüber zu widmen. Nicht, weil ich ignorant oder aus der Zeit gefallen wäre, sondern weil ich lange der Meinung war, vielen selbstbewussten und emanzipierten Frauen damit einen Bärendienst zu leisten. Der überwiegende Anteil der Frauen in meinem Umfeld, viele davon in Führungspositionen oder in anderen hoch verantwortungsvollen Funktionen, lehnen nämlich eine Frauenquote kategorisch ab. Das ist meines Erachtens auch gut nachvollziehbar, denn sie wollen unabhängig von ihrem Geschlecht, also in allererster Linie wegen ihrer Kompetenz und Qualifikation, befördert werden.

Dem steht eine gesetzlich aufoktroyierte Quotenregelung klar entgegen, denn sie verkörpert in gewissem Sinne etwas Abwertendes, ja Gönnerhaftes. Dadurch sehen Frauen sich sogar noch eher dazu gedrängt für ihre Beförderungen in Top-Positionen rechtfertigen zu müssen, als ihren Karriereerfolg als etwas Selbstverständliches anzuerkennen. Das ist nach meinem Dafürhalten ähnlich problematisch wie die Tatsache, dass durch den übertriebenen und zuweilen dogmatischen Einsatz von Gendersprache den Frauen unterschwellig eine Opferrolle zugeschrieben wird.

Warum ich mich bei dem Thema „Quote" in Zurückhaltung üben wollte, hat aber auch mit meinen Grundfesten zu tun. Ich bin generell gegen starre oder von staatlichen, politischen oder juristischen Instanzen vorgegebene Verteilungsregeln, bei denen Ämter, Funktionen, Rechte oder Ähnliches nach einer bestimmten Quote zugewiesen werden, um das zu regulieren, was in Wirtschaft oder Gesellschaft über die freie Marktverteilung aus dem Gleichgewicht geraten ist.

Ich halte Quotenregelungen zur Behebung eines ungewollten Ungleichgewichts für extrem problematisch, da sie oft die Tendenz haben, Diskriminierung zu konservieren oder an anderer Stelle entstehen zu lassen, statt sie zu beseitigen. Das gilt auch für die sogenannte „positive Diskriminierung", im angelsächsischen Raum auch „Affirmative Action" genannt. Sie bezeichnet gesellschafts- oder wirtschaftspolitische Maßnahmen, die der negativen Diskriminierung sozialer Gruppen in Form gesellschaftlicher Benachteiligung entgegenwirken sollen, und zwar durch gezielte Vorteilsgewährung, wie etwa die Einführung einer gesetzlichen Frauenquote.

Der dritte und vordringlichste Punkt aber hat damit zu tun, dass ich bislang glaubte, als Mann nicht ausreichend legitimiert zu sein, um über die Frauenquote zu schreiben – ein fundamentaler Irrtum meinerseits, was mir aber erst bei der Arbeit an diesem Buch so richtig klar geworden ist. Es ist nämlich, so meine Erkenntnis, vor allem Sache der Männer, sich mit dem Thema „Frauenquote" differenziert zu beschäftigen und in diesem Sinne auch klar zu äußern.

Wie dem auch sei, ich habe meine Position zur Frauenquote mittlerweile grundlegend geändert: Ohne sie wird es in Deutschland wohl so schnell keine geschlechterparitätisch besetzten C-Levels geben. Leider! Die vielen Frauen und Männer, die nach wie vor entschieden gegen eine verbindliche Diversitätsvorgabe sind, mögen mir meinen Sinneswandel an dieser Stelle bitte nachsehen. Vielleicht aber ändern ja auch sie ihre Meinung, nachdem sie die nächsten Seiten gelesen haben.

Die Bastion bröckelt – und das ist auch gut so

Als ich meine berufliche Karriere startete, waren die Begriffe „Diversity" oder „Gender-Equality" noch gar nicht erfunden. Insofern habe ich volles Verständnis dafür, wenn es insbesondere für den ein oder anderen Mann meiner Generation irritierend ist, mit anzusehen, mit welcher Intensität Themen wie Gendersprache, LGBTI oder #MeToo in Unternehmen hineingetragen werden und mit welcher Vehemenz Frauen heute auf die Wahrung der weiblichen Perspektive im Businessalltag pochen. Aber täten sie das nicht und würde der Staat nicht dabei nachhelfen den Frauenanteil in den Chefetagen per Gesetz zu erhöhen, dann würde es noch sehr lange dauern, bis eines der letzten Bollwerke männlicher Machtdominanz zu Fall gebracht wäre. Die deutsche *AllBright-Stiftung* hat es ausgerechnet:

Ohne zielgerichtete und staatlich verordnete Frauenförderung würde es noch mindestens zwei weitere Jahrzehnte brauchen, bis die Vorstände der 160 deutschen börsennotierten Unternehmen aus DAX, M-DAX und S-DAX annähernd geschlechterparitätisch besetzt wären.[149]

Ja, es dauert in der Wirtschaft deutlich länger als in vielen anderen Bereichen in Deutschland, bis sich Frauen ihren Platz in den obersten Reihen erkämpft haben. Doch es tut sich was: Die Zahl weiblicher Vorstände in den börsennotierten Unternehmen steigt gerade so schnell wie noch nie. Den Hauptgrund dafür sehen die Experten vor allem in der Einführung des Gesetzes zur Frauenquote Mitte 2021, das sogenannte „Zweite Führungspositionen-Gesetz (FüPoG II)", welches auf den Regelungen des bereits seit 2015 geltenden ersten „Führungspositionen-Gesetzes (FüPoG I)" aufbaut. Letzteres wurde damals vom Gesetzgeber insbesondere zur Erhöhung des Frauenanteils in den Aufsichtsräten großer börsennotierter Unternehmen erlassen.

Die jüngste Beschleunigung wird höchstwahrscheinlich auch den Angleichungszeitraum bis hin zur geschlechterparitätischen Besetzung der C-Levels signifikant verkürzen. Aktuellen Daten der *AllBright-Stiftung* zufolge könnte mit dem nun aufgenommenen Tempo bereits in elf Jahren die Hälfte der Vorstände weiblich sein.[150] Das ist zwar immer noch ziemlich lange hin, aber zumindest zeigt die gesetzliche Quote Wirkung.

Bemerkenswert finde ich in diesem Zusammenhang, dass das neue Gesetz so verfasst ist, dass es eigentlich nur sehr wenige Firmen zwingend zur Einhaltung der Quote verpflichtet, nämlich lediglich Großunternehmen, die mindestens 2.000 Mitarbeitende haben und zugleich unter das Mitbestimmungsgesetz fallen. Das sind laut Bundesjustizministerium gerade einmal 70 Unternehmen! Auch wenn gemessen an der öffentlichen Diskussion die Zahl der direkt betroffenen Unternehmen sehr überschaubar ist, so kann dennoch davon ausgegangen werden, dass die neue gesetzliche Regelung eine Signalwirkung entfacht hat, die dazu führen wird, dass der Frauenanteil in der deutschen Wirtschaft generell, also auch jenseits des Geltungsbereichs des Gesetzes, weiter zunehmen wird.

Bei der festgelegten Frauenquote geht es also zu einem großen Teil auch um Pionierarbeit und das Erzeugen von Aufmerksamkeit.

Ein Blick über die Landesgrenzen hinaus zeigt, dass es die hiesigen Frauen besonders schwer haben: Deutschland hinkt bei der Gleichstellung nämlich massiv hinterher: Beim Gender-Diversity-Index liegen deutsche Unternehmen im europäischen Vergleich trotz der erwähnten Fortschritte ziemlich abgeschlagen auf Platz zwölf, klar hinter den Klassenbesten aus den skandinavischen Ländern – Norwegen, Finnland und Schweden – sowie Frankreich und Großbritannien.[151] Interessant ist in diesem Zusammenhang auch, dass es in vielen dieser Länder bereits seit längerem eine gesetzliche Quotenregelung gibt.

Ergo: Ohne explizite und auch gesetzlich untermauerte Diversitätsvorgaben, sprich eine Frauenquote, wird es Gender-Equality auf der Top-Management-Ebene in Deutschland so schnell nicht geben. Und das wäre fatal, liegen die Vorteile doch auf der Hand und werden heute auch von keinem vernünftigen Menschen mehr bestritten. Um es trotzdem noch einmal klar auszusprechen:

CxO-Mindset

Mehr Frauen in Top-Management-Verantwortung zu bringen ist kein Sozialprojekt – es muss das vitale Interesse eines jeden profitorientierten Unternehmens sein, zielgerichtete Frauenförderung zu betreiben. Es ist geradezu absurd, Frauen klein zu halten und ihnen den Weg in den C-Level zu erschweren oder gar zu verwehren. Zahlreiche Studien belegen, dass Frauen im Vergleich zu Männern ein tendenziell höheres Qualifikationsniveau haben.

Mädchen haben bessere Noten und Schulabschlüsse als Jungs und in den für Managementaufgaben und C-Level-relevanten Studiengängen Rechts- und Wirtschaftswissenschaften dominieren seit nunmehr zehn Jahren die Absolventinnen über die Absolventen.[152] Die Bildungselite in Deutschland ist also in erster Linie weiblich. Empirisch belegt ist auch, dass Frauen Firmen erfolgreicher machen und gemischte Vorstände den Unternehmen und deren Aktionären mehr Rendite bringen.

Das Washingtoner *Peterson Institute of International Economics* hat zum Beispiel nach einer breit angelegten Studie mit über 20.000 Unternehmen in 90 Ländern herausgefunden, dass in Firmen, bei denen der weibliche Anteil im Top-Management über 30 Prozent betrug, das Gewinnwachstum um durchschnittlich 15 Prozent über dem der anderen Firmen lag.[153]

Zu einem ähnlichen Ergebnis kam jüngst eine *McKinsey*-Studie. Die Unternehmensberatung hat in 15 Ländern etwas mehr als 1.000 Unternehmen analysiert, darunter auch alle DAX-Konzerne und 35 deutsche Mittelständler. Danach erwirtschaften Firmen mit gemischten Vorständen gegenüber Unternehmen mit rein männlich besetzten C-Levels deutlich mehr Gewinn.[154] Und wirft man einen Blick in Studien, die sich mit den Führungseigenschaften von Mann und Frau beschäftigen, zeigt sich einmal mehr ein eindeutiges Bild:

CxO-Mindset

- Geschlechtergemischte Vorstandsteams führen aufgrund verschiedener Perspektiven und Arbeitsweisen meist zu effektiveren und effizienteren Organisationsprozessen, besserer Arbeitskultur und besserem Risiko- und Compliance-Management als bei homogen besetzten C-Levels.
- Frauen werden sehr oft auch als die besseren Krisenmanager wahrgenommen.[155]
- Frauen beherrschen das, was in der Soziologie als Multi-Rollen-Handeln bezeichnet wird: Sie bewegen sich in vielen verschiedenen Lebensbereichen gleichzeitig und beherrschen das Aushandeln und Ausgleichen widersprüchlicher Interessen deutlich besser als Männer.
- Frauen sind flexibler, gesundheits- und umweltsensibler und haben in Sachen soziales Engagement die Nase vorn.[156]

Kurzum: Frauen führen mindestens genauso gut wie Männer, vielleicht sogar besser. Die Relevanz von Gender-Diversity ist also unbestritten. Vielleicht ist es ja genau das, was insbesondere Männer davon abschreckt, sich mit dem Thema in aller Konsequenz zu beschäftigen, weil es nämlich eine Veränderung des Status quo, ihres Status quo und eine Zerstörung der alten männlich dominierten Wohlfühlwelt bedeuten würde.

Unconscious Bias und fehlende Role Models. Was Frauenkarrieren den Garaus macht

Wenn also die Argumente auf der Hand liegen, dass mehr Frauen in Spitzenpositionen zu bringen etwas Gutes und Kluges ist, warum muss der Gesetzgeber dann der Wirtschaft eine Quote aufdoktroieren, um diesen Mangel sukzessive zu beseitigen? Der Hauptgrund dafür ist bzw. sind, sorry liebe Artgenossen, wir Männer.

Männer sind ganz wesentlicher Bestandteil der Gleichstellungsproblematik. Zwar ist es nicht mehr so extrem wie in den Wirtschaftswunderjahren zwischen 1950 und 1960, als Männer bewusst und sogar öffentlich Frauen in Führungspositionen ablehnten. Es sind heute eher die subtilen Geschlechterzuschreibungen, Normen und altmodische Traditionen aus der Vergangenheit, die sich von Generation zu Generation vererbt haben und sich jetzt in Gestalt von unbewusster Voreingenommenheit, dem sogenannten „**Unconscious Bias**“, manifestieren.

Bestimmte, jahrzehntelang gelernte Stereotypen, wie Ehrgeiz, Durchsetzungsvermögen und Führungsstärke werden beispielsweise immer noch den Männern zugeschrieben. Solche als männlich wahrgenommene Eigenschaften gelten in Wirtschaft und Gesellschaft als wichtiger und entscheidender für das Karrierepotenzial einer Führungskraft als Eigenschaften, die als traditionell weiblich wahrgenommen werden, wie etwa Fürsorge, Teamarbeit und Multitasking. Das Problem dabei ist:

Selbst emanzipierte Männer in den Führungsetagen und Aufsichtsgremien können sich von diesem Verzerrungseffekt nicht vollständig frei machen.

Sie müssen aber lernen, von diesem inneren Gesetzestext, der über Generationen festgelegt hat, was männlich oder weiblich ist, aufzusehen und ihn ein für alle Mal ad acta legen.

Wenn Frauenkarrieren Riegel vorgeschoben werden, dann liegt das aber gar nicht so sehr an dem klischeehaften Männlichkeitsgehabe vor Ort in den Unternehmen. Meist kontrollieren die Männer nämlich nicht nur den Zugang zum C-Level in der Firma, sondern auch noch die Haustür in den eigenen vier Wänden. Was ich damit meine, ist Folgendes: Frauen haben immer noch andere Erwerbsbiografien als Männer. Mit der Familiengründung nimmt der Teilzeitanteil bei ihnen nicht nur zu, er bleibt auch lange auf hohem Niveau, und das oft bis zum Ende des Erwerbslebens.

Unverhältnismäßig viele Arbeitsstunden, 24/7-Verfügbarkeit und spontane Reisebereitschaft, also der klassische Vollzeitjob, sind aber nach wie vor noch die Grundvoraussetzungen für den Einstieg in eine lukrative Management-Karriere. D.h. selbst wenn in einer Partnerschaft Mann und Frau aufgrund identischer Qualifikationsniveaus theoretisch beide lukrative Vollzeitjobs annehmen könnten, bleibt der Frau, will sie denn auch weiterhin beruflich tätig sein, in der Familienphase praktisch gar nichts anderes übrig, als sich in einen flexiblen Teilzeitjob zu retten. Und Teilzeit ist mit Anfang oder Mitte 30 ein echter Karrierekiller!

Umgekehrt nehmen Männer, egal in welcher Lebensphase, ganz selbstverständlich karriererelevante Vollzeitjobs an. Meist machen sie auch selbst dann eine

Führungslaufbahn, wenn sie selber gar nicht karriereaffin sind oder wenn sich herausstellt, dass sie weniger für eine Aufgabe oder Position geeignet sind als ihre weiblichen Pendants es wären. Ergo: Wir Männer spielen, bewusst oder unbewusst, eine ganz entscheidende Rolle, wenn Frauen am eigenen Fortkommen behindert werden und dabei immer wieder an die sogenannte „gläserne Decke" stoßen.

Es ist schon paradox: Frauen machen die Hälfte unserer Gesellschaft aus, in der Schule und in der Universität erzielten sie Top-Ergebnisse und auch beim Karriereverhalten oder in puncto Ehrgeiz haben Frauen gerade in frühen Berufsjahren die Nase vorn, jedoch verabschiedet sich der Großteil dieser hoch qualifizierten Frauenkohorte mit Beginn der Familienphase entweder ganz aus dem Berufsleben oder ins Backoffice einer Teilzeitstelle.

Meines Erachtens kann es sich Deutschland, als eine der größten Wirtschaftsnationen der Welt, allein schon volkswirtschaftlich betrachtet gar nicht erlauben, auf diese Art und Weise den weiblichen Führungsnachwuchs zu verlieren. Deutschland will und muss seine Wettbewerbsfähigkeit im internationalen Vergleich sicherstellen. Gleiches gilt für die Unternehmen: Weibliche Talente, die entweder teuer eingekauft oder in deren Entwicklung über Jahre hinweg investiert worden ist, gehen in der Familien- bzw. Elternzeit verloren. Die Lösung dafür klingt einfach, ist aber ein komplexes Unterfangen: Ein Masterplan für Frauen, der sicherstellt, dass ihre Karriere nicht unter der Kinder- und Familienplanung leidet.

Take-Aways

Solange aber Betreuungsstrukturen für Kinder und ältere Familienangehörige nicht so ausgelegt sind, dass Vollerwerbstätigkeit für alle Erwachsenen möglich ist, sondern davon ausgegangen wird, dass Frauen die sogenannte „Care-Arbeit" übernehmen, bleibt ihr Potenzial ungenutzt.[157]

Erste gute Lösungsansätze finden sich erfreulicherweise bei Unternehmen wie *Airbus*, *Danone* oder *Beiersdorf*. Sie greifen seit einiger Zeit auf die Expertise von *MyCollective* zurück, einem Münchner Start-up, welches Unternehmen Programme anbietet, mit deren Hilfe sie ihre weiblichen High Potentials während der Elternzeit am Ball halten und über die sich die Talente untereinander vernetzen können, im eigenen Konzern, aber auch über die Branche hinweg. Finanziert wird das Programm zu 100 Prozent vom Arbeitgeber.[158]

Vorurteile schüren neben den geschlechterspezifischen Stereotypen aber auch die nur spärlich vorhandenen oder gänzlich fehlenden **Rollenvorbilder**, an denen karrierebewusste Frauen sich orientieren könnten. Das liegt auch daran, dass wettbewerbs- und selbstbewusst auftretende Frauen in der Geschäftswelt oft als unsympathisch oder „karrieregeil" wahrgenommen werden, während

Männern Erfolgsmotivation grundsätzlich positiv angerechnet wird. Vergleichbare Muster finden sich Studien zufolge in derart vielen karriererelevanten Verhaltensweisen wieder, dass dadurch Frauen in ihrer Laufbahnentwicklung gehemmt werden.[159] Untersuchungen haben außerdem gezeigt, dass Frauen deutlich mehr als Männer von gleichgeschlechtlichen Identifikationsfiguren beeinflusst werden.[160]

Vorbilder sind daher insbesondere für Frauenkarrieren ausgesprochen wichtig, denn sie prägen die Vorstellung von dem, was für Managerinnen in der Praxis tatsächlich möglich ist. De facto braucht es aber eine Art „kritische Masse" genügend guter Vorbilder, sogenannte „Rolemodels", damit diese ihre positive Wirkung auch nachhaltig entfalten können. In vielen europäischen Ländern, insbesondere in Skandinavien, ist das bereits gut gelungen. Gerade junge Frauen drängen dort mit viel größerer Selbstverständlichkeit in Top-Positionen, weil sie eben nicht die unter der verschärften Beobachtung der Männer stehenden Ausnahmen sind.

Und je mehr Frauen im Rampenlicht von hoch verantwortlichen Führungspositionen stehen, desto mehr Frauen streben ihnen nach. Deshalb braucht es mehr weibliche Vorbilder in Führungspositionen, die Karriereerfolg als etwas Normales und Positives in unsere Gesellschaft und in die Geschäftswelt hineintragen. Es sind starke Frauen vonnöten, die für ihre Überzeugungen einstehen, um sich selbst, aber auch anderen Frauen den Weg bereiten.

Womit wir bei einem weiteren Thema bzw. bei der Frage wären, ob erfolgreiche Frauen überhaupt weibliche Konkurrenz dulden, geschweige denn ihre Artgenossinnen tatsächlich fördern wollen? Die Rede ist von dem sogenannten **„Queen-Bee" bzw. „Bienenkönigin"-Syndrom**. Der Konkurrenzkampf unter Bienenprinzessinen um die Thronfolge im Bienenschwarm hat einem heiß diskutierten Phänomen den Namen gegeben. Es beschreibt, wie weibliche Führungskräfte in männerdominierten Milieus angeblich auf jüngere Kolleginnen reagieren – auf gut Deutsch nämlich: stutenbissig. Die Chefinnen grenzen sich von anderen Frauen ab, so jedenfalls lautet das Narrativ.[161]

Dass das heutzutage möglicherweise gar nicht mehr stimmt und die dem Phänomen zugrunde liegenden Studienergebnisse aus den Siebziger-, Achtziger- und Neunzigerjahren höchstwahrscheinlich überholt sind, ändert leider nichts an der Tatsache, dass die stereotype Denkweise „Frauen beißen andere Frauen weg" offenbar nicht aus der Welt zu schaffen ist. Dadurch steigt das Risiko, dass Frauen untereinander im Management-Alltag tatsächlich besonders stark konkurrieren.

CxO-Mindset

Das Queen-Bee-Syndrom beschreibt nicht notwendigerweise die Realität, sondern erschafft sie vermutlich erst: Wenn Frauen von anderen Frauen erwarten, dass sie sich ihnen gegenüber unfair und wenig hilfsbereit verhalten, werden sie ihnen ebenfalls nicht zugetan sein.[162]

Ich für meinen Teil bezweifle, dass das Queen-Bee-Syndrom ein frauenspezifisches Konkurrenzverhalten ist. Zwar habe ich die erwähnte „Stutenbissigkeit" auch schon live mitbekommen, aber ich glaube, die Gründe für ein solches Verhalten liegen weniger am Geschlecht als an der spezifischen Konstellation: Übertriebene Konkurrenz scheint es in jeder Gruppe zu geben, deren Angehörige innerhalb einer Organisation in der Minorität sind. Wenn etwa Deutsche im Ausland auf Deutsche treffen oder wenn in einem deutschen Unternehmen eine kleine Gruppe an Personen mit ausländischen Wurzeln arbeitet, kommt es bei den Minderheiten zu einem stärkeren Konkurrenzkampf. Soziologische Studien bestätigen diese Einschätzung.[163] Insofern liegt in dem Problem bereits die Lösung: Wenn nämlich Frauen im Top-Management nicht mehr in der Minderheit sind, verschwindet automatisch auch das Stereotyp von der Stutenbissigkeit.

Gefährliche Monokultur. Durchbrechen Sie den Thomas-Kreislauf

Der sogenannte „Thomas-Kreislauf" zeigt auf, nach welchem Muster Unternehmen ihre Vorstandsmitglieder rekrutieren. Bei der Frage, ob eine Frau oder ein Mann in den Vorstand geholt wird, spielt der oder die Aufsichtsratsvorsitzende regelmäßig die entscheidende Rolle. Zu der aktuellen Realität in den Aufsichtsräten gehört, dass eigentlich immer ein Mann den Vorsitz im Besetzungsausschuss innehat und der Ausschuss als solcher zum überwiegenden Teil ebenfalls ein männlich dominiertes Gremium ist. Dieses Komitee schlägt dann in enger Zusammenarbeit mit dem CEO, der in über 90 Prozent der Fälle ebenfalls ein Mann ist, dem Aufsichtsrat die aus seiner Sicht relevanten Kandidaten vor. Das auf diese Weise rekrutierte Vorstandsmitglied ist – wen würde das überraschen – fast ausnahmslos ein Mann, der zudem den beiden Hauptentscheidungsträgern auch noch sehr ähnlich ist. Ergo:

Gerade in Deutschland umgibt „Mann" sich in der obersten Führungsebene am liebsten mit Spiegelbildern seiner selbst.

Und wenn es nicht gelingt, diesen Kreislauf zu durchbrechen, wird das vermutlich ewig so weitergehen. Es liegt in der Natur der Sache, dass Unternehmer, Investoren und Topmanager eher Menschen vertrauen, die ihnen ähnlich sind oder den gleichen Netzwerken entstammen. Veränderungsprozesse wie wir sie derzeit in den Unternehmen allenthalben erleben, schwierige Marktgegebenheiten oder gar existenzgefährdende Krisen, haben sogar das Zeug dazu, diese Ähnlichkeitsmuster noch zu verstärken. Lieber geht „Mann" auf Nummer sicher und rekrutiert weiterhin aus dem Bauch heraus, anstatt sich an objektiven Bewertungskriterien zu orientieren und so von einer gewissen Rationalität im Auswahlprozess leiten zu lassen.

CxO-Mindset

Die Notwendigkeit zu Diversity und genderdivers besetzten Führungs- und Kontrollgremien steht in vielen Unternehmen daher in krassem Widerspruch zu dem Bedürfnis, in den alten Rekrutierungsmustern zu verharren. Zumeist wird noch nach dem Prinzip rekrutiert: Frauen suchen, ja, Frauen finden, nein.

Es liegt im Übrigen mitnichten daran, dass es nicht genug geeignetes weibliches Personal für den C-Level gäbe – auch aus Sicht der meisten Headhunter gibt es bereits genügend dafür qualifizierte Frauen –, nein, es fehlt den für die Besetzung der C-Suite zuständigen Gremien allzu oft schlichtweg der Mut von ihrem Ähnlichkeitsmuster abzulassen, den „Thomas-Kreislauf" zu durchbrechen und dadurch mehr Frauen in Top-Führungspositionen zu bringen. Stattdessen mutiert der Rekrutierungsprozess für den C-Level mehr und mehr zum Perpetuum mobile für die Erhaltung einer männlichen Monokultur.

Wie also diesen Teufelskreis durchbrechen? Nun, die Antwort ist naheliegend: Es braucht im Recruiting mehr diverse, also mit Männern *und* Frauen gleichermaßen besetzte Gremien. Diese sind derzeit, noch mehr als die Vorstandspositionen selbst, zu sehr männerdominiert.

Take-Aways

Nur durch weibliche besetzte Aufsichtsräte und Besetzungsausschüsse wird es zu einer sukzessiven und nachhaltigen Erhöhung des Frauenanteils auf dem C-Level kommen. Frauen fördern Frauen eben am besten.

Und damit es dazu kommen kann, braucht es eine aggressive Veränderung der Ausgangslage, was uns wieder zurück zur Eingangsfrage nach der Sinnhaftigkeit einer Quotenregelung bringt. Entgegen meiner langjährigen, tradierten Ansicht bin ich mittlerweile zu der Überzeugung gelangt, dass es die gesetzliche Frauenquote zwingend gebraucht hat, damit das Ähnlichkeitsprinzip – Thomas stellt Thomas ein und die Thomasse befördern sich wechselseitig – durchbrochen werden kann.

Mittelfristig wird sich, auch davon bin ich überzeugt, in den Führungsetagen der Unternehmen ein dauerhaftes Gleichgewicht auch ohne Quotenregelung einstellen. Der sogenannte „Tipping-Point", also der Wendepunkt, wo es keine Quote mehr braucht, um für nachhaltige Geschlechterparität in den Top-Management- und Aufsichtsrats-Positionen zu sorgen, liegt den Fachleuten zufolge bei etwa 35 bis 40 Prozent Frauenanteil. Aber davon sind wir ja leider noch ein gutes Stück entfernt.

Take-Aways

Ein anderer wichtiger Begleiteffekt der Frauenquote liegt ebenfalls auf der Hand: Sie erhöht nämlich indirekt das Qualifikationsniveau aller Mitglieder der C-Suite.

Denn nur aufgrund einer strengen Frauenquote sind Unternehmen und deren Besetzungsgremien gezwungen, sehr gut zu begründen, wie und mit wem die Stellen besetzt werden. Fällt die Entscheidung auf einen Mann, dann muss er nachvollziehbar besser qualifiziert sein als alle Mitbewerberinnen. Aber auch für Frauen gilt, dass damit sehr viel genauer auf Qualifikation und Erfahrung geachtet wird, als das vorher ohne Quote der Fall gewesen wäre.

Wie männlich ist Frauenförderung?

Gesetzliche Quote hin oder her, ohne die Transformation von Männlichkeit wird es keine chancen- und gleichberechtigten Systeme jenseits des Firmen-Patriarchats geben können. Das Gute ist: Männer sind nicht nur Teil des Problems, sondern zugleich auch Teil der Lösung.

CxO-Mindset

Durch die Frauenquote im C-Level bekommen Männer die Möglichkeit, ihre Identität neu zu denken und zu leben und ihr Repertoire an Möglichkeiten zu erweitern.

Als Beispiel sei hier die weibliche Fürsorgeethik genannt, also das Beherrschen wichtiger führungsrelevanter Eigenschaften wie Aufmerksamkeit, Achtsamkeit, Empathie und Feingefühl, wo Männer in aller Regel noch Luft nach oben haben und sich von den Frauen eine Scheibe abschneiden können.[164] Im nächsten Kapitel mehr dazu.

Ja, es ist schon nachvollziehbar, dass Männer Veränderungen erst einmal kritisch gegenüberstehen, die sie in ihren bisherigen Machtbefugnissen einschränken *könnten*. Und die Betonung liegt hier bewusst im Konjunktiv. Denn einen vermeintlichen Macht- und Kontrollverlust zu beweinen ist zu kurz gedacht.

Divers aufgestellte Führungsgremien bringen viele grundsätzliche Vorteile in das Arbeitsleben aller Beschäftigten, wovon kurzfristig und zuallererst die Männer profitieren.

Stichwort „Fachkräftemangel“: Für Unternehmen erweitert sich durch gezielte Frauenförderung der potenzielle Talent- und Führungskräftepool. Das schafft im Recruiting mehr und bessere Besetzungsoptionen, denn Frauen sind aufgrund ihrer Eigenschaften mindestens genauso gut oder in vielerlei Hinsicht sogar noch besser als ihre männlichen Pendants darauf vorbereitet, die dringenden unternehmerischen Herausforderungen unserer Zeit zu meistern.[165]

Und überhaupt: Ich finde es schon erstaunlich, dass die sonst so cleveren männlichen Top-Manager den strategischen Erfolgsfaktor weiblich besetzter Führungspositionen nicht konsequenter für sich nutzen. C-Level-Männer, die sich dem Wandel öffnen oder diesen sogar noch fördern, stärken durch ihr Denken und Handeln die Wettbewerbsfähigkeit des von ihnen geführten Unternehmens. Davon profitiert dann schlussendlich auch die eigene Karriere.

Nicht gegeneinander, sondern miteinander – wäre das nicht genau der richtige Weg, um die Quotendiskussion ein für alle Mal zu beenden? Es lohnt also auf jeden Fall, liebe Artgenossen, den inneren männlichen Schweinehund zu überwinden, divers zu denken und Top-Positionen dementsprechend zu besetzen. Dass Frauen zu fördern nicht unmännlich, ja am Ende sogar „cool“ sein kann und Unternehmen stärker macht, zeigen immer mehr Beispiele aus der Praxis. CEOs wie Kasper Rorsted von *Adidas* oder Tim Höttges von der *Deutschen Telekom* seien hier stellvertretend für die „Gruppe der Willigen“ genannt.

Als Paradebeispiel für die Zunft der männlichen Frauenförderer gilt für mich allerdings immer noch Stefan Oschmann, seit Kurzem nun Ex-CEO von *Merck*. Er hat den mit Abstand ältesten und traditionellsten DAX-Konzern – Gründungsjahr 1668! – über viele Jahre hinweg heimlich, still und leise zum Überflieger und Vorzeigeunternehmen gemacht. Dabei hat er stets alle Manager-Klischees lässig an sich abperlen lassen, auch was männliches Platzhirsch- und Machtgehabe, Ränkespiele oder Ähnliches anbelangt.

Eine seiner Maxime liest sich für mich wie ein Mantra für modernes Erfolgsmanagement: „Offenheit und Diversität tragen zum Geschäftserfolg bei.“ Zur Jahresmitte 2021 hat Oschmann das Staffelholz an seine Nachfolgerin Belén Garijo übergeben. Zehn Jahre zuvor sind sie gemeinsam zu Merck gekommen und seither Zug um Zug aufgestiegen. Oschmann hat Garijo stets gefördert, was zum Wohle von *Merck* aber auch zum Wohle seiner eigenen und letztendlich vor allem Garijo’s Karriere war: Sie ist die erste und bis dato einzige Frau an der obersten Spitze eines im DAX gelisteten Unternehmens.

Quo vadis Quota?

Es ist an der Zeit für ein Resümee: Gleichberechtigung ist keine Entweder-Oder-Frage zwischen den Geschlechtern.

Für Frauen in Top-Positionen und für Diversity zu sein, bedeutet ja nicht zwangsläufig gegen männliche Pendants zu sein. Leider kommt es in derlei Hinsicht immer wieder zu Fehlinterpretationen und Missverständnissen, gerade bei uns Männern.

Um es also hier noch einmal klar und deutlich zu sagen: Der (notwendige) Aufstieg der Frauen bedeutet nicht den Fall der Männer! Hat uns die Pandemie denn nicht gezeigt, dass es in allen Bereichen miteinander besser geht als gegeneinander? Am besten sind Teams, Organisationen und Unternehmen immer dann, wenn Frauen und Männer die Köpfe zusammenstecken, und zwar gleichberechtigt.

Take-Aways

- Kurzfristig hilft die Quote den Frauen als Karriere-Lift und disruptives Element zur Überwindung absolutistischer Herrschafts- und Führungsansprüche sowie althergebrachter, ja man könnte auch sagen sexistischer Rekrutierungsmuster bei der Besetzung von C-Level- und Aufsichtsrats-Positionen.
- Mittel- und langfristig sind aber konkrete und selbst auferlegte Gleichstellungsziele in den Unternehmen besser als eine gesetzlich aufdoktrinierte Quote. Es gilt geschlechterspezifisches Stereotypendenken zu überwinden, und zwar für Männer und Frauen gleichermaßen.
- Es braucht mutige Frauen, die sich an die Unternehmensspitze wagen und es braucht souveräne und weitsichtige Männer, die erkennen, welche Potenziale sich ergeben, wenn sie erfolgreich mit Frauen auf Augenhöhe zusammenarbeiten.
- Gleichstellung und Diversity sind strategische Unternehmensziele, die sich wirtschaftlich auszahlen, und zwar zuallererst für C-Level-Männer, die das zulassen und fördern.

Egal, ob Männer sich nun in der Lage sehen, Frauen bei ihrer Entwicklung zu unterstützen oder nicht, sie sollten ihnen zumindest nicht im Wege stehen. Es gibt genug starke Frauen, die „Mann" einfach machen lassen sollte, auch wenn, wie meine Gattin oft zu sagen pflegt, eine Frauenkarriere im Top-Management heutzutage immer noch so anstrengend ist wie „ein Marathon in Stöckelschuhen".

Grundsätzlich braucht es mehr C-Level-Männer, die ihre Führungs-Power für mehr Gleichberechtigung einsetzen. Außerdem bietet die wachsende Gleichstellung auch Männern die Chance, neue Facetten zu entdecken und sich Lebens- und Karrierekonzepte abseits von tradierten Erwartungen an echte Männlichkeit zu erschließen. Da geschlechterparitätische Systeme Vorteile für beide Geschlechter – oder besser gesagt für *alle* Geschlechter – bieten, lohnt es auch für Männer, sich mehr und mehr für Frauenrechte stark zu machen.

Ich wünsche mir sehr, dass insbesondere die Männer der nun nachrückenden Führungsgeneration künftig noch mehr Engagement für Gender-Diversity zeigen, um so von Grund auf für ein Umdenken in der nach wie vor männlich dominierten Leadership-Community zu sorgen. Dann wird es hoffentlich bald keinerlei gesetzlicher Diversitätsvorgaben mehr bedürfen, mit all ihren Begleiterscheinungen, Störgeräuschen und machtpolitischen Verwerfungen zwischen den Geschlechtern. Quod erat demonstrandum!

Kapitel 13: Emotionale und soziale Intelligenz – Manager-Esoterik, Hokuspokus, oder was?

„Es ist kein Widerspruch, Außergewöhnliches zu verlangen und dennoch empathisch zu sein."

Belén Garijo, CEO Merck KGaA

Die Zeit der „harten Hunde“ ist vorbei. Es lebe die Achtsamkeit!

Die Geschäftswelt ist ein Haifischbecken und wer dort Harmonie sucht, ist fehl am Platze. So war zumindest jahrzehntelang der Tenor derer, die in den obersten Führungsetagen das Sagen hatten. Und wessen Wesensart von Natur aus keinem aggressiven, machtgierigen und egoistischen Machiavellisten entsprach, der musste biegsam genug sein, um sich dieser Auffassung zu unterwerfen. Wem das nicht gelang, der lief Gefahr, unter Seinesgleichen entweder nicht ernst genommen oder gleich ganz aus dem System „Ober sticht Unter“ herauskatapultiert zu werden.

In der Tat, über lange Zeit bestand das Selbstverständnis einer veritablen Führungskraft darin, als beinharter Manager dem Unternehmen und seinen Stakeholdern vor allem zählbare Erfolge zu bescheren – egal wie und um welchen Preis. Steve Jobs zum Beispiel wurde immer wieder wegen seiner Erfolge gefeiert, seine herablassenden, ja zum Teil unmenschlichen Führungsmethoden und seine manipulative und opportunistische Art aber hat man ihm stets nachgesehen, oder gar zum Geheimnis seines Aufstiegs erklärt und jungen Führungskräften allseits zur Nachahmung empfohlen.

Auch ich hatte noch zu Beginn meiner C-Level-Karriere oft mit Menschen zu tun, für die gute Führung einzig darin bestand, dass am Ende das Ergebnis stimmte – und damit Basta! Ihr einziges „Motivationsmittel“ war der instrumentalisierte Druck von oben. Tatsächlich wurde der Führungsnachwuchs damals noch überwiegend nach diesem Persönlichkeitsmuster rekrutiert. Selbst Anfang der 2000er Jahre, als erste Studien bereits thematisierten, wie sehr doch Belegschaften und Unternehmen unter Managern litten, die nur „by results“ führten aber ansonsten wenig bis gar keine Empathie zeigten, entgegnete mir ein Headhunter beim Erst-Interview für die Besetzung eines vakanten Vorstandspostens, er habe Zweifel an meinen Leadership-Fähigkeiten: Ich sei seines Erachtens nicht „Schwein“ genug, um langfristig in der C-Suite zu bestehen!

Ich muss gestehen, zunächst war ich irritiert und für einen Moment hatte ich sogar selbst in Erwägung gezogen, dass er vielleicht recht mit seiner Einschätzung haben könnte. Letztendlich aber hat mich dieser Kommentar nur noch mehr darin bestärkt, meinem Wesen und meinem Führungsstil treu zu bleiben. Heute würde man in diesem Zusammenhang von Authentizität sprechen. Zwar war ich damals noch nicht so erfahren wie der ein oder andere Haudegen um mich herum, aber trotzdem schon voller Überzeugung, dass es bei einer Spitzenkarriere auch ohne systematische Härte oder „Böse-Bube-Gehabe“ gehen musste. Ist es doch die vordringlichste Aufgabe eines C-Level-Managers die Richtung vorzugeben, herumbrüllen und Getöse helfen da nicht weiter, sondern sind kontraproduktiv.

In diesem Zusammenhang möchte ich Ihnen von einem Erlebnis der besonderen Art erzählen. Die Begebenheit liegt schon etwas zurück und so unglaublich die Story aus heutiger Sicht auch klingen mag, glauben Sie mir, alles hat sich damals exakt so zugetragen, nichts davon ist Übertreibung oder gar Fiktion:

Aus der Praxis

Also, ich war gerade erst frisch vom Finance Director zum CFO befördert worden, da bekam ich die Einladung zu einem internationalen Meeting, um dort vor dem weltweiten Management-Board unsere aktuellen Geschäftsergebnisse zu präsentieren. Für mich war das damals Premiere, mein CEO-Partner, der mich begleitete, war in solchen Dingen schon deutlich geübter. Er meinte, alles würde sicherlich so ablaufen wie immer und ich solle mir keine Sorgen machen, schließlich hätten wir ja für Deutschland eine starke Performance vorzuweisen.

Bereits bei der Ankunft in London gab es Gerüchte, unser globaler CEO sei tags zuvor von der Konzernzentrale in Paris mächtig angeschossen worden, weil er sich mit seinem letzten Forecast wohl zu sehr aus dem Fenster gelehnt und dann zwei Quartale lang nicht geliefert habe. Nun, wir ignorierten das Getuschel und blieben zunächst entspannt, unsere Zahlen stimmten ja.

Ein mulmiges Gefühl aber bekam ich, als kurzerhand die Meeting-Agenda über den Haufen geworfen wurde: Es hieß, statt der üblichen über den Tag verteilten Einzelmeetings mit unserem weltweiten Boss, er hieß Tom, würde es diesmal nur einen gemeinsamen „Workshop" mit allen angereisten Managern geben. Und als Tom wenig später bei der Begrüßung zu seiner Eröffnungsrede ansetzte, war klar: Nichts würde heute so sein wie immer!

Er war nämlich stinksauer und kam – sichtlich unter Druck – gleich zur Sache: Die globale Performance unseres Agentur-Networks sei mies und der Aufsichtsrat in der französischen Konzernzentrale habe ihn und seine Führungscrew deshalb jüngst bei der Vorlage der Quartalszahlen als „einen Haufen stinkender amerikanischer Schweine" beschimpft! Aber, so seine Schlussfolgerung, nicht er sei für den Schlamassel verantwortlich, sondern wir, also die im Raum versammelten Manager.

Während der folgenden dreißig Minuten ließ er dann seinem Frust freien Lauf und eine Schimpftriade nach der anderen hagelte auf uns herab. Als er schließlich fertig war meinte er, er habe jedem von uns noch ein „Geschenk" mitgebracht. Und das waren – Achtung aufgepasst –, überdimensionierte, grell-pinkfarbene Schweinenasenmasken! Jeder der im Raum Anwesenden – den weltweiten CEO natürlich ausgenommen – bekam eine solche Schweinenase in die Hand gedrückt. Dann wurde das Tagesziel ausgegeben, nämlich die Erstellung eines neuen, besseren Forecasts, mit dem der Boss zurück in die Konzernzentrale gehen und sich dort rehabilitieren konnte.

Anschließend bekamen alle eine Stunde Zeit, ihre Präsentationen zu überarbeiten und dann ging es los: Präsentiert wurde nacheinander im 30-Minuten-Takt Land für Land, und zwar vor versammelter Mannschaft. Um es kurz zu machen: Wessen Präsentation dazu beitrug die Gesamtplanung zu verbessern, war aus dem Schneider, die anderen mussten jedoch ihre Schweinenasenmaske überziehen und so lange auflassen, bis in einer der nächsten Runden das Ergebnis vom Chef abgenickt wurde. So ging das fast den ganzen Tag. Bemerkenswert übrigens fand ich bei diesem Treiben, wie selbstverständlich wir als gestandene Führungskräfte bereit waren, sich diese Anordnung und den damit verbundenen Peinlichkeiten zu unterwerfen. Glücklicherweise galt das nicht für meinen CEO-Partner und mich, denn wir hatten aufgrund unserer guten Präsentation bereits schon nach der ersten Runde den sicheren Hafen erreicht.

Aber das Finale stand noch aus: Am Ende des Meetings bekam nämlich jeder von uns eine Packung *Prozac* als Abschiedsgeschenk in die Hand gedrückt – ein damals in den USA frei verkäufliches Antidepressivum –, verbunden mit dem Hinweis, man solle sich diese Pillen vor dem nächsten Quartalsreview mit Tom reinpfeifen, wenn es einem wieder an Elan und Optimismus mangle.

Wohlgemerkt, wir reden hier von einer Begebenheit im Top-Management, also von vermeintlich kultivierten, gebildeten und beispielgebenden Menschen. Auf mich wirkte das Erlebte recht armselig und desillusionierend. Das also sollte der Umgang im C-Level sein, das Ziel meiner Karriereträume? Weit gefehlt! Nein, so wollte ich als Führungskraft keinesfalls werden.

Tatsächlich hat es ein paar Wochen gedauert, bis ich dieses Erlebnis vollends verarbeitet hatte. Etwas geholfen hat dabei auch die Nachricht, dass unser weltweiter Boss, Tom, nur kurze Zeit nach dem besagten Meeting gefeuert wurde. Übrigens: Meine Schweinenasenmaske von damals habe ich als mahnendes Sinnbild für hinfälligen Führungsstil bis heute aufbewahrt – als Relikt aus der Zeit der „harten Hunde" und „Silberrückenmännchen", die heute niemand mehr braucht.

Solche Zeiten sind zum Glück vorbei – zumindest größtenteils. Ja, das Führungsverständnis der C-Suite hat sich komplett gewandelt, auch wenn es natürlich stimmt, dass es nach wie vor erfolgreiche Unternehmen gibt, in deren Führungsetagen Empathie und Achtsamkeit nicht gerade besonders ausgeprägt sind. Und trotzdem steht es außer Frage:

CxO-Mindset

Strahlkraft hin oder her, selbst markige und machtbewusste Typen kommen nicht ohne Empathie aus, wollen sie denn langfristig im Führungsjob erfolgreich sein. Hingegen kann eine mitfühlende, empathische und emotional intelligente Führungskraft durchaus etwas stiller und zurückhaltender auftreten und auch von geringer Strahlkraft sein, ohne dass dies der Karriere abträglich ist.

An der Haas Business School der Universität Berkeley wurde hierzu eingehend geforscht und das Ergebnis untermauert diese These: Vorgesetzte, die sich durch extremes Selbstbewusstsein, markante Rhetorik und schroffes Führungsverhalten hervortun, machen auch nicht schneller Karriere als die Freundlichen, Einfühlsamen und Hilfsbereiten.[166]

Leaders eat last. Was es heißt, dienend zu führen

Exzellente Ausbildung, fachliche Kompetenz und smartes Auftreten machen also noch keine erfolgreiche Führungskraft aus. Allzu oft fehlt es Managern leider an Fingerspitzengefühl und an der Bereitschaft zu kritischer Selbstreflexion.

Unternehmerische Entscheidungen sind eben nicht immer nur von Vernunft geleitet, sondern auch von Gefühlen, den eigenen und denen anderer.

Deshalb braucht es in der Führung von Menschen neben dem Fachwissen vor allem das Zusammenspiel von emotionaler und sozialer Kompetenz. Damit gemeint ist die Fähigkeit, eigene Gefühle und die anderer zu erkennen, sie zu unterscheiden und das eigene Handeln so zu steuern, dass dadurch ein positiver Einfluss auf Mitmenschen entsteht. Als Führungskraft emotional intelligent zu sein bedeutet demnach, die Stimmung im Team nicht nur zu deuten, sondern auch die Fähigkeit zu besitzen, sie in eine gemeinsame Richtung zu lenken.

CxO-Mindset

Besonders seit der Corona-Krise gelten aus Sicht vieler Experten, Forscher und Personaler „Soft Skills" wie Empathie und Achtsamkeit als der neue Goldstandard für C-Level-Karrieren.

In der Tat sind Einfühlungsvermögen und die Sorge um das Wohlergehen und die Gesundheit der Mitarbeitenden die Verhaltenseigenschaften, die Führungskräfte während der Corona-Pandemie am meisten weiterentwickelt haben. Viele haben dabei ganz neue Seiten an sich entdeckt und schätzen gelernt. Die Herausforderung liegt nun darin, dieses Naturell dauerhaft beizubehalten.

Mit Blick auf aktuelle und künftig zu erwartende Werteverschiebungen bei den Beschäftigten wird der sogenannte „Empathic Leadership" bisweilen sogar als der einzig zukunftsfähige Führungsstil gefeiert. Auch belegen viele Studien, dass es einen eindeutigen Zusammenhang zwischen empathischem Führungsverhalten und Unternehmenserfolg gibt. Empathische Manager bewirken nachgewiesenermaßen ein insgesamt angenehmeres und menschlicheres Miteinander, was wiederum insbesondere die Innovationskraft im Unternehmen erhöht und Mitarbeitende zufriedener, loyaler und leistungsfähiger macht.[167]

Laut einer Studie der *Boston Consulting Group* wünschen sich Mitarbeitende von ihren Unternehmen vor allem eines: menschliche Chefs. Am meisten Wert legen die Beschäftigten bei ihren Vorgesetzten auf Zuhören, Einfühlungsvermögen und Rücksichtnahme.[168] Eine immer größere Rolle spielt emotionale Intelligenz bei Führungskräften auch im Hinblick auf stetig steigende Burn-out-Raten und die Zunahme von Angst- und Stresssymptomen im Arbeitsalltag.

CxO-Mindset

Künftige Führungspersönlichkeiten brauchen ein feines Gespür für die Befindlichkeiten, Motivationen, Einstellungen und Bedürfnisse ihrer Mitmenschen und müssen in der Lage sein, ihre eigenen Interessen und Wehwehchen zunächst hintanzustellen.

Mitarbeitende werden solchen Managern gerne folgen und gerne mit ihnen zusammenarbeiten, weil sie sich verstanden, ernst genommen und vor allem wertgeschätzt und gefördert fühlen – das sind oft unterschätzte Grundbedürfnisse, die in uns allen stecken.

Die gute Nachricht: Emotionale Intelligenz kann mittels Trainings erlernt werden. Ich gebe gerne zu, auch ich hatte in derlei Hinsicht durchaus Nachholbedarf. Dabei war meine Karriere schon um einiges fortgeschritten, bis mir vollends bewusst wurde, dass Loyalität und Leistungsbereitschaft im Team ganz wesentlich davon abhängen, dass man als Vorgesetzter seinen Mitarbeitenden ehrliches und zugewandtes Interesse entgegenbringt.

Übrigens: Die Fähigkeit, sich in den Kopf des anderen zu versetzen, dessen Ziele und Intentionen zu verstehen und die Welt aus dessen Blickwinkel zu betrachten, wird in der Management-Forschung als „Perspective-taking" bezeichnet und entpuppt sich aus Sicht von Experten immer mehr als Schlüssel, um als Führungskraft erfolgreich und ein guter Chef zu sein.[169] Was mich sodann zum nächsten Punkt bringt:

Empathie wird nämlich oft missverstanden. Einfühlsam zu sein bedeutet mitnichten Mitarbeitende nur noch mit Samthandschuhen anzufassen.

Über emotionale Intelligenz zu verfügen, schließt daher nicht aus, wenn erforderlich auch unbequeme und unpopuläre Entscheidungen treffen zu können. Gerade Menschen mit hoher emotionaler und sozialer Intelligenz zeichnet aus, schwierige Entscheidungen auch im empathischen Bewusstsein ihrer Konsequenzen zu treffen, statt, wie leider zu oft, nur rationale Gründe oder die Sorge um den eigenen Karrierefortschritt in den Fokus zu stellen. Vor allem in schwierigen Unternehmenssituationen ist dies ein probates Mittel, um den Zusammenhalt zwischen der Führungsetage und der Belegschaft zu stärken. Übrigens eine Erfahrung, die ich im Verlauf meiner Karriere mehrmals machen durfte bzw. musste, etwa wenn Restrukturierungen oder Reorganisationen im Unternehmen unausweichlich waren.

Insofern besteht zwischen Empathie und Autorität meines Erachtens auch keinerlei Widerspruch, beides sollte stattdessen immer in Rufweite zueinander stehen, insbesondere in schwierigen Zeiten.

Der Ton macht die Musik. Empathie und Kommunikationskompetenz

Ständige Veränderung stresst jede Organisation, und je veränderlicher die Rahmenbedingungen in der Geschäftswelt werden, desto wichtiger sind empathische Führungskräfte, die zuhören, integrieren, moderieren und dafür Sorge tragen, ihre Mitarbeitenden mitzunehmen. Sie zeigen ihrem Team unmissverständlich, wohin die Reise geht. Solche Führungspersönlichkeiten sind stets sichtbar und laden zur Kommunikation ein.

In einer Studie der Freien Universität Berlin wurde die Bedeutung der C-Level-Kommunikation untersucht, insbesondere im Hinblick auf das Ansehen und Image von CEOs.[170] Das Ergebnis:

CxO-Skillset

Unternehmenslenker können durch den Aufbau und die intensive Pflege von persönlicher Kommunikation ihrem Image messbar auf die Sprünge helfen, nach außen hin in der Öffentlichkeit, aber vor allem innerhalb des Unternehmens.

Es konnte nachgewiesen werden, dass regelmäßiger und intensiver persönlicher Kontakt zu den Mitarbeitenden und offenes und zugewandtes Auftreten unmittelbar positive Auswirkungen auf das Image des Top-Managements haben. Die Folge: Es entsteht eine starke Vertrauensbasis zwischen Unternehmensführung und Belegschaft. Hingegen finden der Studie zufolge Eigenschaften von C-Level-Managern, die eher mit Aktivität, Energie oder Kraft assoziiert werden, also Tatendrang, Willensstärke oder Aufbruchsstimmung, bei den Beschäftigten deutlich weniger Akzeptanz.

Interessant ist übrigens auch, dass empathische Führungskräfte seltener im Homeoffice zu finden sind. Sie sind lieber vor Ort präsent und suchen die leibhaftige Nähe zu ihren Teams. Nach mehr als zwei Jahren Pandemie ist das ein nicht zu unterschätzender Punkt. Viele Manager haben zum Beispiel ihre während der Corona-Krise neu eingestellten Mitarbeiter noch nie persönlich getroffen. Die Krux dabei ist: Der Aufbau einer wirklich guten und vertrauensvollen Beziehung ist eine riesige Herausforderung und braucht viel persönliche Kommunikation. Das lässt sich aber nach meinem Dafürhalten online nur unzureichend bewerkstelligen.

CxO-Skillset

Selbst wenn Vorgesetzte das Führen auf Distanz par excellence beherrschen, müssen Neuankömmlinge im Team meist noch sehr viel über Kommunikation und Zusammenarbeit lernen.

Nur der persönliche Austausch, die sprachliche wie nichtsprachliche Kommunikation zwischen Anwesenden und ihre physische Nähe ermöglichen vielfältige Dialog-Interpretation und unmittelbare Rückmeldung. Insbesondere bei jüngeren Mitarbeitenden oder Berufsanfängern sind dies ganz wichtige Rahmenbedingungen für die Entwicklung empathischer Kommunikationskompetenzen. Das isolierte Arbeiten im Homeoffice aber beraubt sie zusehends der Möglichkeit, sich als Mensch aus „Fleisch und Blut“ zu präsentieren.

Es stehe außer Frage: Wer bei Mitarbeiterführung auf Empathie setzt, für den wächst der kommunikative Aufwand enorm. Von den Chefs wird vor allem erwartet, dass sie stets ein offenes Ohr haben. Führen bedeutet also in erster Linie Zeit nehmen, aufmerksam Zuhören und Rücksicht nehmen auf persönliche Befindlichkeiten. „Höre mehr, als du sprichst", so hat Richard Branson, britischer Milliardär und Eigentümer der *Virgin*-Gruppe, seinen Führungsstil einmal in fünf Wörtern zusammengefasst. Wer eine große Führungskraft sein wolle, für den sei es wichtiger, ein großartiger Zuhörer als ein gewandter Sprecher zu sein. Niemand habe je etwas dabei gelernt, wenn er oder sie sich selbst beim Sprechen zugehört habe, so Branson.[171]

CxO-Skillset

Da C-Level-Manager in erster Linie gerne als proaktive Macher wahrgenommen werden wollen, müssen sie lernen, Zuhören nicht als passives Verhalten anzusehen. Für Führungskräfte bedeutet Zuhören stattdessen aktives Wahrnehmen, um zu verstehen.

Dabei geht es nicht nur um das, *was* gesagt wurde, sondern auch um das, *was nicht* gesagt oder vielleicht nur zwischen den Zeilen angedeutet wurde. Mindestens genauso wichtig wie das Reden ist daher das Zuhören eine wichtige Schlüsselkompetenz von C-Level-Managern, um im Führungsalltag Spannungen abzubauen, aus Sackgassen herauszukommen und von seinem Team zielgerichtet Informationen für die bestmöglichen Lösungen zu bekommen.

Kommen wir vom aktiven Zuhören nun zur direkten Ansprache. Empathie bedeutet insbesondere achtsam zu kommunizieren und die Wirkung seiner eigenen Worte und seiner Körpersprache auf andere abzuschätzen. Im Rahmen meiner Karriere habe ich immer wieder beobachten können, dass es beim Management von Veränderungsprozessen tatsächlich mehr darauf ankommt, **wie** kommuniziert wird als auf das, **was** kommuniziert wird.

Die goldene Regel dabei lautet: Umso mehr und besser Mitarbeitende informiert sind, umso eher sind sie in der Lage, mit unangenehmen Botschaften oder einschneidenden Veränderungen fertig zu werden. Transparenz und Direktheit in der persönlichen Ansprache spielen dabei eine wichtige Rolle. Dazu gehört es auch, einmal eigene Schwächen und Fehler zuzugeben. Im Grunde genommen ist es recht simpel: Als Führungskraft müssen Sie den Menschen mit einfachen Worten klar sagen, was sie zu erwarten haben und wo die Reise für sie hingeht.

Apropos Direktheit: Führungskräfte, insbesondere solche meiner Generation, können in derlei Hinsicht noch viel von den Kommunikationsmethoden der Jüngeren lernen. Sie formulieren nämlich viel klarer, was sie selbst erwarten und was ihnen gefällt oder missfällt.

CxO-Skillset

Kommunikation ohne Umschweife ist für C-Level-Manager besonders dann wichtig, wenn Mitarbeitende bei Entscheidungsfindungen verstärkt miteinbezogen und über Ziele geführt werden sollen.

Wenn Verantwortung übertragen wurde und gesteckte Ziele nicht erreicht werden, dann liegt das eben nicht mehr in erster Linie am Führungsversagen des Vorgesetzten, sondern an dem Mitarbeiter selbst. Das hilft der Führungsebene, sich ein Stück weit aus dem Zwiespalt zu befreien, einerseits alleinverantwortlich den Kopf für das Erreichen oder Nichterreichen von Businesszielen und den daraus resultierenden Konsequenzen hinzuhalten, andererseits aber stets zugewandt, weich und empathisch zu sein. Insofern darf empathische Mitarbeiterführung nie als Einbahnstraße verstanden werden.

Von Goldlöckchen und Schneeflöckchen

Keine Frage, emotionale Intelligenz ist eine der wichtigsten Leadership-Kompetenzen unserer Zeit. Wie so oft in der Führungsarbeit, so gilt es auch hier, das richtige Maß zu finden und nicht über das Ziel hinauszuschießen, die Mitarbeitenden also nicht zu sehr zu verhätscheln.

Wer Empathie und Achtsamkeit falsch oder im Übermaß einsetzt, kann als C-Level-Manager sogar Schaden davontragen.

Und richtig problematisch kann es für eine Führungskraft dann werden, wenn „Goldlöckchen" auf „Schneeflöckchen" stoßen. Was ich damit meine, ist Folgendes:

Die sogenannte „Goldlöckchen-Zone" ist ein Begriff aus dem angelsächsischen Sprachraum, und zwar in Anlehnung an das englische Märchen *Goldilocks and the Three Bears*, in dem das richtige Mittelmaß zwischen zwei Extremen zu finden eine Rolle spielt. Übertragen auf die Welt des Managements bedeutet das, als Führungskraft eine Art effektive Zone zu finden, wo der Führungsstil weder zu emphatisch noch nicht empathisch genug ist.

Der unmittelbare Zusammenhang zwischen dem Nettigkeitsgrad von C-Level-Managern und dem Unternehmenserfolg wurde von Sucheta Nadkarni, Professorin an der Universität Cambridge, und ihrem Forscherteam in einer Studie wissenschaftlich belegt.

CxO-Mindset

Die Goldlöckchen-Zone ist demnach der Bereich extremer Mitte, wo empathische Führung ihre optimale Wirkung entfaltet. Außerhalb dieses Terrains führt beides, also entweder zu nettes oder nicht genügend nettes Führungshandeln, zu schlechteren Ergebnissen als innerhalb.[172]

Ganz ähnlich gelagert ist das Ergebnis einer Studie der University of Chicago im Hinblick auf erfolgversprechende Persönlichkeitseigenschaften von CEOs.[173] Laut dieser Untersuchung haben Führungskräfte mit hohen Sympathiewerten vergleichsweise bessere Chancen, im Auswahlverfahren um eine C-Level-Position zum Zuge zu kommen, jedoch führt Nettigkeit alleine im Führungsalltag zu suboptimalen Ergebnissen: Wenn CEOs mit überdurchschnittlich ausgeprägter emotionaler und sozialer Intelligenz ihr nettes Wesen bei der Führungsarbeit zu sehr einsetzen, erzielen sie signifikant schlechtere Unternehmensergebnisse als Chefs, die ihre Mitarbeitenden mit deutlich wenig Einfühlungsvermögen, dafür aber mit klarer Ergebnis-Orientierung führen.

Kommen wir zu den „Schneeflöckchen“. Mit diesem Begriff umschreiben Headhunter und Personaler zuweilen die heutige Generation der Berufseinsteiger: Zerbrechliche Geschöpfe, die keinem Druck standhalten und dahinschmelzen, wenn es um sie herum einmal schwierig wird oder heiß zugeht. Kurzum: Kein Mumm, kein Biss, nicht karriereorientiert genug. Sie taugen demnach kaum zur Führungskraft, so die landläufige Meinung.

Auch wenn dieses Bild vielleicht etwas überpointiert daherkommt, so trifft es meines Erachtens doch einen wichtigen Nerv: „Purpose“ und die eigenen Belange in den Vordergrund zu stellen, getreu dem Motto „Arbeiten, um zu leben, statt Leben, um zu arbeiten“, ist vollkommen O.K. Doch leider verlieren Hochschulabsolventen und andere junge Berufseinsteiger bei ihrem Ansinnen, die Arbeitswelt zu revolutionieren, allzu leicht aus dem Blick, dass es wichtig ist, auch selbst Verantwortung für das Fortbestehen und die Weiterentwicklung der Firma zu übernehmen, die einen eingestellt hat.

Sicherlich sind kürzere Arbeitszeiten, mehr Urlaub oder ein firmengesponsertes Yoga-Retreat eine sinnvolle Sache und kommen sowohl der Stimmung im Team als auch der Work-Life-Balance zugute. Aber immer nur den Kuschelkurs einzufordern, getreu dem Motto „Sabbatical statt Sonderschicht“, ist ein Problem.

CxO-Mindset

Gewinnorientierte und in scharfem Wettbewerb stehende Firmen können und dürfen nicht vorrangig zu Wohlfühloasen von Mitarbeitenden werden, denen es ausschließlich um die Erfüllung eigener Bedürfnisse geht.

Vermutlich ahnen Sie schon, auf welchen Punkt ich hinaus will: Heutzutage kennen viele junge Talente meist nur den trendigen Kuschelkurs der Firmen. Werden sie dann aber von ihrem Management einmal mit berechtigter Kritik konfrontiert, wird das meist als unangemessene Härte gewertet. Das Dilemma für die Führungskräfte dabei ist: Wurde zuvor der Bogen im Hinblick auf Empathie und Wohlfühlatmosphäre überspannt, ist das Team kaum noch dazu zu bringen, sich für die Firma ins Zeug zu legen, gesetzt den Fall, dass es dort tatsächlich einmal brenzlig wird. Den Vorgesetzten fehlt dann schlichtweg die Autorität für klare Ansagen.

Wenn Chefs also den „Sweet Spot" der Goldlöckchen-Zone nicht selbstsicher treffen und zudem vermehrt auf besagte „Schneeflocken" treffen, gerät ihr Führungshandeln unweigerlich in eine Sackgasse.

Im schlimmsten Fall kann das sogar zu einer Notsituation im Unternehmen führen – nicht akut, aber schleichend. Für C-Level-Manager liegt daher die eigentliche Herausforderung empathischer Führungsarbeit darin, die divergierenden Interessenlagen zwischen der Generation „früher war alles besser" und Generation „Schneeflocke" in Einklang zu bringen.

Ergo: Empathie und Achtsamkeit haben ihren Preis. Und genau das gilt es der „Jugend von heute" – bitte verzeihen Sie mir diese Phrase – zu vermitteln. Aber wie? Nun, indem man ihnen zuhört, sie und ihre Anliegen ernst nimmt, sie in möglichst viele Entscheidungen mit einbezieht, ihnen Verantwortung überträgt und Ergebnisse produzieren lässt, an denen sie sich messen lassen müssen.

Selbstverständlich kann es regelmäßige Events, Wohlfühloasen und Rundum-sorglos-Pakete in den Unternehmen geben, aber eben nicht nur. All das ist keine Selbstverständlichkeit, sondern eher als Belohnung dafür zu sehen, sich reinzuhängen, Engagement zu zeigen und dafür zu sorgen, dass die Performance stimmt, und zwar auf allen Ebenen.

Take-Aways

Das Wohlfühlerlebnis jedes Einzelnen sollte daher sehr davon abhängen, wie die individuellen Leistungsergebnisse sind. Und das ist dann wie beim Abnehmen im Rahmen einer Diät: Die Resultate hängen ganz davon ab, wieviel ich bereit bin, dafür zu tun.

Mindfulness – Das neue Selbstverständnis für den C-Level

Bereits vor einigen Jahren schon hat Matthias Horx, Trendforscher und Gründer des *Zukunftsinstituts*, in seiner Einleitung zum *Zukunftsreport 2016* den sich damals abzeichnenden Megatrend „Achtsamkeit" wie folgt umschrieben: „In einer überfüllten, überreizten und überkomplexen Welt müssen wir lernen, uns auf neue Weise auf uns selbst zu besinnen".[174] Was Horx als gesellschaftlichen und soziokulturellen Trend hat auf uns zukommen sehen, ist für C-Level-Manager von heute eine unerlässliche Anforderung:

Wer andere empathisch führen will, muss vor allem lernen, sich selbst zu führen, braucht also in erster Linie Empathie sich selbst gegenüber.

Aber: Sich selbst nachsichtig, mitfühlend, sorgsam, geduldig und freundlich zu begegnen ist erfahrungsgemäß leichter gesagt als getan.

Und das bringt uns zum nächsten Punkt: Es lohnt sich nämlich, wenn Führungskräfte in Achtsamkeit – im Manager-Jargon auch „Mindfulness" genannt – investieren. Zahlreiche Studien belegen die positiven gesundheitlichen und leistungssteigernden Effekte von Achtsamkeitsübungen. Wissenschaftler aus Singapur haben beispielsweise nachgewiesen, wie sich Achtsamkeitstrainings von Führungskräften auf die Belegschaft auswirken. Das Ergebnis: Je achtsamer Chefs sind, umso besser ist die Work-Life-Balance ihrer Mitarbeiter, umso höher deren Leistungsfähigkeit und umso geringer das Risiko, dass sich die Betroffenen emotional erschöpft fühlen oder Fehler machen.[175]

CxO-Mindset

Achtsame Führungskräfte helfen, Burnout und psychischen Erkrankungen in ihren Teams vorzubeugen.

Die Bedeutung der Achtsamkeit für die Entwicklung von Leadership-Kompetenzen steht außer Frage. Laut der gegenwärtigen Führungsforschung sind achtsame Führungskräfte nachweislich die besseren und leistungsfähigeren Chefs. Sie wissen, dass Empathie dem Menschen guttut, gleichzeitig aber verstehen sie es, sich davor zu schützen, von ihren oder den Emotionen anderer aus der Bahn geworfen zu werden.

Wer stärker auf sich, seine Gefühle und seine Umgebung achtet, kann schneller Gegenmaßnahmen ergreifen und so besser mit Stress, Krisensituationen, emotionalen Blockaden und Ähnlichem umgehen.

Im Ergebnis führen Achtsamkeitsübungen bei Führungskräften zu mehr Aufmerksamkeit, innerer Balance, klareren Entscheidungen und konstruktiveren Lösungen. Achtsame Manager haben gelernt, gegenwärtige Ereignisse und Erfahrungen, egal ob sie positiver oder negativer Natur sind, auf offene und unvoreingenommene Weise wahrzunehmen. So gelingt es ihnen oft, in Problemen bereits schon Ansatzpunkte für Lösungen zu sehen.[176]

Achtsamkeit als Kontrapunkt zur Digitalisierung

Ähnlich wie andere Leadership-Kompetenzen ist auch emotionale Intelligenz – und hier speziell die Fähigkeit zur Achtsamkeit – nicht jedem angeboren, d. h. man kann und muss sie trainieren wie einen Muskel. Interessanterweise sind immer wieder dort die meisten Widerstände und Vorbehalte gegen Achtsamkeitstrainings zu beobachten, wo sie am meisten vonnöten wären, nämlich bei Top-Managern, die unter Dauerstrom stehen.

Gerade bei Führungskräften in IT- und Technologieunternehmen hat man es oft mit Ressentiments zu tun. Schließlich gehe es in der Branche ja um Fakten, Systeme, Strukturen und digitale Prozessoptimierung, insofern sei hier kein Platz für Meditation oder ähnlichen Hokuspokus, so die üblichen Einwände. Tatsächlich neigen insbesondere Führungskräfte aus dem Tech-Sektor dazu, quantitativen und kognitiven Kompetenzen in ihrem Umfeld mehr Bedeutung beizumessen als zwischenmenschlichen Fähigkeiten.

Insbesondere bei Führungskräften von Plattformbetreibern und sozialen Netzwerken lässt sich ein solches Empathie-Problem beobachten. Aktuell verstärkt wird dieser Effekt noch durch einen weiteren Trend, nämlich die Simulation menschlicher Auffassungsgabe durch Computer und maschinelles Lernen mittels KI und AI, also künstlicher bzw. artifizieller Intelligenz.

CxO-Mindset

Unternehmen müssen die Förderung emotionaler und sozialer Kompetenzen von Führungskräften zu einem zentralen Thema ihrer Leadership-Agenda machen – weniger Big Tech, mehr Human Skillset. Achtsamkeit ist also in gewissem Sinne die Gegenbewegung zur Digitalisierung.

Das Übermaß an Information und Meinung und eine bis hin zur Entfremdung führende permanente Konnektivität aller Lebens- und Wirtschaftsbereiche ist für Führungskräfte eigentlich nur noch auszuhalten, wenn sie parallel lernen, sich immer wieder neu auf sich zu besinnen.

Kontinuierlich gilt es, Körper, Geist und Seele durch Entspannung, Gelassenheit und Einkehr zu stärken. Und das, liebe Bedenkenträger und Neinsager, hat mitnichten etwas mit Esoterik, New Age oder religiös-spiritueller Erleuchtung zu tun. Auch wenn viele Achtsamkeitsmethoden im fernöstlichen Buddhismus ihren Ursprung haben, besteht ihr Erfolg und ihre Wirkung unabhängig von jeglichem religiösen oder esoterischen Kontext. Und natürlich hat Achtsamkeit auch etwas mit Spiritualität zu tun, haben doch beispielsweise Yoga und Meditation in den letzten Jahren unweigerlich den Boden dafür bereitet.

In welcher Form auch immer diese Techniken angewendet werden, sie gehören heutzutage zur selbstverständlichen Grundlage vieler Achtsamkeitsübungen.

Anders als im klassischen Buddhismus aber liegt das Ziel der Achtsamkeit nicht in der Auflösung des Ich, sondern in der Wiederentdeckung des Selbst.

Das Angebot an Achtsamkeitstrainings, -methoden, -ratgebern, Apps und Seminaren für Berufstätige und Führungskräfte ist umfangreich. Zugegebenermaßen gibt es nur wenige Angebote, die auf die spezifischen Belange und Anforderungen des Top-Managements zugeschnitten sind. Man ist also gut beraten, zunächst einmal ausgiebig zu recherchieren und dann im persönlichen Kontakt, etwa zu einem Coach, zu erspüren, wie vertrauenswürdig und individuell passend die jeweilige Methode oder Person ist.

Persönlich möchte ich an dieser Stelle eigentlich nur eine Empfehlung aussprechen, da es sich um eine einfache und sanfte Achtsamkeitsmethode handelt, die relativ leicht und ohne Vorkenntnisse zu erlernen ist. Die Rede ist von der sogenannten „*Sedona-Methode*". Sie eignet sich insbesondere dafür, um Gedanken, Gefühle und körperliche Empfindungen in Stresssituationen wieder in innere Balance zu bringen. Auch lassen sich eingefahrene Verhaltensautomatismen damit schnell und effizient korrigieren. Die *Sedona-Methode* wurde in ihren Grundzügen bereits in den 1950er Jahren von dem amerikanischen Physiker und Unternehmer Lester Levenson entwickelt und dann von einem seiner Schüler, dem späteren Gründer des Weiterbildungsinstituts *Sedona Training Associates*", Hale Dwoskin, professionalisiert. Eine umfassende Einführung in diese Methode gibt ein auf deutsch erschienenes Buch, welches ich hier gerne als Lektüre weiterempfehle.[177]

Wir fassen zusammen: Für eine erfolgreiche C-Level-Karriere ist unangemessene Härte ebenso out wie starrköpfige und old-schoolige Führung, deren einziger Bestimmungsgrund darin liegt, Gewinn- und Shareholder Value-Targets durchzupeitschen – koste es was es wolle. Empathie hingegen ist eine entscheidende Fähigkeit emotional intelligenter, oder sagen wir besser human intelligenter Leader. Wenn aber empathische Führung zum Selbstzweck verkommt und Top-Manager sich als Wellness-Gurus beim Kuschelkurs in den von ihnen geschaffenen Wohlfühloasen verirren, kann das zur existenziellen Gefahr für ein Unternehmen bzw. für eine C-Level-Karriere werden.

Take-Aways

Empathie ist nämlich ganz und gar nichts für konfliktscheue Weicheier, sondern eine Führungsnotwendigkeit für entschlossene Chefs, talentiert im Zuhören, aber auch in der ehrlichen Aussprache.

Noch mehr als Yogakurse, Obstkörbe oder das tägliche Feierabendbier brauchen gerade jüngere Beschäftigte Vorgesetzte, die Orientierung geben und persönliches Wachstum fördern. Zugewandte und dienende Führung folgt dabei dem Prinzip von Zuhören, Einbeziehen und Verantwortung übertragen. Das stärkt die berufliche Identität und die Identifikation junger Menschen mit einer dann als sinnhaft empfundenen Arbeit. Im Idealfall weckt das bei ihnen auch die Lust und Ambition auf mehr Eigen- und Unternehmensverantwortung.

Take-Aways

Herausragende Leader stärken aber nicht nur die intrinsische Motivation ihrer Teams, sondern wissen auch ganz genau, wann Mitarbeitende mit welcher extrinsischen Motivation zu Höchstleistungen geführt werden können, etwa mit dem richtigen Timing für eine Sonderzahlung oder zusätzlichen Urlaubstagen für eine Familienauszeit.

Leadership ist eine Kompetenz, die erlernbar ist und aus vielen verschiedenen Komponenten besteht. Empathie ist ein Aspekt davon. Gepaart mit Achtsamkeit ist sie eines der entscheidenden Merkmale erfolgreicher C-Level-Karrieren. Zugleich nimmt sie im Kompetenzportfolio von Führungskräften eine Schlüsselrolle ein. Es ist nämlich immer wieder erstaunlich zu sehen, was alles möglich ist, wenn Führende die Empathie ins Spiel bringen und Menschen hinter sich versammeln. Empathie hat deshalb eine wichtige, verbindende Funktion. Sie ist die Grundlage dafür, dass andere Erfolgsmerkmale wie etwa Geduld, Vertrauen oder Reflexionsfähigkeit ihre volle Wirkung überhaupt erst richtig entfalten können.

Take-Aways

Eine emotional wie sozial intelligente, emphatische und mit sich selbst wie mit anderen achtsam umgehende Führungskraft zu sein ist nicht nur gut für einem selbst, sondern wirkt sich auch unmittelbar positiv auf das Wohl und die Leistungsfähigkeit der Mitarbeitenden und damit auf den Unternehmenserfolg aus.

Last, but not least sind Achtsamkeitsübungen wahrhaftig kein Manager-Kokolores, sondern gehören heute wie selbstverständlich in den Werkzeugkoffer eines jeden eigenverantwortlichen C-Level-Managers oder denjenigen, die das noch werden wollen.

Kapitel 14:
Agilität. Die Kraft der Veränderung

„Der Mensch wächst mit seinen Aufgaben, aber manchmal wachsen diese schneller als er."

Ernst Reinhardt, Publizist

Business as unusual. Raus aus der Schockstarre

Ich hatte bereits in Kapitel 10 im Zusammenhang mit dem Merkmal „Selbstreflexion" thematisiert, wie sehr die Rahmenbedingungen der VUKA-Welt Einfluss nehmen auf die Unternehmensführung und die Rolle der C-Level-Manager. Auch wenn mittlerweile eigentlich niemandem mehr erklärt werden muss, wofür das Akronym *VUKA* bzw. im Englischen *VUCA* steht, so ist es doch interessant einen Blick darauf zu werfen, welchen Ursprung der Begriff hat und wie er gegenwärtig einzuordnen ist.

Bereits im Jahr 1985 sprechen Warren Bennis und Burt Nanus, beide Wirtschaftswissenschaftler und Universitätsprofessoren, Bennis zudem hochdekorierter Offizier der US Army, in ihrem Buch *Leaders. The Strategies For Taking Charge* über die Herausforderungen von verschiedenen externen Einflüssen für Management und Leadership.[178] Der eigentliche Begriff *VUCA* – „**v**olatility", „**u**ncertainty", „**c**omplexity", „**a**mbiguity" – entstand allerdings erst etwas später in den 1990er Jahren am *United States Army War College*. Dort war es Herbert F. Barber, der im Rahmen seiner Lehren und Vorlesungen zur strategischen Kriegsführung den Begriff zum ersten Mal verwendete. Er beschrieb damit die multilaterale Welt nach dem Ende des sogenannten „Kalten Krieges". Im Jargon des amerikanischen Militärs steht VUCA auch heute noch stellvertretend für asymmetrische Kriegsführung, wo sich gegenwärtige Bedingungen nicht mehr mit den klaren Frontlinien vergangener Schlachten vergleichen lassen, in denen zwei große Heere aufeinandertrafen. Guerillakrieg und Untergrundkämpfe sind klassische Beispiele dafür.[179] Der Begriff VUCA breitete sich nach und nach auch in andere Bereiche der strategischen Führung aus, insbesondere in der Unternehmensführung. Heutzutage wird über die VUCA-Merkmale meistens im Zusammenhang mit der Digitalisierung oder anderen disruptiven Umbrüchen gesprochen.

Einst gehörte es zur Normalität, dass Märkte stabil waren und Kundenverhalten sich kaum veränderten. Ganze Generationen von Top-Managern konnten so ihre Unternehmen mittels einfacher Grundprinzipien des Führungsverhaltens und auf Grundlage von soliden Business-Plänen in vergleichsweise ruhigem Fahrwasser von einem Erfolg zum anderen führen. Geschäftsmodelle wurden langsam und nur graduell weiterentwickelt, über grundlegende Veränderungen wurde gegebenenfalls im 5-Jahresrhythmus entschieden.

Aber die alten Konzepte greifen in der VUKA-Welt nicht mehr. Die neue Ordnung fordert Führungskräfte stattdessen heraus, bislang unbekannte Strategien und Konzepte zu erproben, damit sich ihre Firmen auch weiterhin im Umfeld grundlegender technologischer Veränderungen behaupten können. Heute treten quasi über Nacht neue Player auf den Plan, meistens ausgestattet mit ebenso viel Venture Capital wie disruptiver Technologiekompetenz. Damit machen sie den etablierten Unternehmen im Handumdrehen die jahrzehntelang verteidigte Marktführerschaft streitig. Auch werden praktisch unverrückbare Partnerschaften mit Kunden und Lieferanten abrupt und unerwartet auf eine harte Probe gestellt, wenn diese selbst mit erhöhtem Anpassungsdruck in ihrem Umfeld konfrontiert werden.

Es steht außer Frage, dass es seit eh und je zu den Kernaufgaben des Top-Managements gehört, mit Wandel umzugehen und frühzeitig Trends zu erkennen. Doch zweifellos üben Digitalisierung und technologische Umbrüche heutzutage noch zusätzlich einen enormen Druck auf Unternehmen und Führungskräfte aus. Veränderungen in einem Wirtschaftszweig springen unvermittelt auf andere Branchen über. Dadurch wird der Wettbewerb plötzlich asymmetrisch und Konkurrenten und Widerstreiter kommen aus allen, auch aus zuvor nie für möglich gehaltenen Richtungen.

In einer Welt, die durch derart rapiden Wandel gekennzeichnet ist, werden alte Paradigmen hinfällig, ja, sie können für ein Unternehmen im Extremfall sogar regelrecht toxisch werden.

CxO-Mindset

Wenn Führungskräfte nicht den Mut aufbringen, bisheriges Verhalten über Bord zu werfen und stattdessen weiterhin ausschließlich an ihren angestammten Führungsgrundsätzen festhalten, werden sie für ihre Sorglosigkeit bestraft werden. Ihnen droht ein böses Erwachen.

Der Ausgang vieler disruptiver Umbrüche ist heute noch nicht absehbar und auch die exakte Prognose künftiger unternehmerischer Anforderungen ist zu einer mehr oder weniger unlösbaren Führungsaufgabe geworden. Das Mindset von Unternehmenslenkern muss deshalb mit einem soliden Portfolio an zukunftsgerichteten Eigenschaften und wandlungsfähigen Kompetenzen ausgestattet sein. Nur so können Führungskräfte die notwendigen Paradigmenwechsel vollziehen und Unternehmen aus ihrer Schockstarre befreien. Dabei ist nach Ansicht vieler Experten die strategische Antwort auf VUCA wiederum VUCA. Dieses Mal allerdings wird der eher negativen Merkmalsbeschreibung eine positive gegenübergestellt: Die vier Buchstaben stehen nun nämlich für „**v**ision" („Vision"), „**u**nderstanding" („Verstehen"), „**c**larity" („Klarheit") und „**a**gility" („Agilität").[180]

Auf das Thema Agilität und seine Relevanz für den Verlauf von C-Level-Karrieren möchte ich in diesem Kapitel ausführlich eingehen, gilt agile Führung doch in der gegenwärtigen Transformations-Diskussion allenthalben als der neue Königsweg hin zur optimalen Organisationsform.

Agilität – Zeitgeist-Merkmal der Digitalisierung

Der Agilitäts-Begriff leitet sich aus dem lateinischen Wort „agilis" ab und bedeutet so viel wie gewandt, wendig und flink zu sein. In den letzten Jahren ist in Verbindung mit der fortschreitenden Digitalisierung der Geschäftswelt eine regelrechte **Agilitäts-Hysterie** entbrannt.

Alles und jedes will agil sein oder es ganz schnell werden – Projekte, Teams, Berater, Tools etc. Hinter diesem Hype steckt aber mitnichten eine Errungenschaft des 21. Jahrhunderts, denn das Konzept der Agilität ist beileibe nicht neu, sondern existiert bereits seit über 70 Jahren in unterschiedlichsten Facetten und Ausprägungen.

Das sogenannte „AGIL-Schema" wurde ursprünglich in den 1950er Jahren von dem amerikanischen Soziologen Talcott Parsons entwickelt, ist dann aber viele Jahre in Vergessenheit geraten. Parsons hat damals in seinen Studien herausgefunden, dass Gruppen oder Organisationen nur dann dauerhaft Bestand haben, wenn sie vier grundlegende Funktionen zur Selbsterhaltung erfüllen: **A**daptation (die Fähigkeit, auf veränderte äußere Bedingungen zu reagieren), **G**oal Attainment (die Fähigkeit, eigene Ziele zu definieren und diese gemeinschaftlich zu verfolgen), **I**ntegration (die Fähigkeit, eine vielfältige Gemeinschaft, herzustellen und deren Zusammenhalt im Innern abzusichern) und **L**atency (die Fähigkeit, dauerhaft innere Ordnung zu gewährleisten sowie grundlegende Werte und Normen auszubilden und aufrechtzuerhalten).[181]

In den 80er und 90er Jahren wurde das AGIL-Schema wiederentdeckt und nach und nach in die Wirtschaft und dort auf die einzelnen Unternehmensbereiche übertragen, zuerst in die Produktion, dann in die Software-Entwicklung und später ins Projektmanagement.

CxO-Mindset

Eine relativ neue Entwicklungslinie der Agilität beschäftigt sich mit dem Führungsverhalten auf Top-Management-Ebene. Begriffe wie „Agile Leadership", „Agile Mindset", „Agile Transformation" oder „Management 4.0" zeigen, dass Agilität aktuell regelrecht eine Renaissance erlebt.

Wen wundert's: Es ist vor allem der Digitalisierung, der Corona-Pandemie und dem Klimawandel geschuldet, dass Unternehmen und C-Level-Manager tagein tagaus vor immer wieder neue Herausforderungen gestellt werden. Und seit dem kriegerischen Überfall Russlands auf die Ukraine müssen wir leider feststellen, dass disruptive Bedrohungen immer noch größer werden können und dass der gesellschaftliche und unternehmerische Status quo in keinen Bereich mehr Bestand zu haben scheint. Bisherige Wertschöpfungsketten und Geschäftsmodelle werden ebenso auf den Kopf gestellt wie angestammte Organisations- und Führungsprinzipien in den Unternehmen. Top-Manager finden sich deshalb oft in einer Führungsrolle wieder, die paradoxe Anforderungen mit sich bringt: Einerseits die Notwendigkeit, Gutes zu bewahren, andererseits das klare Bekenntnis zur Unabwendbarkeit dringend erforderlicher Veränderungen.

Wandel meets Beständigkeit. Das Agilitätsparadoxon

Und genau deshalb ist das ursprüngliche AGIL-Schema aus den 1950er Jahren heute aktueller denn je: Während „**A**daptation" und „**G**oal Attainment" für Anpassung und Veränderung, also für Wandel und Agilität stehen, sichern „**I**ntegration" und „**L**atency" die Stabilität und Ordnung in einem Unternehmen.

Das erklärt im Übrigen auch, warum Agilität nicht gleichbedeutend ist mit agiler Führung. Zwar sind kluge Voraussicht, Flexibilität und Anpassungsfähigkeit wichtige Merkmale erfolgreicher Führungskräfte, aber das macht sie noch lange nicht agil.

Agil zu sein bedeutet Geschäftsmodelle oder Organisationsstrukturen in sehr kurzer Zeit und wenn es sein muss auch mehrmals hintereinander auf neue Marktanforderungen auszurichten, dabei aber müssen Agilität und Stabilität immer als gleich wichtig, also als zwei Seiten der gleichen Medaille, betrachtet werden. Für C-Level-Manager gilt es daher einen inneren Kompass zu entwickeln, der ihnen das Hin- und Heroszillieren und die Vermittlung zwischen diesen beiden Polen möglich macht.[182] Nur so können sie ihrer zentralen Rolle als „Digital Changemaker" gerecht werden und zwei entscheidende Führungsaufgaben im Umgang mit technologischer Disruption unter einen Hut bringen: Erstens, das Unternehmen strukturell fit für die digitale Zukunft zu machen, und zweitens, die Mitarbeitenden dabei nicht zu überfordern.

CxO-Mindset

Agile Führungskräfte setzen deshalb gleichermaßen auf Veränderung wie auf Stabilität. Der innere Zusammenhalt im Unternehmen, eine starke Wertegemeinschaft und intensive Identitätsarbeit sind wichtige Voraussetzungen, auf deren Grundlage notwendige Veränderungen in Zeiten turbulenten Wandels überhaupt erst möglich werden können.

Wie ich schon sagte, C-Level-Manager bewegen sich heutzutage ständig in einer Welt voller Widersprüchlichkeiten und müssen teils paradox anmutende Anforderungen bedienen. Sie müssen einerseits visionär und strategisch versiert, andererseits aber auch echte Macher sein, die Ärmel hochkrempeln und mit vielbeschworener „Hands-on-Mentalität" tatkräftig mit anpacken. Um auf der Höhe der Zeit zu sein, müssen sie außerdem technikbegeisterte Humanisten, untadelige Politiker, bescheidene Helden, global denkende Lokalpatrioten und traditionsbewusste Innovatoren sein.[183]

CxO-Mindset

Aus diesem Kontext heraus leitet sich ein agiles Führungsbild künftiger C-Level-Manager ab, nämlich einerseits reaktiv, flexibel und anpassungsfähig zu sein, gleichzeitig aber auch proaktiv, initiativ und antizipativ zu handeln, um die Stabilität und Ordnung im Unternehmen zu sichern.

Führungskräfte von dauerhaft erfolgreichen Unternehmen schaffen es, diese Paradoxie produktiv zu nutzen. Erst die Art und Weise, mit der Entscheidungen getroffen und Veränderungen initiiert werden, macht also aus einem flexiblen auch ein agil geführtes Unternehmen. Zu den klassischen agilen Führungsmethoden gehören die Selbstbestimmtheit von Mitarbeitenden und Teams, die Dezentralisierung von Verantwortung sowie die Enthierarchisierung von Unternehmen. Davon im Folgenden mehr.

Agiles Mindset – Von Kommandos zu Coaching

Agil zu führen, bedeutet insbesondere Mitarbeitende dazu zu befähigen, die Zukunft des Unternehmens aktiv mitzugestalten. Agile Chefs sehen ihre Führungsrolle deshalb vorrangig als wachstumsfördernde Dienstleistung an der Weiterentwicklung ihrer Mitarbeitenden. Und damit liegt es auf der Hand:

CxO-Mindset

Ob Agilität im Unternehmen funktioniert oder nicht, hängt weniger von Prozessen, Tools oder Ähnlichem ab, als von der Persönlichkeit und den Fähigkeiten der Beteiligten.

Klar ist auch, wer ein wahrhaft agiles Unternehmen will, muss zunächst in der Chefetage anfangen und an der agilen Führungskompetenz des Top-Managements arbeiten.

Denn das Wesen der Agilität besteht darin, dass Mitarbeitende zu Takt- und Impulsgebern im Entscheidungsprozess werden und nicht die Führungskraft selbst.

Der Chef stellt sich demnach in den Dienst des Teams und fördert Gemeinschaft, Zusammenhalt und Vertrauen. Er gibt Macht ab und stärkt dadurch die Eigenverantwortung und Autonomie der Mitarbeitenden. Aber welche Führungsmerkmale sind tatsächlich geeignet, um eine Organisation agil werden zu lassen? Und welche Kompetenzen benötigen C-Level-Manager, um in einem agilen Kontext als Führungskraft erfolgreich zu sein?

Nun, der springende Punkt eines agilen Mindsets ist, als Führungskraft zunächst einmal Werte und Haltungen zu definieren, die agiles Arbeiten im Team bzw. im Unternehmen überhaupt erst möglich machen. Wie aber sieht das in der Praxis konkret aus? In den meisten Fällen geht eine solche Transformation mit einem fundamentalen Kulturwandel in der C-Suite einher, und zwar initiiert von Chefs, die nicht allwissend und altgescheit daherkommen, sondern auf Mäßigung, Besonnenheit und Understatement setzen. Agile Führungskräfte stärken damit das Selbstbewusstsein jedes Einzelnen und fördern so die Lernbereitschaft im Team.

Der nächste Schritt besteht darin, den Mitarbeitenden die Sinnhaftigkeit ihrer Beschäftigung zu vermitteln, Arbeit also als zweckvolle und nutzbringende Aufgabe wertzuschätzen statt sie als sinnfreies und notwendiges Übel abzutun. Außerdem gilt es dem Team klare Zielvorgaben zu machen, gleichzeitig aber auch die Gründe für diese Erwartungshaltung zu erläutern.

CxO-Mindset

Agile Führungskräfte bringen tagtäglich ein hohes Maß an Offenheit und Vertrauen mit zur Arbeit und überlassen es den Mitarbeitenden weitestgehend selbst, auf welche Art und Weise sie ihre Targets erreichen.

Statt ihre Teams beispielsweise täglich oder wöchentlich zum Jour-Fix-Rapport antreten zu lassen, halten agile Chefs ihre stärksten Kräfte an der langen Leine und sich selbst im Hintergrund. Sie sind zwar jederzeit als Berater, Coach oder Moderator verfügbar, treten aber nur dann auf den Plan, wenn entweder ein entsprechender Impuls dazu vom Team ausgeht, oder wenn sie erkennen, dass sich etwas in eine grundsätzlich falsche und damit für das Unternehmen gegebenenfalls existenzbedrohende Richtung entwickelt.

Agile Manager fördern und fordern also eine Kultur der Selbstverpflichtung, sie tolerieren Fehler, belohnen Mut und fordern permanentes Lernen ebenso ein wie das Streben nach ständiger Verbesserung. Sie geben schnell Feedback, immer und überall. Sie brechen Grenzen auf und ermöglichen interdisziplinäres Arbeiten von Mitarbeitenden ohne Rücksicht auf ihre organisatorische oder hierarchische Zuordnung.

CxO-Mindset

Anstelle von Kompetenzen besitzen gilt die Maxime, Kompetenzen teilen und nutzbar machen. Der Chef wandelt sich somit vom autoritären „Befehlsherr“ zum smarten „Ermöglicher“.

Durch das Anhören und Einbeziehen von vielen Meinungen und Informationen aus unterschiedlichen Quellen verfügen sie über die Fähigkeit, gute und schnelle Kompromisse zu finden, sollten Transformationsvorhaben einmal ins Stocken geraten. Agile Führungskräfte räumen Hindernisse rasch aus dem Weg und halten ihre Teams konsequent von Querelen und unnötigen Aufgaben fern.

Ich will keinen Hehl daraus machen: Für viele der angehenden C-Level-Manager kommt ein solcher Entwicklungsschritt einem Quantensprung gleich: Ein einfaches Update des Denkens reicht da oft nicht aus, es braucht dann vielmehr einen fundamentalen Mindshift.[184] Der besteht darin, als Führungskraft zu erkennen, dass ein Transformationsvorhaben insbesondere dann in der gebotenen Schnelligkeit und Qualität gelingt, wenn das angestammte Verständnis von Führung über den Haufen geworfen wird:

Die C-Suite dient dem Team und nicht umgekehrt.

Manchen Chefs sind agile Fähigkeiten angeboren, die meisten aber müssen sich dies im Karriereverlauf nach und nach erst erarbeiten. Wir werden im Kapitel 17 noch darauf zu sprechen kommen.

Warum Sie nicht in Agilitäts-Hysterie verfallen dürfen

Klassische Organisationsstrukturen sind entweder prozessorientiert oder projektorientiert oder eine Mischform davon. Aufgrund ihres hierarchischen Setups können sie in der Regel mit raschem Wandel nicht ausreichend schritthalten. Die Vorteile agiler Organisationsformen drängen sich demzufolge förmlich auf.

Doch aufgepasst: Auch wenn Führungskräfte sich mit aller Konsequenz für die Implementierung agiler Strukturen und Prozesse entschieden haben, befinden sie sich dennoch in einem Dilemma:

Take-Aways

Die Preisgabe einer funktionierenden hierarchischen Struktur kann zwar einerseits ungeahnte Kräfte in der Organisation freisetzen, andererseits aber auch dazu führen, dass sich infolgedessen plötzlich Verantwortungslücken auftun.

Wenn angestammte Regeln und gelernte Entscheidungswege verschwinden, besteht nämlich die Gefahr, dass es innerhalb der Unternehmensorganisation zu einem Kompetenz-Stau kommt und Entscheidungen schlichtweg unbearbeitet liegenbleiben. Eine derartige Entscheidungsdiffusion kann dann ein Machtvakuum erschaffen. Sie ruft Mitarbeitende auf den Plan, die versuchen eine solche Lücke informell auszufüllen, ohne dafür eine entsprechende Legitimation zu haben oder – was noch schlimmer ist – ohne dafür geeignet zu sein. Ein weiterer

Punkt, der ins Kalkül zu ziehen ist, hängt mit der fehlenden Agilitätsreife von Teammitgliedern zusammen.

Take-Aways

Auch wenn Führungskräfte noch so sehr von Demokratisierungswillen beseelt sind und der Ruf nach Selbstbestimmtheit in den Teams laut und unüberhörbar wird, so verfügen nur selten alle Mitarbeitende über den erforderlichen Reifegrad, um in einem agilen Umfeld mit größtmöglicher Entscheidungsfreiheit umgehen zu können.

Diese beiden Punkte müssen C-Level-Manager bei der Umstellung auf agile Führung und bei der Neuordnung der Zuständigkeitsbereiche in ihren Teams tunlichst beachten. Nur so lassen sich Überforderung und Enttäuschung bei den Mitarbeitenden, aber auch das Scheitern des betreffenden Transformationsvorhabens als Ganzes vermeiden.

Ich gebe zu, agile Führung mutet auf den ersten Blick durchaus etwas Abenteuerliches an. Tatsächlich ist Vorsicht geboten, wenn die Sehnsucht nach Veränderung im Unternehmen allzu überschwänglich wird. Ein solcher Hype kann sehr schnell einen unkritischen und unreflektierten Umgang mit dem Agilitätsbegriff befeuern. Dann werden Dinge, die sicherlich lohnens- und erstrebenswert sind, dafür aber garantiert nichts mit Agilität zu tun haben, voreilig in einen Topf geworfen. Dazu gehören zum Beispiel die Einführung digitaler Tools und mobiler Apps oder die Umgestaltung der Büros in hippe Begegnungsstätten mit Kicker-Tisch und bunten Postern an den Wänden mit allerlei Agilitäts-, VUKA- und New Work-Blabla.[185] Das kann in der Belegschaft zu großen Missverständnissen führen und ist darüber hinaus auch noch gefährlich:

Take-Aways

Wenn Agilität nämlich von den Chefs für Alles und Jedes an Veränderung ins Feld geführt wird, passiert am Ende das gleiche wie bei vielen anderen Trends: Eine gute und kluge Idee wird geboren, entwickelt sich zum Hype und mutiert dann schließlich zum Rohrkrepierer.

Und so verwundert es nicht, wenn eine Studie der *Boston Consulting Group* zu dem Ergebnis kommt, dass Agilität und Digitalisierung in den Führungsetagen zwar in aller Munde sind, aber lediglich nur ein Drittel aller digitalen Transformationen von Erfolg gekrönt ist.[186] Wenn es um die Umsetzung ambitionierter Digitalisierungsziele in den Unternehmen geht, werden nämlich die Probleme augenscheinlich: Firmen und Führungskräfte sind schlecht vorbereitet, zu langsam, zu wenig anpassungsfähig und sie scheitern letztendlich am Mangel an entsprechend qualifiziertem Personal.

Ein schöner Plan allein genügt also ebenso wenig, wie hier und dort in ein paar neue digitale Tools oder Workflows zu investieren. Irrtümlicherweise werden *Scrum*, *Kanban*, *Design Thinking* oder andere agile Methoden allzu oft zum Allheilmittel für die Lösung komplexer unternehmerischer Probleme beschworen. „Digital Failure“ ist daher bei den allermeisten Digitalisierungsvorhaben schon beim Projekt-Kick-off vorprogrammiert, so die Experten.

Die *BCG*-Studie beleuchtet allerdings auch einen wichtigen positiven Aspekt: Gelingt nämlich ein digitales Transformationsprojekt, so schlägt sich das in dem betreffenden Unternehmen unmittelbar positiv in dessen Bilanz und Gewinn- und Verlustrechnung nieder: Das EbIT-Wachstum ist dann fast doppelt so stark wie bei Unternehmen, in denen ein Transformationsprozess nicht erfolgreich zum Abschluss gebracht worden ist.

„Oben ohne“ – Von der freiwilligen Ent-Chefung der Unternehmen

Während agile Führung einerseits dabei hilft Paradoxien zu überwinden, ist sie andererseits aber auch dafür verantwortlich, dass parallel zusätzlich paradoxe Verhältnisse in den Unternehmen entstehen. Empirische Studien belegen das: So hat beispielsweise die US-Ökonomin Julia Wulf aufgezeigt, dass die Zahl der Personen, die direkt an den Vorstandschef berichten, zunimmt, wenn Firmen Hierarchieebenen abbauen, um agiler arbeiten zu können. Dadurch sinkt zwar die Zahl der Chefs, aber nicht deren Machtfülle. Die Folgen des Hierarchieabbaus sind somit paradox: Macht wird dadurch nicht dezentralisiert oder delegiert, sondern im Gegenteil an der Unternehmensspitze noch weiter konzentriert.

Zu einem ähnlichen Ergebnis kommt auch eine Studie des Ökonomen Raghuram Rajan: Demnach beaufsichtigt eine Führungskraft heutzutage im Durchschnitt doppelt so viele Mitarbeitende wie noch vor 30 Jahren. Das bedeutet im Umkehrschluss: Im Verhältnis zu der Gesamtzahl an Beschäftigten nimmt die Zahl der Führungskräfte ab.[187]

Ergo, wenn Hierarchieebenen abgebaut werden, führt das zu einer zunehmenden Zentralisierung der Machtfülle an der obersten Führungsspitze. Somit stellt sich die Frage, ob die sogenannte „Ent-Chefung“ von Organisationen durch den Abbau von Hierarchieebenen tatsächlich ein relevanter Aspekt agiler Führung ist, oder ob sich im Gegensatz dazu dahinter doch nur ein frommer Wunsch verbirgt?

In der Tat, Hierarchien abzuschaffen, liegt voll im Trend. Immer mehr Unternehmen wollen sich flacher und schlanker organisieren, um Mitarbeitenden mehr Verantwortung und Freiheit zu selbstbestimmtem Arbeiten einzuräumen.

Bessere Anpassungsfähigkeit, höhere Veränderungsgeschwindigkeit und Pluspunkte in Sachen Kreativität und Innovation sind die Hauptargumente der Enthierarchisierungs-Anhänger.

Was mich anbelangt, so bin ich trotz der zuvor gehegten Zweifel der Überzeugung, dass die sogenannte „Ent-Chefung“ ein für den C-Level hochrelevanter Organisationstrend ist. Und zwar aus zwei Gründen: Erstens:

CxO-Mindset

Wenn Topmanager auf flache Hierarchien und agile Methoden setzen und Kontrolle und Verantwortung aus der Hand geben, gewinnen sie mehr Zeit und Energie, um sich auf ihre ureigenen strategischen Aufgaben zu konzentrieren.

Untersuchungen haben gezeigt, dass C-Level-Manager nach der Umstellung auf agile Führungsmethoden viermal mehr Zeit mit der Strategieentwicklung verbringen und dass die Unternehmen damit besser und erfolgreicher fahren als vor der Umstellung. Gleichzeitig reduziert die Ausrichtung auf agile Führung bei den Chefs den Anteil der operativen und administrativen Aufgaben am gesamten Workload von vormals 60 Prozent auf hinterher nur noch 25 Prozent.[188] Damit wird die C-Suite organisatorisch effizienter und gewinnt signifikant mehr Zeit und Raum, um sich Themen zu widmen, die langfristig gesehen für das Wohl und Wehe der Firma eminent sind. Gleichzeitig werden durch die stärkere Einbindung der Belegschaft Potenziale freigesetzt, was dann in Kombination mit dem neu gewonnenen Freiraum der Führungskräfte zu wahren Höchstleistungen im Unternehmen führen kann, vor allem im Hinblick auf das „Pushen“ von Innovationsprojekten. Wir halten also fest: Wer als Führungskraft konsequent auf Ent-Chefung setzt, die Potenziale von Mitarbeitenden entfaltet und sich die daraus resultierenden Effekte zunutze macht, (be)fördert damit nicht nur die Performance des Teams, sondern auch die eigene C-Level-Karriere. Zweitens:

CxO-Mindset

In einer Unternehmenskultur, die maßgeblich hierarchisch, also von „oben“ geprägt ist, herrscht nicht selten ein Klima der Unsicherheit oder gar Angst. In einem solchen Umfeld möchte niemand der Überbringer schlechter Nachrichten sein. Das Resultat: Probleme werden entweder gänzlich verschwiegen oder beschönigt, also irgendwie „chef-tauglich“ gemacht.

Die allermeisten Informationen schaffen es daher erst gar nicht an die Spitze der Führungspyramide. Es sei denn, es herrscht Krise, wie etwa während der Hochphase der Corona-Pandemie, denn in einer Krise werden unbekannte und nicht gelöste Probleme gnadenlos nach oben gespült.

Vom „Eisberg der Ignoranz"

Bereits vor 25 Jahren wies der Japaner Sidney Yoshida in einer seiner Studien auf ein ganz ähnliches Phänomen hin und entwickelte daraus das sogenannte Prinzip vom „Eisberg der Ignoranz". Worum es dabei geht, liegt auf der Hand: Das Spannende an Eisbergen ist sicherlich der Umstand, dass sie größtenteils im Verborgenen, also unter der Wasseroberfläche liegen.

Yoshida hat in Anlehnung an dieses Sinnbild beschrieben, dass je weiter man die Führungstreppe nach unten geht, desto mehr wüssten die Mitarbeiter über die in ihrem Unternehmen existierenden Probleme Bescheid: Während den „normalen" Mitarbeitenden an der Basis alle, also 100 Prozent der Probleme bekannt seien, wären es auf Teamleitungsebene noch 74 Prozent und auf Ebene des mittleren Managements nur noch 9 Prozent. Und das Top-Management, welches quasi die Spitze des Eisbergs repräsentiert, sieht und kennt laut der Studie nur noch einen winzigen Teil, nämlich gerade einmal 4 Prozent. Wie bei einem Eisberg liegt der überwiegende Teil der existierenden Probleme demnach unter der Oberfläche, ist quasi unsichtbar und wird von der C-Suite bei der Entscheidungsfindung systematisch ausgeklammert.[189]

Dieses Führungsphänomen hat bis heute nichts an seiner Aktualität verloren. Auch wenn die Prozentangaben sicherlich von Unternehmen zu Unternehmen etwas variieren, so ist doch davon auszugehen, dass es sich bei dem „Eisberg-Modell" um durchaus repräsentative Richtgrößen handelt. Wenn der Executive-Level also tatsächlich 96 Prozent der im Unternehmen bestehenden Probleme überhaupt nicht kennt, bedeutet das im Umkehrschluss:

Weitreichende operative wie strategische Entscheidungen werden an der Unternehmensspitze auf Basis von gerade einmal 4 Prozent der insgesamt im Unternehmen verfügbaren Informationen getroffen – ein Weckruf und zugleich Denkanstoß für jede Führungskraft!

Deshalb folgendes Gedankenspiel: Wenn die wichtigsten Mitarbeiter eines Unternehmens jene sind, die tagtäglich mit den Kunden in Kontakt sind und wenn der Kundenkontakt vornehmlich an der Belegschaftsbasis stattfindet, wo 100 Prozent aller Probleme bekannt sind, wäre es für C-Level-Manager dann nicht klug, dieses Wissen systematisch zu nutzen und das Führungshandeln gezielt darauf auszurichten? Oft existieren nämlich dort, wo die Probleme bekannt sind, bereits auch schon die zu ihrer Behebung notwendigen Lösungen.

Ich garantiere Ihnen, wenn Sie Ihre Mitarbeitenden danach fragen, was Ihr Unternehmen weiterbringt, dann werden Sie ausschließlich richtige Antworten bekommen. Es wäre deshalb fatal, wenn Ihre Geschäftsstrategien an fehlendem Wissen scheitern würden, denn das Know-how ist definitiv vorhanden. C-Level-Manager brauchen also die Augen und Ohren aller Mitarbeitenden, insbesondere derjenigen an der Basis.

Take-Aways

Es ist von essenzieller Bedeutung, als Führungskraft im Tagesgeschäft den Kontakt und den Informationsfluss mit den nachgelagerten Ebenen am Laufen zu halten. Durchlässige Kommunikation verschafft ihnen den unverstellten Blick auf die Gesamtheit der Probleme im Unternehmen, eine Grundvoraussetzung, um gut fundierte Entscheidungen treffen zu können. C-Level-Manager leiten so eine wichtige Trendwende in ihrem Verhalten ein: Von hierarchischer hin zu agiler Führung.

Weniger Chefs, mehr Erfolg?

Ein Paradebeispiel für die praktische Umsetzung freiwilliger Ent-Chefung ist die große Selbstverantwortungs-Initiative des Pharmakonzerns *Novartis.* Dessen CEO Vasant Narasimhan, der sich selbst gerne als „accidental CEO" bezeichnet, verkörpert perfekt wie kein anderer die sogenannte „Unboss"-Kultur. Er orientiert sich dabei an dem Führungskonzept, welches die beiden dänische Autoren Jacob Botter und Lars Kolind vor gut zehn Jahren in ihrem Buch *Unboss* skizziert haben. Narasimhan machte diesen Namen zum Programm und fing unmittelbar nach seiner Ernennung zum Vorstandschef damit an, den Ent-Chefungs-Gedanken in der Organisation radikal umzusetzen. Das war sicherlich auch nötig, denn zuvor herrschte zwei Jahrzehnte lang bei *Novartis* die Kontroll- und Angstkultur des früheren CEOs Daniel Vasella.

Nach gut vier Jahren können sich die Ergebnisse des Transformationsprogramms von Narasimhan durchaus sehen lassen: Die starre Top-down-Struktur der Vasella-Vergangenheit ist Geschichte, die Werte der internen Mitarbeiterbefragungen steigen kontinuierlich und auch einige strategische Akquisitionen konnte Narasimhan für *Novartis* in dieser Zeit zügig und geräuschlos zum Abschluss bringen. Nur was die finanzielle Performance angeht, hat der selbsternannte „Unboss" die Erwartungshaltung der Aktionäre noch nicht ganz erfüllt.[190] Die klassischen Risiken und Nebenwirkungen agiler Führung, nämlich Entscheidungsdiffusion und mangelnde Leistungskontrolle, haben dem Finanzergebnis des Konzerns in dieser Phase immer wieder ihren Stempel aufgedrückt.

Take-Aways

Und noch ein Gedanke zur „unbossigen" Führung: Die Umkehrung des hierarchischen Führungsprinzips setzt Potenziale frei, die, wenn sie denn von der C-Suite richtig kanalisiert werden, ein Unternehmen von Grund auf erneuern und zu frischen Kräften kommen lassen kann. Dabei entstehen aber auch Fliehkräfte, die nicht unterschätzt werden dürfen.

Transformationsvorhaben werden deshalb oft auch als „**Iceberg-Flip**" bezeichnet: Um Veränderungen anzuschieben, sozusagen den Eisberg zum Kippen zu bringen, braucht es einerseits enorm viel Ausdauer und Energie, andererseits aber kann diese Bewegungskraft für Führungsverantwortliche auch zur Bedrohung werden. Ein Transformationsprojekt kann nämlich – um bei dem Bild vom umkippenden Eisberg zu bleiben – einen Tsunami auslösen, der hohe Wellen schlägt, weite Kreise zieht und nicht selten zu vernichtenden Überschwemmungen führt.

C-Level-Manager benötigen mithin das entsprechende Rüstzeug, um sich vor solchen Effekten zu schützen. Die Rede ist von der sogenannten „Self-Agility", also Agilität in eigener Sache. Das heißt, Führungskräfte müssen sich selbst kontinuierlich um ihre eigene Persönlichkeitsentwicklung kümmern, damit sie bedrohlichen Fliehkräften im Karriereverlauf standhalten können. Wir werden darauf im Kapitel 17 noch zu sprechen kommen.

Buzzword oder Heilsbringer? Wenn Agilität an Grenzen stößt

Es steht außer Frage: Agile Führung ist eine der wichtigsten C-Level-Kompetenzen des 21. Jahrhunderts, vor allem im Hinblick auf die Digitalisierung und andere Transformationsherausforderungen. Doch darf das für Manager kein Anlass sein, um in Veränderungs-Hysterie zu verfallen. Ein Unternehmen kann nämlich nur eine begrenzte Anzahl an Agilitäts-Projekten gleichzeitig vertragen.

Manche Unternehmenslenker aber neigen leider dazu sich zu überfordern, weil sie um jeden Preis agil werden wollen, nicht zuletzt auch, weil das gerade hip und angesagt ist. Das verführt viele Chefs dazu, Wandel und Anpassungsfähigkeit, also Agilität – das „A" in agil – zu überbewerten. Dabei vergessen sie, dass zu agiler Führung insgesamt vier Erfordernisse gehören, die in einem wechselseitigen Abhängigkeitsverhältnis zueinanderstehen. Oder sie blenden die Interdependenzen zwischen Veränderung und Stabilität aus und versuchen, alle vier AGIL-Dimensionen der Führung gleichzeitig zu maximieren. Das gefährdet dann nicht nur ein einzelnes Transformationsprojekt, sondern kann das Unternehmen als Ganzes überfordern.[191]

Erfolgreiche Leader haben deshalb gelernt Maß zu halten und erkennen frühzeitig, wenn zu viel Druck auf dem Agilitäts-Kessel ist.

Sie sind in der Lage in bereits begonnenen Transformationsprozessen nachzujustieren, Ausgewogenheit herzustellen und den richtigen Mix aus hierarchischem Management und selbst organisierten Teams zu finden. Schließlich darf das eigentliche Ziel agiler Führung niemals aus dem Auge verloren werden, nämlich die rasche Anpassung des Unternehmens an disruptive oder existenzgefährdende Situationen.

Take-Aways

- Niemals darf der Agilitätsbegriff nur dem Zeitgeist oder dem Wohlgefallen an der eigenen Modernität dienen.
- Agile Führung ist zwar ein probates Mittel, um schnell, unbürokratisch und effizient einen Paradigmenwechsel im Unternehmen vollziehen zu können. Sie ist aber weder ein Allheilmittel für notleidende Unternehmen noch eine Organisationsform, die zwingend dauerhaft zum Einsatz kommen sollte.

So zeigen empirische Studien etwa, dass dauerhaft agile Organisationen zu Desintegration und Selbstauflösung tendieren. Agilität eignet sich sicherlich auch nicht für jedes Unternehmen und auch nicht in jeder Unternehmenssituation. Das zeigt zum Beispiel eine Studie der beiden Managementforscher Gilbert Probst und Sebastian Raisch von den Universitäten Genf und St. Gallen. Die Wissenschaftler haben gut einhundert der schwersten Unternehmenskrisen untersucht und kamen zu dem Ergebnis, dass neben exzessivem Wachstum insbesondere unkontrollierter oder zwanghafter Wandel der entscheidende Auslöser von Unternehmenskrisen war. Exzessiver Wandel und der permanente Umbau von Unternehmen führt, so die beiden Forscher, zu erheblichen Folgeproblemen bis hin zu existenziellen Krisensituationen.[192]

Es steht außer Frage: Für Manager, die eine C-Level-Karriere anstreben, gehören agile Führungs-Fähigkeiten zum unverzichtbaren Handwerkszeug. Mindestens genauso wichtig ist es allerdings ein Gespür dafür zu haben, wann Selbstbestimmung und Enthierarchisierung sinnvoll für ein Unternehmen sind und wann nicht. Selbst in der VUKA-Welt gibt es nämlich Situationen, in denen weder aufgrund von Marktbedingungen noch aus Sicht von Kunden konkreter Veränderungsbedarf besteht. Dann ist es allemal besser, auch weiterhin traditionell und konservativ, also hierarchisch organisiert zu bleiben und als Führungskraft mehr auf Effizienz als auf „Change“ zu setzen.

Außerdem gibt es Fälle, wo es für ein Unternehmen geradezu überlebensnotwendig ist, den umgekehrten Weg zu gehen, sich also von der Agilität in die Post-Agilität zu retten.

Das gilt beispielsweise für Start-ups, die quasi von Natur aus agil organisiert sind. Sie verfügen über flache Hierarchien und werden meist von den Gründern gemanagt, die ihre Teams ohne klassische Vorgesetzten-Funktion, sozusagen „von der Seite“ führen. Bei Start-ups sind die Wege kurz, alle reden mit und alle entscheiden über alles. Wenn ein Unternehmen aber wächst, kann genau das zum Problem werden: Ab einem gewissen Punkt ist es für junge Unternehmen deshalb ratsam, sich dem Bremsklotz einer solch agilen Struktur zu entledigen und stattdessen auf klassische, also hierarchische Führungsstrukturen umzuschwenken. Oft ist das im Übrigen auch der einzige Weg, um Wachstumsbarrieren zu überwinden oder um ein gewisses Maß an Professionalisierung in die Unternehmensführung zu bekommen.

Agile Führung – Die Antwort des C-Levels auf die VUKA-Welt

Wir fassen zusammen.

Take-Aways

Disruptive Veränderungen sind allgegenwärtig und unternehmerisches Handeln lässt sich für Führungskräfte kaum noch aus den Ergebnissen und Erfahrungen der Vergangenheit ableiten.

Auch lassen sich Bedrohungen durch exogene Faktoren heutzutage viel schwieriger prognostizieren, als das bislang der Fall war. Dabei geht es nicht nur um das Abschätzen bloßen Konsumenten- und Marktverhaltens, sondern auch darum, sich ständig auf verändernde juristische, binnen- und geopolitische oder gesellschaftliche Rahmenbedingungen einzustellen. Es gehört zu den entscheidenden Merkmalen erfolgreicher C-Level-Manager, solche Entwicklungen kontinuierlich im Blick zu haben und sie immer wieder aufs Neue zu bewerten.

Take-Aways

Den Top-Executive, der in seinem Eckbüro genüsslich das Hochamt der Macht zelebriert, braucht es heutzutage nicht mehr – die Allmachtsphantasien hierarchisch geprägter Führungsgenerationen sind definitiv passé.

Woran es dagegen in Unternehmen oft immer noch zu fehlen scheint, ist jemand, der pragmatisch und schnell entscheidet, dem Team vertraut und diesem als Coach zur Seite steht, wenn es nicht weiterkommt. Insbesondere im Hinblick auf diesen Punkt sind C-Level-Manager heutzutage geforderter denn je. Auch wenn Veränderungsarbeit vor allem eine Teamaufgabe ist, so bedingt gerade der digitale Wandel ein hohes Maß an Top-Management-Attention. Neben elementaren Business-Skills wie Software-, IT- und Digitalkompetenz brauchen C-Level-Manager daher in der Hauptsache agile Führungskompetenzen. Transformationsvorhaben sind und bleiben deshalb in erster Linie Chefsache.

Take-Aways

Führung ist zu wichtig, um sie allein den Führungskräften zu überlassen. Daher müssen C-Level-Manager in Transformationsphasen Entscheidungshoheit und Verantwortung abgeben und diese von der Führungsspitze herab auf Mitarbeitende und Teams delegieren.

Wer hierarchische Strukturen auflöst und Mitarbeitenden mehr Selbstverantwortung überträgt, verschafft ihrem Arbeitsleben einen höheren Sinn und gewinnt so ihre Kreativität und Begeisterung. Ein solcher Vertrauensbeweis setzt meist ungeahnte Kräfte frei und führt zu schnellen und unorthodoxen Problemlösungen. Doch Agilität braucht zum Gelingen auch Stabilität.

Take-Aways

Daher rate ich angehenden C-Level-Managern grundsätzlich zu einem hybriden Gespann aus zwei Führungsstilen, bei denen der eine Teil auf agilen Werten, dezentralisierter Verantwortung und durchlässiger Kommunikation aufbaut, der andere Teil aber darauf abzielt, die Grundordnung und Struktur eines hierarchischen Systems zu erhalten.

Verantwortungsbereiche werden damit weitestgehend dezentralisiert, Grundsatzentscheidungen aber trotzdem nicht demokratisiert, sondern letzten Endes weiterhin von der obersten Leitungsebene getroffen. Zwar bleibt dadurch eine gewisse Hierarchie im Unternehmen erhalten, es wird dann aber eben nicht mehr hierarchisch geführt, sondern agil.

Take-Aways

Agile Führung und der Abbau von Hierarchien dürfen nicht zu einem Mangel an exekutivem „Punch" führen. Glauben Sie mir, wenn die Performance eines Unternehmens Quartal für Quartal nicht stimmt, sind Gesellschaftern, Aktionären und Aufsichtsräten moderne Ent-Chefungskonzepte ganz schnell einerlei.[193]

Erfolgreiche Führung in disruptiven Zeiten erfordert deshalb ein sorgsam austariertes System, das gleichermaßen stabil und agil ist. Die Hauptaufgabe der Führenden ist es, dieses Spannungsverhältnis in Balance zu halten. Daher mein Rat:

Wenn Veränderungen anstehen oder gar unausweichlich sind, widersetzen Sie sich dem nicht. Bewahren Sie kühlen Kopf und werfen Sie sich weder vor den Agilitätszug, wenn er anrollt, noch springen Sie allzu schnell auf diesen auf.

Das auszutarieren, erfordert von Ihnen ein hohes Maß an Selbstreflexion und intensives Arbeiten an der Identität und den Werten Ihres Unternehmens. Das mag zwar zuweilen mühsam sein, aber wenn Sie es richtig anstellen, profitieren Sie zu guter Letzt gleich dreifach von der Kraft der Veränderung: Das volle Potenzial ihrer Mitarbeitenden wird freigesetzt, der unternehmerische Erfolg wird gesteigert und ihre eigene Zufriedenheit im Führungsjob wächst. Drei gute Voraussetzung für eine erfolgreiche C-Level-Karriere.

Kapitel 15: Seien Sie kreativ, innovativ und disruptiv. Keine Angst vor Hirngespinsten!

„Wenn ich die Leute gefragt hätte, was sie wollen, hätten sie gesagt: Schnellere Pferde!“

Henry Ford, Erfinder und Automobilpionier

Revolution statt Evolution. Vom Mut des kreativen Zerstörens

Die Notwendigkeit für Unternehmen und deren Führungsgremien zur Veränderung und Anpassung ergibt sich meistens aufgrund äußerer Gegebenheiten und Rahmenbedingungen. Wie das vorherige Kapitel gezeigt hat, sind Agilität und agile Führung für C-Level-Manager wirkungsvolle Instrumente, um mit derlei von außen kommenden Einflüssen umzugehen. Eine weitere und mindestens ebenso wichtige Leadership-Kompetenz ist, Unternehmen dazu zu befähigen, sich aus eigenem Antrieb weiterzuentwickeln.

Nicht nur auf disruptive Umstände von außen zu reagieren, sondern von sich aus initiativ und innovativ zu sein, erfordert von Führungskräften ein hohes Maß an Kreativität, Intuition und unkonventionellem Denken.

Die weit verbreitete Vorstellung, Kreativität habe wenig mit Business und Erfolg, sondern eher mit bildender Kunst, vielleicht noch mit Werbung zu tun ist insofern nicht richtig. Der Haken an der Sache ist: Viele Entscheidungsträger zeigen zwar große Fachkompetenz und verfügen auch über ein hohes Maß an Führungsexpertise, sie sind aber nicht in der Lage, wichtige Strömungen und Verknüpfungen zu erkennen und so ihren Teams den richtigen Weg hin zur Entwicklung von innovativen Produkten und Dienstleistungen zu zeigen. Letzten Endes aber ist die Fähigkeit Innovationen herbeizuführen ausschlaggebend, um in der sich rapide verändernden Geschäftswelt den Unternehmenserfolg zielgerichtet und nachhaltig abzusichern.

Was den heutigen Chefs bisweilen fehlt, wird von Experten mithin als Mut zur „kreativen Zerstörung“ beschrieben. In Beraterkreisen läuft diese Kompetenz neuerdings auch unter dem Schlagwort „Self-Disruption“. Das amerikanische Consulting-Unternehmen *Korn Ferry* hat beispielsweise in einer globalen Studie die Profile von 150.000 Führungskräften analysiert und dabei herausgefunden, dass es eine starke Korrelation zwischen sogenanntem selbst-disruptivem Verhalten bei Vorständen und Geschäftsführern auf der einen Seite und Höchstleistungen in Unternehmen auf der anderen Seite gibt.[194] Aber was genau ist mit kreativer Zerstörung oder Self-Disruption eigentlich gemeint?

Schumpeter und der Self-disruptive Leader

Der Begriff der kreativen Zerstörung geht auf den deutschen Ökonomen Joseph Schumpeter zurück, der schon Anfang des letzten Jahrhunderts der menschlichen Neugierde und Innovationskraft ein Denkmal gesetzt hat: Die „schöpferische Zerstörung“. Damals waren die gängigen Wirtschaftsmodelle eher mathematisch dominiert, doch unter Schumpeter haben erstmals unkonventionelle Bestimmungsfaktoren wie Kreativität und Innovation Eingang in ökonomische

Theorien gefunden. Schumpeters These: Erst Vorstände und Geschäftsführer, die unbeirrt und gegen jedwede Vorbehalte und Widerstände von ihnen angestrebte Innovationen in den Unternehmen vorantreiben, ermöglichen wirtschaftlichen Wandel und Wachstum.

Dauerhaft erfolgreich ist für Schumpeter daher nur, wer als Führungskraft oder Unternehmer die Nachhaltigkeit seines Erfolgs dauernd in Zweifel zieht und ihn durch stete Innovation absichert. Seine These wird seit Jahrzehnten durch unzählige Praxisbeispiele bestätigt. Sie alle belegen, dass schöpferische bzw. kreative Zerstörung kein unkontrollierter, martialischer Akt herumfantasierender Manager, sondern zwingende Notwendigkeit ist, damit in den Firmen systematisch Neues entstehen kann.

Die Relevanz schöpferischer Zerstörung ist an Aktualität nicht zu überbieten, bedarf es aufgrund der revolutionären Umwälzungen in der VUKA-Welt doch eher revolutionäre als evolutionäre Maßnahmen.

Damals wie heute ist Schumpeters Begriff daher ein Appell an jeden C-Level-Manager: Führungskräfte müssen den Mut aufbringen, mehr zu wagen und dies auch von ihren Mitarbeitenden einfordern. Der Aufenthalt in der Komfortzone, Sicherheitsdenken und Bestandswahrung sind tabu. Innovationen können nur dann methodisch und zielgerichtet entstehen, wenn sich jede und jeder im Unternehmen traut, mit dem Herkömmlichen zu brechen. Ergo, Neues kann nur aufkommen, wenn Altes verschwindet. Und den C-Level-Managern obliegt es, mit gutem Beispiel voranzugehen. Sie müssen zulassen, dass die vermeintliche „innere Ruhe“ im Unternehmen gestört wird, oder besser gesagt, sie müssen selbst zur Triebfeder dieser Unruhe werden.

CxO-Mindset

Immer dieselben Menschen am selben Ort blicken selten kreativ über den Tellerrand hinaus. Führungskräfte müssen deshalb Mitarbeitende mit unterschiedlichen Kompetenzen und Hintergründen im wahrsten Sinne des Wortes aufeinander loslassen – Spannungen können dann in kreative und innovative Lösungen umgewandelt werden.

Auch gilt es bei der Neurekrutierung konsequent auf Andersdenkende zu setzen. Seien Sie also ruhig mutig und stellen sie, sofern es die Unternehmensspezifika erlauben, auch einmal Mitarbeitende aus fach- oder branchenfremden Disziplinen ein. So erreichen sie per se eine andere Betrachtungsweise und bekämpfen systematisch die sprichwörtliche Betriebsblindheit. Probleme können wohlgemerkt nicht mit derselben Denkweise gelöst werden, die ihnen zugrunde liegt.

Wenn Ihnen die Schumpeter'sche These jedoch Unbehagen bereitet, so könnte das vielleicht auch daran liegen, dass Sie zu den Führungskräften gehören, die noch in einer alten Denkweise gefangen sind. Oder Sie tun sich zumindest aktuell noch schwer damit, beim „Absurfen" der ständig heranrollenden Veränderungswellen Ihren Platz in der neuen Geschäftswelt zu finden. Aber keine Sorge, Sie sind kein Einzelfall. Studien zeigen nämlich: Nur einer von sechs C-Level-Managern verkörpert das Idealbild vom antizipativen, anpassungsfähigen und ebenso kreativen wie veränderungs- und innovationsbejahenden Leader.[195] Meines Erachtens aber sollte Ihnen dieses Ergebnis mehr Anlass zur Beunruhigung als zur Beruhigung geben. Denn um es ganz deutlich zu sagen:

CxO-Mindset

Veränderung als etwas Bedrohliches zu empfinden und deshalb an traditionellen, tendenziell veränderungsresistenten oder gar innovationsfeindlichen Verhaltensmustern festzuhalten, macht einer Karriere eher früher als später den Garaus! Somit ist, wenn Sie so wollen, die beste Antwort auf Disruption wiederum Disruption, und zwar die, die selbst initiiert und von Ihnen selbstbestimmt gesteuert ist.

Wer sich selbst hin und wieder den Luxus erlaubt, herumzuspinnen und seine Hirngespinste nicht als Bedrohung, sondern als Lösungsweg und kreativen Prozess wahrnimmt, ist auf dem besten Wege, sich eine flexiblere Denkweise anzueignen. Führungskräfte, die damit experimentieren, alte Regeln außer Kraft zu setzen und sich die Verpflichtung auferlegen, selbst proaktiv für Veränderung im Unternehmen zu sorgen, statt abzuwarten, bis der Wandel von außen in die Firma hineinschwappt, sind besser für künftige disruptive Veränderungen gewappnet als Manager, die das nicht tun.

Aber es ist auch Vorsicht geboten: Die Lust auf Unbekanntes allein ist noch keine karriereentscheidende C-Level-Kompetenz. Damit sich vermeintliche Hirngespinste nicht verselbständigen braucht es Führungskräfte, die diese im Kreativ- und Innovationsprozess auch wieder einfangen können und einem „Reality Check" unterziehen. Insofern dürfen sich Aufsichtsgremien bei der Suche nach effektiven, leistungs- und zukunftsstarken Führungstalenten nicht blenden lassen.

CxO-Mindset

Erst durch die Kombination von proaktivem Veränderungswillen mit anderen Eigenschaften und Fähigkeiten entsteht das Führungsbild, welches dem Idealtypus vom Self-disruptive Leader entspricht: Er vereint viele agile, digitale und inklusive Fähigkeiten, aber vor allem verfügt er über ein hohes Maß an Kreativität, Gespür und Intuition.

Self-disruptive Leader sind stets neugierig, offen und weitgehend unbesorgt gegenüber Veränderungen. Dadurch gelingt es ihnen, sich selbst und andere immer wieder aufs Neue zu inspirieren. Lernbereitschaft, Selbstreflexion, ausgeprägte emotionale und soziale Intelligenz und sinnorientiertes und sicheres, zugleich bescheidenes Auftreten vervollständigen ihr Mindset.[196]

Mehr Kreativität wagen und Neues für übermorgen denken

Mit der Disruption ist das so eine Sache. Zwar darf man sich ihr auf keinen Fall verschließen, tatsächlich aber kann es sich auch als Bumerang erweisen, in allerbester Agilitätsmanier äußerem Veränderungsdruck seitens des Marktes oder seitens der Kundschaft nachzugeben.

CxO-Mindset

Erfolgreiche C-Level-Manager vermeiden es, gleich jedem Disruptions-Trend blind und unreflektiert zu folgen. Stattdessen besitzen sie die Fähigkeit den Wandel zu „lesen", ihn also für ihr Unternehmen zu interpretieren und Anpassungsmaßnahmen jenseits von Schema F zu initiieren.

Auch ist es keine gute Idee immer nur nach links und rechts zu schauen, um zu sehen, was die Wettbewerber machen, um dann gegebenenfalls nachzuziehen. Besser dagegen ist es, von Zeit zu Zeit auch nach vorn zu schauen und an etwas komplett Neuem zu arbeiten. Man ist dann nicht nur in der Entwicklung freier und traut sich auch mal ungewöhnliche Wege zu gehen, sondern hat mithin eine realistische Chance, tatsächlich selbst einmal zum Trendsetter zu werden. Nur so lassen sich Kundenbedürfnisse von übermorgen wahrlich neu denken.

Henry Ford beispielsweise hat das bereits vor über 120 Jahren bei der Einführung der Fließbandfertigung zur Massenproduktion im Automobilbau eindrucksvoll bewiesen. Er orientierte sich zeitlebens nur selten an dem, was der Markterwartung oder dem gerade aktuellen Konsumentenverhalten entsprach. Von ihm soll das Zitat stammen, „Wenn ich die Leute gefragt hätte, was sie wollen, hätten sie gesagt: Schnellere Pferde!".

In der Tat war Ford ein enorm erfolgreicher Industrieller, aber in erster Linie war er ein unabhängiger Geist und kreativer Kopf. Reich und berühmt wurde er wegen seiner Ideen und Erfindungen, mit deren Hilfe er selbst zahlreiche disruptive Veränderungen initiierte. Deren Tragweite reicht bis in die heutige Zeit hinein. Mit vielen kreativen Projekten war Ford seiner Zeit weit voraus, und das nicht nur im Hinblick auf die automobile Massenfertigung.

So hatte er beispielsweise ein besonderes Interesse an nachhaltigen Kunststoffen aus landwirtschaftlichen Erzeugnissen wie etwa Hanf, Weizen oder Soja. Bekannt wurde sein *Soybean Car*, dessen Karosseriepaneele bereits 1941 aus einem sojahaltigen Kunststoff bestanden. Und in die 1930er Jahre fällt das Projekt *Fordlândia*, eine Kautschuk-Plantage und Retortenstadt auf einem

10.000 Quadratkilometer großen gepachteten Areal in Brasilien. Ziel des Unternehmens war es, die Autoreifenproduktion vom teuren britischen Kautschuk aus Malaysia unabhängig zu machen.

Letztendlich scheiterte Henry Ford bei dem Mammutprojekt jedoch an der unzureichenden Vorsorge gegen Pflanzenkrankheiten, denen die nach sechs Jahren Arbeit erwartete Ernte komplett zum Opfer fiel.[197] Mit nachhaltigen Geschäftsideen wie diesen wäre Ford heute sicherlich ein gefeierter Start-up-Entrepreneur und der Inbegriff vom Self-disruptive Leader.

Kommen wir auf einen weiteren zwiespältigen Punkt zu sprechen: Nach Überzeugung zahlreicher Experten braucht Innovation nämlich von jeher auch ein gewisses Maß an Überheblichkeit. Positiv formuliert wollen überhebliche Menschen etwas erschaffen, was bisher noch keinem anderen gelungen ist, auch ihnen selbst nicht.

Wie bei Thomas Alva Edison, Industrieller und Erfinder, sozusagen der Elon Musk des 19. Jahrhunderts, so ist auch heute bei aktuellen Zeitgenossen wie *Facebooks* Mark Zuckerberg oder eben bei besagtem Elon Musk das überheblich Genialische die Triebfeder für bahnbrechende Erfindungen, aus denen heraus dann wiederum disruptive Geschäftsmodelle entstehen. Apropos Musk: Die einen sagen er sei ein Hasardeur, die anderen sehen in ihm und seinen Unternehmungen nicht ohne Bewunderung die Bestätigung, dass es für Innovationen neben den richtigen Ideen auch das richtige Quäntchen Wahnsinn braucht. Nebenbei bemerkt: Ganz ohne Phantasterei hätte er es sicherlich nicht zum reichsten Mann der Welt gebracht. Tatsächlich hat Musk auf dieser Grundlage praktisch im Alleingang die Straße elektrisiert (*Tesla*) und die Low-Cost-Raumfahrt mit wiederverwendbaren Raketenantrieben ermöglicht (*SpaceX*).[198]

Und da wir gerade davon sprechen, von Albert Einstein stammt das Zitat: „Fantasie ist wichtiger als Wissen, denn Wissen ist begrenzt". Musk hat sicherlich beides, Fantasie und Wissen. Allerdings zeigt er auch ein paar weniger schöne Eigenschaften, die man bei leicht narzisstisch veranlagten Persönlichkeiten oft sieht.

CxO-Mindset

Auch wenn Narzissmus meines Erachtens definitiv keine Wesensart ist, die ich als entscheidendes Merkmal für erfolgreiche Spitzenkarrieren einordnen würde, so ist es dennoch zutreffend, dass sie offensichtlich in punkto Innovation und Kreativität einen besonderen Stellenwert hat.

Eine Studie der Universität Erlangen-Nürnberg zeigt nämlich: Je narzisstischer der CEO ist, desto innovativer das Unternehmen und desto mehr Geld fließt in Digitalisierung und neue Technologien.[199]

Bei Steve Jobs und seiner Firma *Apple* verhält es sich ähnlich. Der grundlegende Unterschied zwischen Jobs und anderen ebenfalls erfolgreichen Unternehmern oder Top-Managern besteht allerdings darin, dass sein Erfolg und mithin der Erfolg des Computerherstellers vor allem auf Kreativität und Innovation beruht.

Der Tech-Konzern bezieht von jeher – im Übrigen auch nach Jobs' Tod im Jahr 2011 – seine Macht aus eigener kreativer Leistung. *iPhone*, *iPad*, *Mac* oder *Apple-TV+* setzen damals wie heute technische und ästhetische Standards für die digitale und mobile Welt. Sie erfüllen die Bedürfnisse vieler Menschen, die vor *iPhone* & Co. überhaupt noch nicht wussten, dass sie dieses Bedürfnis haben.

Jobs und auch sein Nachfolger bei *Apple*, CEO Tim Cook, haben stets danach gestrebt, mit ihren Innovationen den Platzhirsch der jeweiligen Branche zu überflügeln und dafür auch das eigene Unternehmen und dessen Produktentwicklungen regelmäßig in Frage gestellt. Seit mit dem *iPhone* alles fotografiert werden kann, was vor das Handy kommt, braucht es weder Fotoapparate noch Filme oder Fotogeschäfte.

Und seit jedermann online und mobil überall und zu jeder Zeit Bahn- und Flugtickets kaufen und Bankgeschäfte tätigen kann, braucht es auch kaum noch Ticketverkäufer oder Schalterpersonal in einer Bankfiliale. Banking findet heute wie selbstverständlich vor dem Smartphone statt.

Banken müssen stattdessen eine Zweigstelle nach der anderen schließen und verlieren rapide an Börsenwert, die *Commerzbank* ist ein trauriges Beispiel dafür. *Apple* hingegen ist heute das mit Abstand wertvollste und am höchsten bewertete Unternehmen der Welt: Die Tech-Firma kratzte Ende 2021 an der bisher unerreichten Marke von drei Billionen Dollar Unternehmenswert. Tim Cooks Jahresvergütung als CEO beträgt die schwindelerregende Summe von fast 100 Millionen US-Dollar. Das nenne ich Disruption in höchster Vollendung!

Kreativität für Unkreative

Doch zurück zum Thema. Im Rahmen des *Future of Jobs Report* des *World Economic Forum* wurden im Jahr 2020 die zehn wichtigsten Kompetenzen erhoben, die nach Einschätzung der Befragten im künftigen beruflichen Umfeld – konkret in der Zeitspanne 2020 bis 2025 – von entscheidender Bedeutung sind. Außerdem wurde in der Studie der Vergleich zur letzten Erhebung im Jahr 2015 gezogen.[200] Während die Fähigkeit innovativ zu sein im 2015er Kompetenz-Ranking überhaupt noch nicht auftauchte und „Kreativität" es damals gerade so in die Top Ten auf Platz 10 geschafft hatte, nehmen die beiden Kriterien im aktuellen Report nunmehr Spitzenplätze ein: „Innovationsfähigkeit und analytisches Denkvermögen" liegt sogar auf Platz 1 und die Bedeutung von „Kreativität und Originalität" rückt im neuen Ranking auf die fünfte Position vor.

Wenn innovativ und kreativ zu sein also mit zu den wichtigsten Kompetenzen in der heutigen und künftigen Arbeitswelt zählt, hat das selbstverständlich auch Auswirkungen auf die Führungsagenda und das Fähigkeitsportfolio der C-Suite. Das Problem dabei ist: Kreativität und Innovation lassen sich nicht einfach so aus dem Ärmel schütteln oder qua Vorstandsdekret anordnen. Außerdem bringen bei weitem nicht alle der an und für sich gut gerüsteten Führungskräfte genügend Grundtalent mit, um von Haus aus kreativ und innovativ zu sein.

Und selbstverständlich sind Elon Musk & Co. durch die Bank Ausnahmeerscheinungen. Aber – und dies sei hier in aller Deutlichkeit gesagt – man muss in der heutigen Zeit als Führungskraft kein Genie sein, um innovativ, kreativ und disruptiv zu sein.

CxO-Mindset

Für die überwiegende Mehrheit der C-Level-Manager lautet die Grundregel: Statt Innovation durch Genie gilt Innovation durch Führung. Deshalb sind Sie gut darin beraten in punkto Kreativität weder die Messlatte bei sich selbst zu hoch anzulegen noch Ihr Licht unter den Scheffel zu stellen.

Viele meiner Artgenossen tragen nämlich oft ein falsches Selbstbild in sich. Sie empfinden sich als „unkreativ". Wen wundert's, geht es in den Vorstands- und Geschäftsführungsetagen doch eher faktisch-nüchtern, analytisch und pragmatisch zu. Den vermeintlich unkreativen Führungskräften unter uns möchte ich daher drei Denkanstöße mit auf den Weg geben.

CxO-Mindset

Erstens: Fördern Sie eine Kultur, die darauf abstellt, alle vorhandenen Wissensstände im Unternehmen zu nutzen.

Bündeln Sie die Gesamtheit aller Erfahrungen, Fertigkeiten und Kompetenzfelder, die Ihr Unternehmen in der Vergangenheit erfolgreich gemacht haben. Die Experten nenne das **„Domänenwissen"**. Dann verdichten Sie zusammen mit Ihren Mitarbeitenden das Wissen zum kleinsten gemeinsamen Nenner. Dadurch eröffnet sich die Möglichkeit, die bisherigen Erfolgsfaktoren des Unternehmens zu komprimieren und die Essenz daraus auf andere Felder zu übertragen und dort anzuwenden. So entstehen durch Ihr Führungshandeln Innovationen, die von Grund auf zum Unternehmen passen – ein wichtiger Faktor für die Akzeptanz und den späteren wirtschaftlichen Erfolg neuer Ideen.

Ähnlich verhält es sich mit sogenannten **„Intrapreneurship"-Programmen**. Dabei handelt es sich um ein Konzept, welches Mitarbeitenden im Rahmen ihres Angestelltenverhältnisses Freiraum gibt als eigenverantwortlicher Unternehmer im Unternehmen zu agieren, kreativ an selbst entwickelten Ideen zu arbeiten und – sofern diese realisiert werden – an ihrem Erfolg zu partizipieren.

Intrapreneure nutzen dabei vornehmlich den wertvollen Wissensschatz, der im Unternehmen bereits vorhanden ist und kombinieren diesen mit eigenen Ideen. Ziel ist es, dass Mitarbeitende versuchen die Führungsetage von einer zündenden Idee zu überzeugen, die das Potenzial hat, in die Entwicklung neuer Produkte oder Dienstleistungen zu münden, neue Wege der Vermarktung zu gehen oder neue wirtschaftliche Strukturen zu kreieren. Intrapreneurship ist also die Basis von Innovationen, die aus dem Kern des Unternehmens heraus entspringen.

In der Wirtschaft ist diese Art von führungsbasiertem Innovationsmanagement schon recht weit verbreitet, denn mehr als 70 Prozent der deutschen Unternehmen fördern auf die ein oder andere Weise bereits Intrapreneurship. Und das zahlt sich offensichtlich aus: Einer aktuellen Studie zufolge führen rund 50 Prozent der Unternehmen mit eigener Intrapreneur-Unit häufig als erste ein neues Produkt in ihrer Branche ein. Ohne einen solchen internen Innovations-Cluster liegt der Anteil bei nur etwa 30 Prozent.[201] Dabei sind Konzerne deutlich engagierter als KMU oder andere mittelständische Firmen. Die Vermutung liegt daher nahe, dass gerade im deutschen Mittelstand in punkto Wissensmanagement und Intrapreneurship derzeit noch viel Potenzial unausgeschöpft bleibt.

Nicht so bei der mittelständischen Firma *Edding*. Dem traditionsreichen Schreib- und Filzstift-Hersteller ist es aufgrund der vorweg beschriebenen Vorgehensweise gelungen, nach und nach ins Geschäft mit Kreativsprays, Druckerpatronen und Tonern sowie Whiteboards und Flipcharts vorzustoßen. Außerdem macht das Unternehmen mittlerweile auch als erfolgreicher Nagellackproduzent von sich reden.

Die Basis dafür – also der besagte kleinste gemeinsame Nenner – waren das chemische Know-how und die ureigene Kernkompetenz des Unternehmens, brillante Farben auf eine Oberfläche aufzutragen und das Ergebnis haltbar zu machen.[202]

Die *Wirtschaftswoche* zeichnete *Edding* im Jahr 2018 als innovativsten Mittelständler Deutschlands aus. Durch diese Auszeichnung wurde insbesondere der unternehmerische Mut der Eigentümerfamilie und des Führungsteams anerkannt, der darin bestand, Wissensmanagement und die Eigeninitiative der Mitarbeitenden als Innovationsstrategie fest in die Unternehmenskultur zu verankern. Im Ergebnis führte das zur konsequenten Weiterentwicklung der Marke und Entwicklung neuer Produkte und Produktkategorien. Außerdem wurde mit dem Preis der Ausbau von bestehenden Sortimenten sowie die Vorstöße in gänzlich neue Märkte anerkannt.[203]

Wenn Sie ähnlich wie das Management von *Edding* vorgehen und alle bestehenden Wissensstände in Ihrem Unternehmen nutzen, erschaffen Sie ein Innovations-Ökosystem, das tragfähige Ideen schnell zur Marktreife bringen lässt und – das ist entscheidend – eine raschere und bessere Anpassung an veränderte externe Rahmenbedingungen möglich macht, so sie denn kommen. Am Beispiel von *Edding* wird auch noch ein weiterer wichtiger Punkt deutlich:

Take-Aways

Führungskräfte des C-Levels tragen nicht nur Verantwortung für die Entwicklung des Neuen, sondern auch für die Transformation des Alten – und somit letztendlich auch für die strategische Kongruenz zwischen beiden Bereichen.[204]

CxO-Mindset

Zweitens: Teilen Sie Ihr Wissen und kooperieren Sie, auch über die eigenen Unternehmensgrenzen hinweg. Halten Sie Ausschau nach sinnvollen Partnerschaften, denn in den neuen digitalen Ökosystemen gibt es kaum noch Einzelkämpfer.

Das gilt insbesondere, wenn Tempo vonnöten ist und Sie für Ihr Unternehmen neue strategische Geschäftsfelder erschließen oder Wachstumsblockaden überwinden müssen. Mittels solcher Allianzen lassen sich symbiotische Beziehungen aufbauen, in denen unterschiedliche Stärken und Fähigkeiten gebündelt und intensiviert werden – ein Gewinn für alle Beteiligten.

Nutzen Sie darüber hinaus „Think Tanks“ oder Netzwerke unternehmerischer Berufsverbände und Interessensvertretungen für den regelmäßigen Informations- und Erfahrungsaustausch mit Ihren Peers. Oder bauen Sie vielleicht sogar selbst ein Netzwerk auf und fördern so den Austausch von Ideen, Anregungen und Argumenten.

Und noch ein Tipp: Verbinden Sie sich vor allen Dingen besser mit Ihren Kunden und Lieferanten. Ich habe in diesem Zusammenhang beispielsweise sehr gute Erfahrungen mit turnusmäßigen Zufriedenheitsbefragungen gemacht. So erfährt man nicht nur wo der Schuh drückt, und sichert systematisch seine Kundenbeziehungen und Lieferketten ab, sondern baut sich abseits des Tagesgeschäfts noch einen eigenen „Think Tank“ auf, aus dem heraus in der Zusammenarbeit mit den Geschäftspartnern neue Ideen und smarte Problemlösungen von beiderseitigem Nutzen entstehen.

CxO-Mindset

Drittens: Warum nicht den Kreativ- und Innovationsprozess outsourcen?

Etablierte Unternehmen tendieren seit einiger Zeit vermehrt dazu. Sie kaufen oder beteiligen sich an Start-ups oder sie gründen selbst Start-up-ähnliche Einheiten, um abseits des regulären Tagesgeschäfts Ideen zu entwickeln, die eingefahrene Produktpaletten oder festgefahrene Geschäfts- und Kommunikationsprozesse aufbrechen sollen.

Diese Kreativ- und Innovativschmieden haben unterschiedliche Erscheinungsformen. In der Praxis begegnen sie einem oft als „Creative Lab“ oder „Digital

Lab". Ein „Lab" ist ein physischer oder virtueller Raum, der abgekoppelt von den lästigen alltäglichen Routinen, zur Generierung und Umsetzung neuer innovativer Ideen in einem geschützten Umfeld dient. Ein Digital Lab etwa bietet die Plattform für Kooperationen zwischen Unternehmen, Start-ups und Wissenschaft.

Große Konzerne investieren außerdem regelmäßig in Gründerzentren und Technologieparks. Das sind Einrichtungen zur Unterstützung technologieorientierter, zumeist innovativer Start-ups und Jungunternehmer bzw. auf Wachstum angelegter Neugründungen. Auch tragen sie zur regionalen Wirtschaftsförderung und Vernetzung mit der lokalen Geschäftswelt bei.

Im Start-up-Jargon findet sich außerdem noch der „Accelerator" und „Inkubator". Ein Accelerator verfolgt meist das Ziel, das Wachstum eines bereits vorhandenen Geschäftsmodells zu beschleunigen. Er ähnelt häufig einem Boot Camp, in dem in einer kreativen und inspirierenden Arbeitsumgebung verschiedene Start-ups intensiv an der Weiterentwicklung ihres Geschäftsmodells arbeiten und sich dabei gegenseitig befruchten. Bei einem Inkubator steht dagegen die Entwicklung einer ganz und gar neuen Geschäftsidee im Vordergrund, quasi eine Art kreativer Brutkasten.

Das deutsche Paradebeispiel für einen erfolgreichen Business Inkubator ist der sogenannte „Chemovator" des Chemieriesen *BASF*. Bis zu zwölf Gründer oder Early-Stage-Ventures können gleichzeitig an einem zweijährigen Vollzeitprogramm teilnehmen und erhalten dort auf unkonventionelle Art und Weise Ressourcen und Unterstützung, um ihre Ideen rund um das Thema Chemie zu validieren und sie in investierbare und skalierbare Geschäftsmöglichkeiten zu verwandeln.[205]

Übrigens: Wenn Sie so wie ich mit Begeisterung die Serie *Bad Banks* gesehen haben, dann ist Ihnen sicherlich noch der Berliner FinTech-Inkubator des fiktiven Frankfurter Bankhauses DGI in Erinnerung. Im Inkubator, ein futuristisches, leuchtendes Gebäude, treffen traditionelle Banker, beschlipst und in Nadelstreifenanzügen, auf Start-up-Hippster – jung, tätowiert, gepierct und in bunten Holzfällerhemden –, um gemeinsam die Zukunft des Bankings zu entwickeln.

Damit spielt *Bad Banks* nahe am Zeitgeist, denn das Bankgewerbe ist wie kaum ein anderer Wirtschaftszweig akut von disruptiven Umwälzungen betroffen, ich hatte das eingangs dieses Kapitels bereits kurz erwähnt. Außerdem setzt der Erfolg von FinTechs – sie bieten innovative Lösungen zur digitalen Abwicklung von Finanzgeschäften – und der allgemeine Trend zu nachhaltiger Geldanlage die traditionellen Bankhäuser zusätzlich unter Druck.

In der Realität findet sich das fiktive Setting aus *Bad Banks* längst wieder. So verfügt beispielsweise die *Commerzbank* mittlerweile mit dem *main incubator* über einen der bedeutendsten Finanz-Inkubatoren in Deutschland. Er agiert als

Forschungs- und Entwicklungseinheit, ist Frühphaseninvestor in FinTech-Start-ups und untersucht wirtschafts- und gesellschaftsrelevante Zukunftstechnologien. Der Tochter der *Commerzbank* geht es vor allem darum, Banking für die Zukunft mit innovativen Ideen zu gestalten. Ob die *Commerzbank* dabei von *Bad Banks* inspiriert wurde oder umgekehrt, wir werden es wohl nie erfahren.

Doch zurück zum Thema: Ich gebe zu, Kreativitäts- oder Innovationsbarrieren mittels ausgelagerter, Start-up-ähnlicher Gebilde, wie ich sie vorweg beschrieben habe, zu überwinden ist nicht jedermanns Sache. Auch kann ein solches Projekt aufgrund der dafür erforderlichen finanziellen Mittel und dem hohen Maß an Management Attention für Unternehmen und Führungskraft gleichermaßen zu einem durchaus gewagten Unterfangen werden.

Trotzdem aber ist der Grundgedanke richtig. Und statt von null auf hundert zu beschleunigen, gibt es ja auch noch die Möglichkeit in kleinen Schritten vorzugehen. Ein guter und einfacher Zugangsweg in die Start-up-Szene ist beispielsweise der Kontakt zu einem Lehrstuhl oder Institut an einer Hochschule. Gerade in Deutschland und in der Schweiz profitieren Start-ups besonders von der exzellenten Hochschullandschaft. Die Fakultäten leisten aufgrund von Grundlagenforschung, internationaler Hochschulkooperationen und Ausbildung von Absolventen einen zentralen Beitrag zum Wissens- und Technologietransfer. Die meisten Start-ups entstehen daher bzw. siedeln sich in der Nähe der Universitätsstädte an. Jährlich werden dort neue Unternehmen gegründet als direkte akademische Spin-offs.

Was an den Hochschulen aber oft fehlt sind Maßnahmen zur Förderung der Unternehmertätigkeit oder die Vermittlung von Leadership-Skills. Hier könnten Sie sich als Führungskraft und Business-Insider aktiv einbringen, etwa indem Sie Vorlesungen halten, sich als Coach oder Mentor für die Studierenden zur Verfügung stellen oder Praktika in Ihrem Unternehmen anbieten. Oder Sie beteiligen sich finanziell, etwa mittels Promotionsstipendien oder durch die gezielte Finanzierung eines für Sie und Ihr Unternehmen relevanten Forschungs- und Entwicklungsprojektes.

Sie sehen, es gibt eine ganze Reihe pragmatischer Dinge, die Sie in Bewegung setzen können, um ihr Unternehmen an externes Kreativitäts- und Innovations-Know-how anzudocken.

Take-Aways

Wir halten fest: Agilität und Kreativität stehen stets in Rufweite zueinander. Agilität und agile Führung helfen insbesondere mit den von außen kommenden Veränderungen umzugehen, Kreativität hingegen initiiert oder unterstützt die „Selbstzerstörung" von Unternehmen und Geschäftsmodellen, fördert also deren Veränderung und Erneuerung von innen heraus.

Kreativität ist eine der wichtigsten menschlichen Ressourcen überhaupt, kann der Mensch doch im Gegensatz zu den Maschinen und ihrer künstlichen Intelligenz algorithmische Muster brechen und zukunftsweisende Ideen entwickeln. Auch ist Kreativität meist ein Regelbruch, der zum Ziel hat, etwas Neues und Besseres zu erschaffen.

Take-Aways

Kreative bzw. schöpferische Zerstörung ermöglicht per definitionem Unterschiede, Individualität und Normabweichung. Sie ist die treibende Kraft für Innovationen und folglich die Grundlage zur Absicherung von Wirtschaftswachstum und Unternehmensexistenz. „Self-disruptive" Leader sind die Motoren dieses selbst initiierten Wandels. Sie sind gleichermaßen anpassungsfähige wie proaktive Change-Maker.

Führungskräfte solcher Couleur sind wichtige Vorbilder für die ihnen nachfolgende Führungsgeneration. In Zeiten weiter zunehmender Komplexität und Veränderungsgeschwindigkeit werden die Talente der Generation Y und Z maximale Unterstützung und Anleitung brauchen, damit sie ihre eigenen disruptiven Fähigkeiten kontinuierlich weiterentwickeln können, um den Anschluss nicht zu verpassen.

Vermeintliche Kreativitäts-Defizite bei Führungskräften sehe ich im Hinblick auf Top-Management-Karrieren hingegen allenfalls als nachgelagertes Problem. Es gibt, wie wir gesehen haben, probate Mittel und Wege, um sich als Führungskraft hinlänglich mit kreativer Nahrung zu versorgen, insbesondere wenn man als Manager vom Typus her nicht selbst ungebremst kreativ und innovativ ist.

Take-Aways

Ohnehin gilt für die allermeisten Top-Manager – so sie denn nicht gleichzeitig auch geniale Erfinder oder Gründer sind – in erster Linie einen führungsbasierten, statt geniebasierten Innovationsansatz zu verfolgen.

Und daher ist es wichtig, dass angehenden C-Level-Managern bereits schon im Frühstadium ihrer Karriere der übergeordnete Zusammenhang zwischen besagter „kreativer Zerstörung" und Unternehmens- bzw. Karriereerfolg bewusst wird. In diesem Sinne die Relevanz von Kreativität richtig einzuordnen, sie im Unternehmen und Führungsalltag zu kultivieren und adäquat zu organisieren und selbst oder mit Hilfe anderer permanent nach Disruptions- und Innovationspotenzialen Ausschau zu halten zählt ohne Zweifel zu den entscheidenden Merkmalen erfolgreicher C-Level-Karrieren.

Kapitel 16: Bodenständigkeit. Bescheidenheit. Zurückhaltung. Der unterschätzte Werte-Dreiklang

„Vergiss nicht auf dem Gipfel, dass Du aus dem Tal gekommen bist."

Marion Gitzel, Schriftstellerin

Die Hybris-Mentalität der Manager

„Wissen Sie, welche Frage mich als kleiner Junge beschäftigt hat: Ob die Welt wohl dunkel wird, wenn es mich einmal nicht mehr gibt? Und wissen Sie was: Die Frage beschäftigt mich dann und wann heute noch!“ Keine Sorge, diese Zeilen stammen ursprünglich nicht von mir, sondern stehen so im Drehbuchtext des Schauspielers Thomas Heinze, der in dem Fernsehfilm *Die Firma dankt* den Top-Manager Adam Krustenstern spielt.

Der sitzt in der betreffenden Szene im Fond seines schicken Firmenwagens und sinniert laut über das Leben und Managerdasein, während ihn sein Fahrer chauffiert. Dieser nimmt Adams Monolog teilnahmslos und ohne Kommentar entgegen. Krustenstern ist auf dem Weg zu einem Arbeitswochenende, er soll bei einer Tagung zum ersten Mal mit den neuen Eigentümern seiner Firma zusammentreffen.

Adams Managerkollegen wurde im Zuge der gerade abgewickelten Firmenübernahme bereits ausnahmslos gekündigt, Krustenstern jedoch scheint einen Sonderstatus zu genießen, wurde er doch als einzig verbliebener Manager des bisherigen Führungsteams zu dem Treffen mit den neuen Chefs eingeladen. Bei den Gesprächen, so denkt er, wird es wohl um seine berufliche Zukunft, vielleicht sogar um eine besser dotierte Position im Unternehmen gehen. Krustenstern fühlt sich durch die Einladung gebauchpinselt und in seiner Annahme bestätigt, dass er unverzichtbar sei.

Aber vor allem wähnt er sich in Sicherheit. Fälschlicherweise, wie sich im weiteren Verlauf der Wirtschaftssatire herausstellen wird, denn Adam wurde nur aus reiner Neugier eingeladen: Der neue CEO der Firma – jung, flegelhaft und respektlos – wollte lediglich sehen, welcher Typ Mensch sich hinter dem eigentümlichen Namen „Krustenstern“ verbirgt. Sie ahnen es vielleicht schon: Letztendlich wird am Ende der Tagung auch Adam Krustenstern entlassen. Zuvor aber wird er immer wieder das Opfer von Demütigungen, von denen er selbst aber kaum etwas mitzubekommen scheint.

Als Zuschauer jedoch wird man mehr und mehr in diese groteske Situation hineingezogen und spürt mit fortschreitender Handlung immer klarer und deutlicher, was da auf Krustenstern zukommt. Aber der Protagonist ist so von seiner Hybris und Arroganz gefangen, dass er bis zum Schluss glaubt, fest im Sattel zu sitzen und unersetzbar zu sein. Und damit tappt Adam Krustenstern genauso in die Ego-Falle, wie mit seiner kindlich romantischen Assoziation, dass nach seinem Tod auf der Erde das Licht ausgehen könnte, so als sei es ausschließlich dazu da, um ihm zu leuchten.

Es steht außer Frage, die Handlung des Films *Die Firma dankt* bewegt sich irgendwo zwischen Fiktion und Realität. Tatsächlich tummeln sich im Berufsleben aber sehr viele heroische Manager vom Stile Adam Krustensterns, abgehobene Arroganz-Darsteller, denen jede Selbstrelativierung zutiefst fremd ist. Und sie haben durchaus ansehnlichem Erfolg damit, zumindest für eine kurze Zeit. Um ihre Ziele durchzusetzen, verhalten sich arrogante Führungskräfte bewusst gierig, zynisch und anmaßend. Sie agieren zudem oft manipulativ und heuchlerisch, d. h. sie sind nur dann wirklich nett zu ihrem Umfeld, wenn sie von anderen etwas wollen oder vorhaben, Mitarbeitende oder Kollegen vor ihren Karren zu spannen.

Oft verbergen sich aber hinter dieser Hybris große Unsicherheit oder sogar Minderwertigkeitsgefühle, was die betroffenen Akteure dann dazu zwingt, ihre Makel mit viel Arroganz zu überspielen.

Die Soziologen sprechen im Führungskontext übrigens nicht von Arroganz, sondern von „klassenspezifischem Habitus", sprich Personen, die ihren eigenen Wert, ihren Rang oder ihre Fähigkeiten unrealistisch hoch einschätzen. Es gibt viele mahnende Beispiele arroganter, extrovertierter und moralisch verwerflicher Top-Manager, die zwar durchaus erfolgreich agieren, aber an einem bestimmten Punkt krachend an ihrer Hybris gescheitert sind und danach karrieretechnisch nie mehr Boden unter die Füße bekommen haben. Ich selbst habe einige Karrieren deswegen straucheln und regelrecht in die Grütze gehen sehen. Dünkelhaftes Auftreten der Führungskräfte und der Verlust der Bodenhaftung waren in den allermeisten Fällen die Gründe dafür.

Wie gesagt, arrogante Zeitgenossen können durchaus sehr erfolgreich sein, aber in der Regel ist dieser Erfolg nicht nachhaltig. Und das liegt wohl nicht zuletzt auch an der grundsätzlichen Gemütsverfassung arroganter und überheblicher Führungskräfte. Anhand von Studien konnte nämlich nachgewiesen werden, dass arrogante und zur Hybris neigende Personen ihre Mitmenschen tendenziell negativ beurteilen und dass dadurch eine Wechselwirkung mit der eigenen Persönlichkeit entsteht:

CxO-Mindset

Menschen, die andere Menschen häufig negativ betrachten, haben in der Regel selbst eine negative Persönlichkeit. Sie sind zudem launisch und instabil und haben einen Hang zu Narzissmus und unsozialem Verhalten.[206]

Und wer sein Umfeld schlechtredet, muss oft auch um seine Gesundheit fürchten: Ein amerikanisches Forscherteam der Wake-Forrest-University in Winston-Salem hat herausgefunden, dass bei Menschen, die etwas schlechtreden und dadurch Dinge zum Negativen verändern, eine höhere Wahrscheinlichkeit besteht, an Depressionen und anderen Persönlichkeitsstörungen zu erkranken, als wenn Menschen andere in ihrem Umfeld tendenziell positiv und wohlwollend oder zumindest weniger negativ beurteilen.[207]

Take-Aways

Die Hybris-Mentalität ist nicht nur ein Karriererisiko, sondern langfristig gesehen auch eine Gefahr für die Gesundheit von Führungskräften. Arroganz kann somit einen hohen Preis haben.

In der Ruhe liegt die Macht. Von den Stärken der stillen Chefs

Die C-Suite gilt von jeher als Haifischbecken. Wer Erfolg haben will muss laut, dominant und extrovertiert sein. So zumindest war über Generationen hinweg die landläufige Vorstellung derer, die einen Top-Job auf oberster Führungsebene anstrebten. Offenkundig also nichts für Introvertierte, mithin schüchterne und zurückhaltende Menschen, die eher still sind und nicht gerne im Mittelpunkt stehen?

Ohne Frage verfügen introvertierte Führungskräfte häufig über großes Wissen, und haben auch sehr viel mehr zu sagen, als man vermutet. Doch es entspricht einfach nicht ihrem Naturell, Dinge mit der gleichen Vehemenz nach außen zu tragen, wie die sogenannten „Extros", die Extrovertierten, das tun.

Still, zurückhaltend und introvertiert zu sein ist in den Augen vieler nichts für mächtige und erfolgreiche Unternehmenschefs. Und das führt mitunter zu der paradoxen Entwicklung, dass Führungskräfte mit überwiegend introvertierten Wesenszügen sogar lieber dem klischeebeladenen Idealbild des jovialen Managers nacheifern und mit antrainiertem Hochmut und gekünsteltem Arroganz-Kostüm durch den Manageralltag schreiten, statt sich offen zu ihren zurückhaltenden Eigenarten zu bekennen.

Das muss nicht sein, denn stille Führungskräfte können – wie wir gleich sehen werden – aus ihrer vermeintlichen Schwäche große Vorteile ziehen, die sie nicht nur zu guten, sondern unter bestimmten Umständen sogar die bessern Chefs werden lässt.

CxO-Mindset

Bescheiden und zurückhaltend zu sein, scheint nämlich den besonderen Rahmenbedingungen der VUKA-Welt durchaus in die Karten zu spielen. Tatsächlich verfügen introvertierte Manager über eine Reihe von Eigenschaften und Fähigkeiten, die sich positiv auf die Entfaltung von Karrieremerkmalen auswirken, die aktuell eine große Rolle spielen, beispielweise Agilität, Vielstimmigkeit oder Empathie.

Einer Studie des amerikanischen Organisationspsychologen Adam Grant zufolge sind Teams, die von extrovertierten Chefs geleitet werden, nur dann überaus wirtschaftlich erfolgreich, wenn die Team-Mitarbeiter eher eine passive

Arbeitsweise haben, also eher Befehlsempfänger denn Mitgestalter sind. Mitarbeitende, die selbst aktiv an Verbesserungen mitwirken wollen, sind hingegen unter introvertierten Chefs produktiver. Warum das so ist, liegt auf der Hand:

CxO-Mindset

Die sogenannten „Intros" verfügen über ein hohes Maß an Offenheit, hören ihren Mitarbeitern besser zu, ermutigen sie, eigene Vorschläge zu unterbreiten und nehmen diese dann auch gerne an, statt – wie die „Extros" es meist tun – ohne nach links und rechts zu schauen immer nur ihr eigenes Ding durchzuziehen.[208]

Auch haben introvertierte Führungskräfte in der Regel kein überzogenes Selbstbewusstsein und gehen daher viel toleranter mit Mitarbeitenden um als Chefs, die sich für überlegen und unfehlbar halten. „Intros" sind nicht nur überdurchschnittlich fokussiert, sie reflektieren sich und andere auch sehr intensiv. Außerdem ziehen sie es vor, eher im Hintergrund zu bleiben, um ihren Teams nicht die Schau zu stehlen.

Außerdem verfügen die „Intros" über einen weiteren entscheidenden Pluspunkt: Sie werden nämlich oft unterschätzt und haben dadurch meist den Überraschungseffekt auf ihrer Seite, wenn sie einmal aus sich herausgehen. Stille Wasser gründen eben tief! Und wer diese Strategie etwas steuert und gezielt einsetzt, verfügt über einen weiteren Vorteil. Laut einer Studie sind Introvertierte, die gelernt haben, sich punktuell und situativ extrovertiert zu geben, häufig erfolgreicher als diejenigen, die nur in ihrem Schema verharren. Daraus folgt:

CxO-Mindset

Intros, die lernen, die eigene Wirkung dem Umfeld anzupassen, können die Vorteile ihres Persönlichkeitstyps voll und ganz für sich nutzen.[209]

Im Übrigen wird auch umgekehrt ein Schuh draus: Arroganz oder Extrovertiertheit mäßigen und situativ in Richtung Zurückhaltung steuern zu können, kann einer Karriere sehr dienlich sein. Eine gute Show hat noch niemandem geschadet, aber Schein und Sein müssen dabei stets in Rufweite zueinanderstehen.

Je besser, desto bescheidener?

Im Gegensatz zu extrovertierten Managern verfügen introvertierte und bescheidene Führungskräfte über Persönlichkeitsmerkmale, die sie vor allem als besonders vertrauensvolle und verlässliche Führungskräfte charakterisieren: Demut, Wahrhaftigkeit, Ehrlichkeit, Aufrichtigkeit und unprätentiöses Auftreten gehören dazu.

Apropos Vertrauen: Die *Navy SEALs*, eine Elite- und Spezialeinheit der US-Marine, hat eine Regel entwickelt, nach der Soldaten ausgesucht und Truppen zusammengestellt werden. Dabei spielen lediglich zwei Faktoren eine entscheidende Rolle: Erstens, die Leistung, die Rekruten im Einsatz zeigen und zweitens, ihre Vertrauenswürdigkeit bzw. ihre Fähigkeit, selbst anderen Vertrauen entgegenzubringen.

Die Militärexperten haben herausgefunden, dass High-Performer, die nicht das Vertrauen ihrer Kollegen und Untergebenen haben, zwar kurzfristig Erfolge erzielen können, das Leistungsniveau der Truppe aber unter ihrer Führung nach und nach immer mehr absackt. Und deshalb nehmen die *Navy SEALs* niemanden mit geringer Vertrauenswürdigkeit in ihre Truppen auf, auch wenn die betreffende Person eine noch so gute Performance zeigt. Stattdessen rekrutieren sie lieber Kandidaten mit mittlerem Leistungsstand, aber hoher Vertrauenswürdigkeit. Nach Auffassung der Militärexperten sind Menschen mit hoher Leistungsfähigkeit und geringer Vertrauenswürdigkeit schlechte, toxische Führungskräfte.[210]

Diese Einschätzung lässt sich nach meinem Dafürhalten eins zu eins in die Unternehmenswelt übertragen: Ohne wechselseitiges Vertrauen keine nachhaltige Leistung. Nur wenn das Team der Führungskraft und die Führungskraft dem Team vertraut, kann Leadership langfristig wirksam sein und im Unternehmen zu einträglichen Ergebnissen führen.

CxO-Mindset

Sprücheklopfer, Spalter oder lautes Marketinggetöse bekommen zwar kurzzeitig Beachtung, bauen aber in aller Regel kein Vertrauen auf.

Im Rahmen meiner C-Level-Karriere habe ich viele erfolgreiche Führungskräfte getroffen, deren herausragendes Karrieremerkmal stattdessen ihre Unauffälligkeit und unaufgeregte Art war. Mich persönlich hat dieser Manager-Typus immer fasziniert und ehrlich gesagt messe ich ihm auch für die Zukunft einen hohen Stellenwert bei:

Besonders in Zeiten agilen Wandels, überhitzter Märkte und explosiver gesellschaftlicher und politischer Stimmungen bedeutet Führung mehr denn je, das eigene Ego aus dem Spiel nehmen zu können.

Kontroll- und Machtverlust gilt es nicht nur zu akzeptieren, sondern ohne Umschweife tatsächlich zu wollen. Auf einer solchen Vertrauensbasis lassen sich Mitarbeitende konsequent weiterentwickeln und in Verantwortung bringen. Hilfreich sind dabei Disziplin, tägliche Routinen, Pragmatismus und ein uneiteler und seriöser Selbstauftritt. Das klingt im Kontext einer Spitzenkarriere zwar ziemlich fad und unsexy, schützt einem aber davor, seine eigene Leistung allzu wichtig zu nehmen und dabei allgegenwärtigen Wandel oder aufstrebende Wettbewerber zu unterschätzen.

Leise Führungskräfte können also eine starke und gegebenenfalls sogar eine noch stärkere Wirkung haben als ihre lauten und extrovertierten Pendants.[211] Gerade in Zeiten großer Unsicherheit und disruptiver Veränderungen liegt insofern die Vermutung nahe, dass Unternehmen, die von tendenziell introvertierten und vom Wesen her bescheidenen C-Level-Managern geführt werden, auch wirtschaftlich erfolgreicher sein könnten.

In einer Studie der Personalberatung *Russell Reynolds Associates* findet sich ein Beleg für diese These: Anhand der Auswertung psychometrischer Daten von mehr als 900 C-Level-Managern wurde untersucht, ob es auf Ebene der Spitzenkräfte spezifische Merkmale gibt, die gute von sehr guten Managern, sogenannten Best-Performern, unterscheiden. Letztere sind im Kontext der Studie Chefs, deren Unternehmen regelmäßig ein Umsatzwachstum von fünf Prozent oder mehr vorweisen können. Das Ergebnis überraschte sogar die Experten: Trotz ihres Erfolges sind die Best-Perfomer unprätentiöser und empathischer und verzichten im Führungsalltag häufiger auf Schönfärberei und Übertreibung als ihre weniger erfolgreichen Kollegen. Außerdem sei ihnen Eigenmarketing eher unangenehm und sie gäben sich deutlich weniger arrogant als die schlechter wirtschaftende Vergleichsgruppe, so die Studie.[212]

Arroganz macht Schlagzeile, Bescheidenheit den Unterschied

Demütig und zurückhaltend zu sein bedeutet mitnichten, den lauten und arroganten Artgenossen kampflos das Feld zu überlassen. Bescheiden zu sein ist schlichtweg nur die Abwesenheit von Arroganz, Überheblichkeit und Hybris, also eine durch und durch gute und erstrebenswerte Tugend.

Tatsächlich wird einem der Wertedreiklang aus Bescheidenheit, Bodenständigkeit und Zurückhaltung meistens in die Wiege gelegt und ist daher nur schwer erlernbar. Wer aber sein Augenmerk darauf richtet oder vielleicht sogar von Natur aus über diese Charaktereigenschaften verfügt, kann es weit bringen, weil er nicht dauernd damit rechnen muss, dass ihm im Karriereverlauf schlechter Stil, Arroganz oder Hybris zum Verhängnis werden.

Wenn Bescheidenheit also ein entscheidendes Merkmal für eine erfolgreiche C-Level-Karriere ist, warum begegnen einem dann aber im Business-Alltag trotzdem immer noch so viele arrogante Führungskräfte?

Nun, das liegt nach meiner Beobachtung an drei Dingen: Zuallererst ist es wohl den eher schroffen, lauten und extrovertierten Realitäten unserer Geschäftswelt geschuldet, dass Führungskräfte nach wie vor mit übertriebenem Selbstbewusstsein das Klischee vom starken Mann bedienen wollen. Während bei der Besetzung von C-Level-Positionen stille Manager tendenziell tiefstapeln und so die ein oder andere Karrierechance an sich vorbeiziehen lassen, erhalten solche, bei denen extrovertierte Attribute herausstechen eher den Vorzug. Letztere strotzen nur so vor Selbstüberzeugung und suggerieren den Rekrutierungsgremien mit charismatischem Auftreten Sicherheit und Erfolg.

Mal Hand aufs Herz, wenn Sie eine Top-Position zu besetzen hätten, würden Sie dann Ihrem Headhunter die Persönlichkeitsmerkmale Bescheidenheit und Zurückhaltung ins Search-Profil hineindiktieren? Falls ja, wären Sie damit eine ebenso seltene wie mutige und rühmliche Ausnahme. Die meisten Vorzeige-C-Level-Manager sind in der öffentlichen Wahrnehmung ja genau das Gegenteil. Somit werden sich vermutlich auch nur sehr wenige Kandidaten finden, die sich offen zu ihrer unprätentiösen, demütigen und bescheidenen Art bekennen.

Der zweite Punkt: Bei vielen Führungskräften herrscht tief im Inneren die stillschweigende Annahme, dass das Berufsleben grundsätzlich und immer ein ständiger Wettkampf ist, zwischen Unternehmen ebenso wie zwischen Führungskräften. Getreu dem Motto: Wenn man nicht gewinnt, verliert man. Und das wiederum nährt den Glauben, dass dort, wo demonstrative Stärke, Ehrgeiz und Durchsetzungskraft, also Ambition erwartet wird, kein Raum für Bescheidenheit bleiben darf, denn die könnte einen schwach und verletzlich aussehen lassen und zum Nachteil gereichen.

Wer mit einem solchen Mindset durch den Führungsalltag schreitet, dem dürfte es ohne Frage schwerfallen, Bescheidenheit und Zurückhaltung als eine entscheidende Führungstugend anzuerkennen. Wenn es um die Vereinbarkeit von Bescheidenheit und Ambition geht, wird bei karrierewilligen Managern tatsächlich noch zu sehr schwarz-weiß gedacht. Das überrascht, denn sowohl Unternehmenslenker wie Forscher sind sich schon seit vielen Jahren einig:

CxO-Mindset

Bescheidenheit und ambitioniertes Erfolgsstreben sind kein Widerspruch oder Führungsparadoxon.

Nach ihrer Auffassung ist der Löwenanteil der nachhaltig erfolgreichen Top-Manager in der Lage, beides zu kombinieren: Sie sind fokussiert auf die Arbeit und das Team, nicht auf sich selbst. Sie fördern und fordern enge und bereichsübergreifende Zusammenarbeit sowie schnelles Lernen und Höchstleistungen in ihren Teams. Dabei sind sie stets erfolgshungrig und ambitioniert, aber demütig, wenn der Erfolg sich tatsächlich eingestellt hat. Dann fühlen sie sich glücklich und bestätigt, aber nicht allmächtig.[213] Meistens kennen sie ihre Schwächen ziemlich gut, sind begierig darauf, sich selbst unentwegt zu verbessern und immer dankbar für die Stärken anderer Menschen in ihrem Umfeld.[214]

Für Ihre *Mission Leadership* bedeutet das, dass Sie ambitioniert *und* macht- und erfolgshungrig sein und trotzdem mit Demut, Bescheidenheit und Anstand zur Tat schreiten können, ja vielleicht sogar müssen, um nicht in die Ego-Falle zu tappen.

Seien sie daher stets unbescheiden in Bezug auf Ihre Ziele, jedoch immer bescheiden in Bezug auf die eigene Person.

Ein gutes Beispiel dafür ist Satya Nadella, CEO von *Microsoft*. Anders als sein extrovertierter und zuweilen auch prahlerisch auftretender Vorgänger Steve Ballmer, der den Softwaregiganten stets als eine Mischung aus Fußballtrainer und Fernsehprediger mit einer Energie, auf die der *Duracell*-Hase hätte neidisch werden können, führte, setzt Nadella seine hohen Ambitionen mit leisen Tönen um und lenkt damit den Fokus auf die Sache, nicht auf seine Person.[215] Und das tut er mit nachweislich sehr großem Erfolg.

Take-Aways

Demütiges und bescheidenes Auftreten im Dienste einer ambitionierten und erfolgreichen Karriere ist möglicherweise die effektivste und nachhaltigste Auffassung von Führung überhaupt.

Der dritte Grund, warum Spitzenmanager immer wieder der Hybris verfallen, hängt meines Erachtens damit zusammen, dass die betreffenden Personen nicht selbstbewusst und souverän genug sind, um zu akzeptieren, dass sie nicht selbst alle Antworten auf die Fragen haben können, mit denen sie als Führungskraft tagein tagaus konfrontiert werden. Das heißt, wer sich selbst als omnipotenter und allmächtiger Unternehmenslenker sieht und sich damit schwer tut einzugestehen, dass er dauerhaft oder auch nur temporär von anderen Menschen abhängig ist, wird dies immer wieder mit Arroganz überspielen müssen. Am schlimmsten trifft es diejenigen, die das Angewiesen-sein auf andere komplett leugnen und dadurch wichtige Dinge nicht oder nur mangelhaft erledigt bekommen.

Eine andere Form der Selbstsabotage ist es, wenn bei wichtigen Entscheidungen stur auf die eigene, meist eingeschränkte Sichtweise und nicht auf das Wissen anderer zurückgegriffen wird. Ich habe in meiner Karriere schon Führungskräfte erlebt, die es vorgezogen haben, lieber mit einer Sache grandios zu scheitern, als sich die Abhängigkeit von anderen offen einzugestehen.

Auch wenn es hier und da verlockend ist, Führung als Positionsmacht auszuleben, so muss sie doch vor allem auch eine erkennbar bescheidene, demütige und dienende Komponente haben. Übrigens: Der Ausdruck „Demut“ kommt von althochdeutsch *diomuoti*, was so viel bedeutet wie „dienstwillig“ zu sein oder frei übersetzt die „Gesinnung eines Dienenden“ zu haben.

Insofern gehören Demut und Bescheidenheit zum Wesen von Führung schlechthin. Sie sind fraglos unverzichtbare und praktische Notwendigkeiten für eine erfolgreiche C-Level-Karriere.

Take-Aways

Sie haben es beim Lesen der letzten Seiten sicherlich gemerkt: Gerade wenn man an der Unternehmensspitze steht, braucht es, um sich zur Bescheidenheit zu bekennen, eine ganze Menge Mut und Selbstbewusstsein. Das aber zahlt sich definitiv aus, denn Ego und Charisma bekommen zwar temporär Beachtung, Bescheidenheit und Anstand jedoch führen zu nachhaltigen Ergebnissen.

Bodenständigkeit und Anstand. Ethischer und moralischer Unterbau einer Karriere

Lassen Sie uns abschließend noch einen Blick auf die Themen Bodenständigkeit und Anstand werfen. Leider stehen diese Persönlichkeitsmerkmale in der heutigen Arbeitswelt häufig auch als Synonym für ein Zuviel an Nettigkeit. Und bei Führungskräften gilt bei der Frage nach dem Verhältnis zwischen Macht und Charakter deshalb oft noch die unausgesprochene Devise: Nett sein und Chef sein passen nicht zusammen. Dass es für eine erfolgreiche Karriere aber nicht zwingend die durchgehend ausgefahrenen Ellenbogen braucht, sondern auch nette und umgängliche Menschen es ganz nach oben schaffen können, haben wir bereits in Kapitel 13 gelernt. Jedoch gilt es für C-Level-Manager den schmalen Grat zwischen nett sein und *zu* nett zu sein vorsichtig zu beschreiten, Sie erinnern sich vielleicht noch an die sogenannte „Goldlöckchen-Zone".

Wie dem auch sei, es gibt zahlreiche Beispiele von Menschen aus Politik und Wirtschaft, die belegen, dass sie nicht trotz, sondern gerade wegen ihrer anständigen Art Großes geschaffen haben. Nicht ohne Grund sehen Experten daher vor dem Hintergrund einer immer lauter und unberechenbarer werdenden, ja zuweilen exzentrischen Geschäftswelt in der Macht des Anstands einen entscheidenden Führungs- und Erfolgsfaktor.[216]

Nicht Genialität und Charisma verleihen einer Führungskraft nachhaltige Strahlkraft, sondern ihre innere Haltung. Die Lebenseinstellung und der moralische Unterbau, also das „Ethos", sind für echten Karriereerfolg entscheidend.

Insofern schließe ich mich dem amerikanischen Autor und Coach Simon Sinek an, der sinngemäß rät: Stelle Mitarbeitende nicht wegen ihrer Fähigkeiten ein, sondern wegen ihrer Haltung, denn Fähigkeiten kann man jemandem beibringen, Haltung nicht.[217]

Tatsächlich sind Begriffe wie Anstand und Moral oder Ehrbarkeit und Verlässlichkeit gar nicht so altbacken wie sie klingen. Die Entwicklung einer berufsbezogenen Ethik erlebt nämlich aktuell gerade bei jungen Menschen eine gewisse Art von Renaissance.

Das ist auch gut so, denn es ist wichtig, dass angehende Führungskräfte genau hinsehen und sich ihrer Werte bewusst sind. So lernen sie ihren eigenen Verantwortungs- und Geltungsbereich besser zu definieren und abzugrenzen. Anstand und eine verinnerlichte Berufsehre helfen angehenden C-Level-Managern dabei, die Einheit von Aufgabe und Person herzustellen. Das schafft nicht nur Bewusstsein und Motivation, sondern trägt nebenbei auch noch zur Authentizitätsbildung bei.[218]

Hinter der inflationär verwendeten „Authentizität“ verbergen sich ohnehin nichts weiter als Werte wie Bodenständigkeit, Echtheit, Glaubwürdigkeit und Zuverlässigkeit.

Take-Aways

Nach meiner Überzeugung braucht eine Leadership-Karriere zwingend einen soliden ethischen Unterbau und jede Menge moralischen Mut. Wer sich seiner Verantwortung und Berufsehre bewusst ist, wird beispielsweise kaum anfällig sein für Korruption oder die ein oder andere zweifelhafte Verlockung, die das Geschäftsleben so mit sich bringt.

Noch ein abschließender Gedanke zur Bodenständigkeit. Würde man der landläufigen Klischeevorstellung uneingeschränkt Glauben schenken, hätte Bodenständigkeit wohl wenig mit einem erfüllten Leben und schon gar nicht mit einer erfolgreichen C-Level-Karriere zu tun. Tatsächlich ist genau das Gegenteil der Fall.

Wer Ambitionen hat und sich gern zu Höherem aufschwingt, kann nur Erfolg haben, wenn er gut verwurzelt ist.

Angeblich riet schon Goethe: „Zwei Dinge sollen Kinder von ihren Eltern bekommen: Wurzeln und Flügel.“ Bei dem Karrieremerkmal Bodenständigkeit geht es also mitnichten um Stillstand, sondern vielmehr um stabile Beweglichkeit. Festen Boden unter den Füßen zu haben, also „down-to-earth“ zu sein, ist gerade für Menschen mit einem dynamischen Selbstbild unverzichtbar. Auf diese Weise können Sie, liebe C-Level-Managerinnen und -Manager in spe, es schaffen, auf ihrer *Mission Leadership* hin und wieder voller Leichtigkeit über Hindernisse zu springen und dabei sogar noch den ein oder anderen Höhenflug wagen.

Zwischenfazit: Werden Sie zum CEO Ihrer eigenen Karriere

„Bei einer Zeitenwende bekommen nicht alle die Kurve."

Siegfried Wache, Luftfahrzeugtechniker und Autor

Es ist an der Zeit für eine kurze Zwischenbilanz. Lassen Sie uns daher die bisherigen Erkenntnisse noch einmal Revue passieren:

Die Rahmenbedingungen der Führungsarbeit in den Unternehmen verändern sich gerade fundamental: Karrierewege und Führungsbilder wandeln sich grundlegend und Digitalisierung, Corona-Pandemie und Kriegsgeschehen wirken epochal.

Die Realwirtschaft hat im Jahr 2021 nachgezogen, was die weltweiten Börsen beim Corona-Beginn im März 2020 in nur drei Wochen vorweggenommen haben: Von Apokalypten-Stimmung zu brutaler Überhitzung. Und obwohl das Virus im zweiten Corona-Jahr die Gemütslage erneut massiv getrübt hat, boomte die Wirtschaft wie selten zuvor. Lieferengpässe, Personalnotstand und Inflation waren und sind die Begleiterscheinungen.

Wachstumsprognosen von Wirtschaft und Politik verlaufen nunmehr seit über zwei Jahren im Zickzack-Kurs und Ökonomen tun sich schwer damit, Erklärungsmodelle dafür zu finden oder einen mittelfristigen Trend daraus zu lesen. Wie auch? Kaum waren die durchaus vielversprechenden Erwartungen für das diesjährige Wirtschaftswachstum veröffentlicht, kassiert der Ukrainekrieg im Februar schon wieder die positiven Aussichten.

Und was passiert, wenn der Krieg wider Erwarten doch ein schnelles Ende findet oder zur Alltagsnormalität wird, folgt dann die nächste Hausse? Tatsache ist, niemand weiß, welche Schritte Putins Russland als Nächstes unternehmen wird. Ebenso wahrscheinlich ist es daher, dass verschärfte Energieembargos und Preisexplosionen oder die Verbreitung noch aggressiverer Corona-Varianten unsere Wirtschaft und unser soziales und gesellschaftliches Leben erneut in eine tiefe Depression treiben, mit gegebenenfalls sogar noch fundamentaleren Auswirkungen, als wir uns das derzeit vorstellen können.

Insofern hat auch das dritte Corona-Jahr durchaus das Potenzial, wiederum ein Jahr der Paradoxe zu werden. Ob wir es nun wahrhaben wollen oder nicht: Wir befinden uns in einer Ära, in der sich die Krise als Normalzustand etabliert hat. Unternehmen und Führungskräfte sehen sich aufgrund dessen mit einer neuen Arbeits- und Führungsrealität konfrontiert, die – wie unter einem Brennglas – Stärken und Defizite augenscheinlich werden lässt und verschärfte Anforderungen für die Akteure im Schlepptau hat.

Hinzu kommt der Paradigmenwechsel: Geld, Macht und Status verlieren an Stellenwert, stattdessen dominieren ESG-Themen die Tagesordnung und das Agenda Setting in der C-Suite. Der Beginn einer Transformationsära also, in der die nachrückenden Kader zu den ersten C-Level-Managern gehören werden, die ökologische und soziale Verantwortung zu ihrem Hauptziel erklärt haben und als Verfechter von mehr gesellschaftlicher Verantwortung in der Geschäftswelt und für faire und nachhaltige Unternehmensführung auf- und eintreten.

In einer von der Beratungsgesellschaft *KPMG* aktuell durchgeführten Studie gehen 74 Prozent der befragten deutschen CEOs bereits heute schon davon aus, dass sie in Zukunft persönlich in die Verantwortung genommen werden, soziale Aspekte im Unternehmen adäquat zu adressieren und voranzutreiben.[219] Götz Rehn, Gründer und Geschäftsführer von *Alnatura*, einem der größten Biohändler in Deutschland und Repräsentant einer jetzt abtretenden Manager-Generation, fordert deshalb öffentlich, dass nicht länger der wirtschaftliche Erfolg der dominierende Maßstab für das künftige Führungshandeln sein dürfe. Stattdessen müsse die Neugestaltung einer menschlicheren und nachhaltigeren Gesellschaft und Wirtschaft, die Pflege der Natur und eine umfassende Bildungsinitiative die Richtschnur für die C-Suite vorgeben.[220] Mensch vor Profit also.

Eine solche Führungs- und Unternehmensphilosophie birgt das Potenzial, die Bedürfnisse der jüngeren Arbeitsgenerationen, also die Generation Y und Z, anzusprechen, und zwar unabhängig davon, ob es darum geht, sie als Mitarbeitende zu gewinnen oder sie dazu zu ermutigen, selbst eine Leadership-Karriere in Angriff zu nehmen.

Take-Aways

Wenn überhaupt, dann ist für ambitionierte Fach- und Führungskräfte eine Karrierelaufbahn auf C-Level-Niveau heutzutage nur noch dann erstrebenswert, wenn sie sinnstiftend und auch jenseits rein ökonomischer Beweggründe erfüllend ist.

Über das sinnhafte Tun hinaus spielt dabei immer mehr auch das Streben nach konkreter Fortentwicklung eine wichtige Rolle. Sprich, neben dem „Purpose" sind „Impact" und „Progress" die Triebfedern für eine dauerhafte Karrieremotivation. Gleich, ob es soziale, ökologische und ökonomische Nachhaltigkeit, ethische Grundsätze und menschlicheres Arbeitsklima oder individuelle Handlungsspielräume und hierarchiefreie Kommunikation sind:

Take-Aways

Berufliche Karriere wird von den nachrückenden Arbeitnehmer- und Managergenerationen in erster Linie als verpflichtender Auftrag, Lebensreise und „Mission" begriffen statt als symbolträchtiges und eigennütziges Laufbahnziel.

Dies vorausgeschickt, denke ich, ist es nicht übertrieben, von einer Zeitenwende in der Führung von Unternehmen und Organisationen zu reden. Wir befinden uns in der Situation eines perfekten Sturms, der aus allen Himmelsrichtungen bläst. Es braucht daher einen starken Kompass und mehr Manager, die Krise nicht als Ausnahme, sondern als Normalzustand akzeptieren. Insbesondere die Führungskräfte der Top-Riege spielen dabei eine entscheidende Rolle. Sie müssen umdenken und nunmehr anders agieren und über ein anderes Portfolio an Eigenschaften, Wesensmerkmalen und Schlüsselqualifikationen verfügen, als das bislang der Fall war.

Take-Aways

Traditionelle Wege in Richtung Führungspersönlichkeit wurden bis dato für isolierte und stark hierarchisch strukturierte Rollen konzipiert, deren Dreh- und Angelpunkt eine enge, funktionale und sachorientierte Expertise war. Doch diese Art von Führung eignet sich nicht mehr für die Arbeitswelt der Zukunft. Führungskräfte von morgen haben nämlich vor allem die Aufgabe ihren Mitarbeitenden zu dienen und nicht umgekehrt.

Führung und Erfolg realisieren sich am Ende immer über die Geführten. Wer das Zeug zum C-Level-Manager hat, erkennt und verinnerlicht diesen Aspekt bereits im Frühstadium seiner Karriere und richtet auch die Modellierung seiner Führungskompetenzen danach aus.

Take-Aways

Die Aufgabe von Führung ist, einen Zustand im Unternehmen zu erschaffen, der andere dazu motiviert, zu wachsen und selbst einmal führen zu wollen.

Natürlich kann man niemanden zwingen Verantwortung zu übernehmen, aber man kann, wie es der Berater Stephen Shedletzky einmal formuliert hat, entscheiden, die Führungskraft zu sein, die man selbst gerne zum Chef hätte.[221] Wer das verstanden hat, wird als C-Level-Manager eine Unternehmenskultur entstehen lassen, die auch harte Stürme überstehen kann.

Tatsächlich findet sich selbst in der wissenschaftlichen Managementliteratur keine abschließende Auflistung derjenigen Eigenschaften, die eine gute Top-Führungskraft von heute, bzw. von morgen, auf sich vereinen muss. Auch die in diesem Buch zusammengetragenen Merkmale können dafür kein Garantieversprechen geben. Aber, und das ist die gute Nachricht, sie sind eindeutige Wegweiser zu den Fähigkeiten und Kompetenzen, die karrierewillige Managerinnen und Manager benötigen, um ihre Mission, nämlich als Leader an der Spitze eines Unternehmens zu stehen und Gutes zu bewirken, erfüllen zu können.

Wenn die zehn entscheidenden Merkmale erfolgreicher C-Level-Karrieren für Sie Sinn ergeben, Sie sich daran orientieren und die Bereitschaft mitbringen, sich dieses Know-how peu à peu zu eigen zu machen, wird Ihnen das – so viel kann ich durchaus versprechen – maßgeblich dabei helfen, ihre ambitionierten Laufbahn-Ziele auch tatsächlich zu erreichen. Gehen wir die zehn entscheidenden Merkmale noch einmal der Reihe nach durch:

Geduld ist genau das, was vielen Transformationsprozessen und Innovationsvorhaben heute fehlt. Blinder Aktionismus ist Unsinn, er bringt Führungskräfte und Unternehmen nämlich nur dorthin, wo sie eigentlich gar nicht hinwollten. Abwarten, bis bessere Umstände eintreten, ist daher keine Schicksalsergebenheit, sondern bewusstes Führungshandeln. Die Bereitschaft, auf das langsamere

Tempo der anderen einzugehen ist im Zweifelsfall genauso wichtig und richtig wie der eigene Wunsch nach Geschwindigkeit und Beschleunigung.

Risikobereitschaft. Erfolgreiche C-Level-Manager verlassen wann immer die Gelegenheit sich bietet ihre Komfortzone, jedoch ohne übermütig oder naiv zu sein. Das Unbekannte ist der Hebel für ihr Vorwärtskommen. Dabei nutzen sie vor allem Krisen, egal ob es sich um unternehmensinterne oder gesamtwirtschaftliche Widrigkeiten handelt. Krisen lassen sich meist sowieso nicht aufhalten, warum ihnen also nicht mit Courage begegnen. Wer sich in riskanten Situationen beweist, macht positiv auf sich aufmerksam und befördert so seine Karriere – der verdiente Lohn des Wage- und Wandelmuts.

Glück. Erfolgreiche C-Level-Manager haben gelernt, vermeintliche Zufälle, überraschende Begebenheiten oder Fügungen, kurz gesagt das Glück, besser für sich zu nutzen als ihre Pendants. Sie sind aktiv und kommunikativ, gut vernetzt und nutzen möglichst viele Anknüpfungs- und Kontaktpunkte in ihrem Umfeld. So geben sie dem Glück ein breites Betätigungsfeld und kreieren gewissermaßen selbst Zufälle, die ihre Karriere beschleunigen.

Resilienz und Scheitern sind eng miteinander verbundene und gewissermaßen in einer Wechselbeziehung stehende Erfolgsmerkmale. Zielverfehlung und damit einhergehendes Scheitern ist für wirkungsvolles Lernen unumgänglich. Gestärkt aus dem Scheitern zu kommen und die richtigen Lehren aus einem Misserfolg zu ziehen ist für einen potenziellen C-Level-Manager eine entscheidende Voraussetzung, um in der Zukunft noch kritischere Situationen mit Erfolg meistern und diese Erfahrungskompetenz an Mitarbeitende weitergeben zu können. Daher gilt: Nicht nur *dürfen* C-Level-Manager sich im Scheitern üben, sie *müssen* es sogar!

Reflexionsfähigkeit. Die Entwicklung wahrer Führungskompetenz beginnt bei der eigenen Selbstwahrnehmung, der Reflexion. Wer gute Führungsarbeit leisten und erfolgreich auf seine Mitarbeiter einwirken will, kommt über kurz oder lang um persönliche Weiterentwicklung, das Eintauchen in die eigene Gedanken-, Gefühls- und Erfahrungswelt und um den damit verbundenen Schmerz der Selbsterkenntnis nicht herum. Nur wer diese Innenschau vollzieht und lernt, sich als Mensch und Führungskraft zunächst einmal selbst zu begreifen, kann die Wahrnehmungsfähigkeit entwickeln, die es braucht, um andere Menschen und ihr Verhalten zu erkennen und zu entschlüsseln, sie also im wahrsten Sinne des Wortes zu *führen*. Die Fähigkeit, sich selbst und andere zu reflektieren ist für einen C-Level-Manager die „Mutter“ der Vertrauensbildung im Unternehmen.

Inclusiveness. Die Aufgabe, oder sagen wir besser die Mission einer Führungskraft besteht darin, der Vielfalt von Individuen, Teams und Organisationen zum Durchbruch zu verhelfen, und zwar verbunden mit dem Ziel, Leistungserwartungen zu übertreffen und bessere, schnellere und nachhaltigere Lösungen für komplexe Probleme zu erhalten. Insbesondere beim Recruiting müssen

Manager lernen, nach nicht-idealtypischen Hintergründen und Rahmenbedingungen Ausschau zu halten und dabei mehr auf den Gesamteindruck und das Wohlergehen der Unternehmensgemeinschaft achten als auf fachgebundene Fähigkeiten, Abschlüsse, Geschlecht, Alter oder andere limitierende Faktoren.

Diversität und eine wertebasierte und inklusive Arbeits- und Unternehmenskultur steigern Engagement und Einsatzfreude von Teams, bringen viel positive Energie, stärken die Moral und machen Unternehmen attraktiv für Nachwuchskräfte und potenzielle Kunden. Erfolgreiche C-Level-Manager setzen daher „Inclusiveness" in den Focus ihrer Entwicklungs- und Führungsarbeit und nutzen sie als Machtwährung zum Wohle ihrer Karriere. Apropos: Da soziale und ökologische Aspekte weiter an Relevanz gewinnen und Frauen erwiesenermaßen strengere ethische Maßstäbe anlegen als Männer, sind Führungskräfte und Aufsichtsgremien gut beraten, dies vorauszudenken und gezielt mehr Frauen in Top-Positionen zu bringen.[222]

Empathie und Achtsamkeit gelten besonders seit der Corona-Krise als der neue Goldstandard für C-Level-Karrieren. Empathisch zu führen, wird jedoch durch den zunehmenden Druck, der auf den Managern lastet, immer schwieriger. Künftige Führungspersönlichkeiten brauchen ein feines Gespür für die Befindlichkeiten, Motivationen, Einstellungen und Bedürfnisse ihrer Mitmenschen und müssen in der Lage sein, ihre eigenen Interessen und Wehwehchen zunächst hintanzustellen.

Führung ist nämlich oft Lückenbüßer für alles, was im Unternehmen nicht von optimierten, digitalisierten und selbstlaufenden Prozessen erledigt werden kann. Das hängt insbesondere damit zusammen, dass Digitalisierung und KI zwar einen Großteil bisheriger Aufgaben übernehmen können, bis auf jene, die emotionale und soziale Intelligenz, oder besser gesagt humane Intelligenz, sowie Zugewandtheit und Intuition erfordern.

Empathie und Achtsamkeit im Führungsalltag bedeutet Rückbesinnung und Rückgewinnung oft schon vergessener oder verlorener Menschenkräfte. Sie sind, wenn sie so wollen, die Kontrapunkte der Digitalisierung.

Übrigens: Was möglich ist, wenn eine Führungskraft die Empathie ins Spiel bringt und dadurch Menschen hinter sich versammelt, erlebten wir mit Ausbruch des unsäglichen Ukrainekriegs: Präsident Selenskyj, einst belächelter Comedian in der Riege der globalen Politprofis, wuchs innerhalb kurzer Zeit über sich hinaus und wurde zu einer globalen Ikone. Er fand und findet die richtigen Worte und die richtigen Bilder. Die Menschen vertrauen ihm über die Landesgrenzen hinaus und Millionen von Menschen weltweit haben begonnen, sich für ihn und sein Land einzusetzen und gehen dabei persönliche und existenzielle Risiken ein. Möglicherweise hat der allmächtige und der Welt offenbar völlig entrückte Wladimir Putin die Rechnung ohne Selenskyj gemacht. Wer so nah an den Menschen ist wie der ukrainische Präsident, muss sie mögen und verstehen. Das macht den entscheidenden Unterschied in der Politik, aber auch in der Wirtschaft. Ergo: Empathie und achtsame Kommunikation sind *in*, „Command and Control“ definitiv *out*.

Agilität. Agil bedeute zukunftsfit und gerüstet für die ständigen Umwälzungen unsere Zeit zu sein. Change als Projekt war gestern, heute muss Führung nicht nur zeitlich begrenzt, sondern ohne Unterlass dafür sorgen, dass Unternehmen mit ständigem Wandel, hoher Unplanbarkeit, hochfrequenter Agilität und permanenten Schocks nicht nur gut zurechtkommen, sondern erfolgreich wirtschaften und Mitarbeitende und Teams arbeitsfähig und zuversichtlich halten. Es gehört zu den entscheidenden Merkmalen erfolgreicher C-Level-Manager, solche Entwicklungen kontinuierlich im Blick zu haben und diese immer wieder aufs Neue zu bewerten. Agile Führung ist eine der wichtigsten Leadership-Kompetenzen des 21. Jahrhunderts, vor allem im Hinblick auf die Digitalisierung und andere Transformationsherausforderungen.

Kreativität und Innovationsfähigkeit. Während Agilität und agile Führung dabei helfen, mit den von außen kommenden Veränderungen umzugehen, initiiert und unterstützt Kreativität hingegen die Veränderung und Erneuerung der Firmen von innen heraus. Kreativ, innovativ und disruptiv zu sein sind entscheidende Leadership-Kompetenzen für künftigen Karriereerfolg. Allein der Innovationsbedarf im Angesicht des Klimawandels ist immens und wahrscheinlich so hoch wie nie. Innovationen für das Gelingen der Klimawende sind wichtige Voraussetzungen, um Unternehmensexistenzen zu sichern, den allgemeinen Lebensstandard aufrecht zu halten und nicht zuletzt unseren Nachkommen eine lebenswerte Welt zu hinterlassen. Gewinn zu machen und zugleich der Menschheit zu nutzen, erfordert also jede Menge Kreativität.

Künftige C-Level-Manager müssen, sofern sie nicht auch noch gleichzeitig geniale Erfinder sind, in erster Linie einen führungs- bzw. managementbasierten statt geniebasierten Innovationsansatz verfolgen, d. h. sie müssen die Relevanz von Kreativität und Innovation richtig einordnen, beides im Unternehmens- und Führungsalltag kultivieren und adäquat organisieren und permanent selbst oder mit Hilfe anderer kompetenter Menschen nach Disruptions- und Innovationspotenzialen Ausschau halten.

Bescheidenheit, Bodenständigkeit und Zurückhaltung. Tatsächlich verfügen bescheidene und tendenziell zurückhaltende Manager über eine Reihe von Eigenschaften und Fähigkeiten, die sich positiv und unterstützend auf die Entfaltung von anderen entscheidenden Merkmalen wie etwa Agilität, Vielstimmigkeit oder Empathie auswirken. Dabei sind Bescheidenheit und Erfolgshunger kein Widerspruch, sondern zwei Seiten ein und derselben Medaille: Erfolgreiche Führungskräfte sind stets ambitioniert und unbescheiden in Bezug auf ihre Ziele, jedoch immer bescheiden in Bezug auf die eigene Person und im Hinblick auf den Umgang mit Erfolg.

Die Lebenseinstellung und der moralische Unterbau einer Führungskraft haben ebenfalls großen Einfluss auf den Verlauf einer Spitzenkarriere. Mit beiden Beinen fest auf dem Boden zu stehen ist insbesondere für Menschen mit dynamischem Selbstbild eine zwingende Notwendigkeit, um nicht der Hybris zu verfallen oder in die Arroganz- oder Ego-Falle zu tappen – oft traurige Realität, die einer erfolgsversprechenden C-Level-Karriere ein ums andere Mal den Garaus macht.

Bei den zehn entscheidenden Merkmalen lässt sich bei genauer Betrachtung klar und deutlich ein gemeinsamer Nenner herauslesen:

Take-Aways

Nicht die fachliche, sondern die nicht-fachliche, also menschliche Seite der Manager-Rolle, setzt einer Karriere die Krone auf. Diese Erkenntnis scheint vordergründig zwar unspektakulär zu sein, ihre Tragweite ist jedoch enorm.

Tatsächlich ist nämlich der größte Teil derer, die eine Top-Position in der Wirtschaft anstreben zwar im Hinblick auf die sachorientierten, berufstypischen Anforderungen, also die notwendige Erfahrung, das fachliche Knowhow etc., in aller Regel sehr gut vorbereitet, hat aber weder in der schulischen, akademischen oder beruflichen Ausbildung, noch im Rahmen des bisherigen Karrierewegs ausreichend Anleitung im Hinblick auf komplementäre Schlüsselkompetenzen, sprich, Empathie, Achtsamkeit, Demut, Selbstreflektion oder Interkulturelles- oder Resilienz-Training erfahren.

Meines Erachtens ist das ein Kardinalfehler, an dessen Folgen viele zielstrebige und ambitionierte Führungskräfte unnötigerweise immer wieder scheitern. Ich kann Ihnen aus erster Hand berichten, dass ein großer Unterschied darin besteht, den Job eines C-Level-Managers zu *machen*, also die operativen Aufgaben auszuführen, die mit der Position einhergehen, oder Führung tatsächlich zu verkörpern, also seinen Mitarbeitenden ein vollwertiger, authentischer Leader zu *sein*. Beides in Einklang zu bringen ist eine nicht zu unterschätzende aber von vielen eben doch sehr oft unterschätze Herausforderung.

Wer künftig erfolgreich in einer Führungsposition auf C-Level-Niveau wirken will, muss deshalb neben der Fähigkeit zur Transformation des Unternehmens auch die Fähigkeit besitzen und die Bereitschaft mitbringen, sich selbst zu transformieren.

Oder andersherum gedacht: Ohne nachhaltige Persönlichkeitsentwicklung in der Führungsriege keine positive Unternehmensentwicklung – eine Firma ist eben nur so gut entwickelt und stabil, wie sein Top-Management es ist. Neue Denkweisen und Haltungen für Unternehmen brauchen deshalb zuerst neue Denkweisen und Haltungen beim C-Level-Management.

Womit wir automatisch zu der Frage kommen, ob es dafür einen Königsweg gibt. Wenngleich dies eher verneint werden muss, so ist es in Theorie und Praxis indes unstrittig, dass „Leadership", also die Menschorientierung des Managements, erlernbar ist und karrierebegleitende Elemente wie Coaching, Sparring oder Mentoring bei der Führungskräfte-Entwicklung einen unerlässlichen Mehrwert bieten. Insbesondere wenn es darum geht, individuelle Defizite zu erkennen, Karrierehürden und persönliche Blockaden zu überwinden oder notwendige Schlüsselkompetenzen, wie sie in diesem Buch herausgearbeitet worden sind, zu entfalten.

Generell möchte ich alle, die Lust und Ambition auf Führung haben, dazu ermutigen schon in der Frühphase ihrer Karriere in punkto Persönlichkeitsentwicklung aktiv und initiativ zu sein und sich mit sogenannten „Human Skills" zukunfts- und führungsfit zu machen. Dabei sollten sie vor allem auf Eigenverantwortung und Selbstbefähigung setzen. Oft ergeben sich Aufstiegsmöglichkeiten aus dem Nichts heraus und mit einem Schlag ist man dann damit konfrontiert, ohne viel Vorbereitungsmöglichkeit eine neue und größere Verantwortung übernehmen zu müssen. Daher ist es gut das Heft in die eigene Hand zu nehmen, um für den Fall der Fälle optimal gerüstet zu sein. **Merke: Dem Erfolg läuft man nicht hinterher, sondern geht auf ihn zu!**

Bezogen auf die zehn entscheidenden Merkmale für erfolgreiche C-Level-Karrieren bedeutet das, zunächst einmal mit einer ehrlichen Bestandsaufnahme zu beginnen und eine „Due Diligence" in eigener Sache zu machen. Fragen Sie sich: Was kann ich, was kann ich (noch) nicht so gut? Und setzen Sie sich mit etwaigen Defiziten und Kompetenzlücken auseinander. Dazu gehört auch: Was kann ich bieten, was andere nicht haben? Und: Kann ich das noch besser machen und professionalisieren? Das alles können Sie entweder alleine mit sich ausmachen, oder, was meistens effektiver und erfolgversprechender ist, zusammen mit einem Vertrauten ergründen, etwa mit einem Coach, Mentor oder Sparringspartner.

Auch ist es grundsätzlich empfehlenswert, in den unterschiedlichen Entwicklungsstadien als Führungskraft mit einem Coach zusammenzuarbeiten.

CxO-Skillset

Durch professionelles Business Coaching erlernen Führungskräfte bisher Erreichtes systematisch zu reflektieren, sich neue Ziele zu stecken und persönliche Erfolgskriterien festzulegen. Mit einem guten Coach oder Mentor lassen sich Ziele erreichen, die zuvor übergroß und schier unbewältigbar erschienen.

Coaching hilft insbesondere dabei, das Berufs- und Privatleben besser zu integrieren – oder gegebenenfalls voneinander zu trennen. Dadurch bekommt das Leben als C-Level-Manager eine beständige und zuverlässige Work-Life-Balance. Und vergessen wir nicht: Neben den klassischen Management-Aufgaben sind Führungskräfte insbesondere gefordert ihren Teams selbst gute Coaches, Mentoren und Sparringspartner zu sein. Coaching kann Mitarbeitende dabei unterstützen Authentizität zu entwickeln, Sinn und Wert der eigenen Arbeit zu entdecken und die wahre Bestimmung im (Berufs)Leben herauszufinden.

Wer selbst bereits schon als Coachee entsprechende Erfahrung gesammelt hat, tut sich nachweislich leichter damit zum Coach seiner Mitarbeitenden zu werden, zum Beispiel wenn es darum geht, im Business-Alltag zielsicher Interventionen vorzunehmen. Headhunter, Personaler und Aufsichtsgremien schauen deshalb im Rahmen der Besetzung von C-Level-Positionen bei den Kandidaten explizit auf das Vorhandensein entsprechender Coaching-Skills. Große Konzerne wie etwa die Allianz machen sich sogar gerade daran, ihre Führungskräfte bis zum C-Level hinauf als Coaches fortzubilden.

Take-Aways

So gesehen haben Coaching-affine Manager mit einer grundsätzlich veränderungsbereiten Haltung in Zeiten hochfrequenter Agilität einen nicht zu unterschätzenden Wettbewerbsvorteil. Sie verfügen über eine gefragte Zukunftskompetenz und bieten Unternehmen und Gesellschaftern so einen entscheidenden Mehrwert. Denn Coaching bedeutet vor allen Dingen eines: Vorwärts gerichtete Veränderung.

Sie sehen also, es gibt eine Reihe guter Gründe, um sich als Mensch und angehende Führungskraft mit Coaching etc. auseinanderzusetzen. Wenn Sie selbst das Heft in die Hand nehmen, wozu ich Ihnen natürlich explizit rate, machen Sie sich gewissermaßen zum CEO ihrer eigenen Karriere.

Um Ihnen den Einstieg etwas zu erleichtern und Ihnen das Thema gegebenenfalls ein wenig schmackhafter zu machen, möchte ich Sie nun zu Teil 3 von *Mission Leadership* einladen. Dieser wird Ihnen in aller Kürze eine Einführung in das Thema Business Coaching geben und einige speziell für den C-Level von mir als geeignet und nützlich angesehene Verfahren und Methoden darlegen. Sollten Sie zu denjenigen gehören, die karrieretechnisch schon weiter fortgeschritten sind und bislang nichts mit Coaching oder Ähnlichem am Hut hatten, dann möchte ich Sie dazu ermuntern, trotzdem weiterzulesen – wer sagt denn, dass die Besten nicht auch noch besser werden können.

Teil 3

Top-Level braucht Top-Support

Kapitel 17: C-Level-Coaching. Der rote Faden für Karriere-Erfolg

„Wenn der Wind des Wandels weht, bauen die einen Schutzmauern, die anderen Windmühlen."

Chinesische Weisheit

Wenn Sie an dieser Stelle des Buches angelangt sind, kennen Sie die Eigenschaften, Wesensmerkmale und Schlüsselqualifikationen, die entscheidend sind, damit aus einem hoffnungsvollen Potenzialträger, einem ambitionierten Manager oder aus einer guten Führungskraft ein veritabler Leader auf C-Level-Niveau werden kann. Sie wissen nun auch um die zehn entscheidenden Karrieremerkmale, die eine Trennungslinie im Vergleich zu andern, „normalen" Fach- und Führungskräften ziehen und verstehen daher besser, worin sich Top-Manager der „C-Suite" von ihren Counterparts der darunterliegenden Führungsebenen unterscheiden, welche Art des Handelns ihren Erfolg begünstigt und welchen Verhaltensmustern und Einstellungen sie folgen.

Und ich hoffe natürlich auch, dass *Mission Leadership* bis hierhin dazu beigetragen hat, Ihre Lust auf einen solch anspruchsvollen und herausfordernden Karriereweg noch weiter zu steigern, bzw. dass Sie sich durch die Lektüre in Ihrer bereits getroffenen Laufbahnentscheidung bestärkt fühlen. Insbesondere auch deshalb, weil nun bei Ihnen die Überzeugung tief verankert ist, dass es bei einer Spitzenkarriere letzten Endes nicht um Vorbestimmung oder „Vitamin B" geht oder darum, aus sogenanntem „guten Hause" entstammen oder einem elitären Milieu angehören zu müssen. Auch hat das Buch mittlerweile die Frage beantwortet, worin das Wesen erfolgreicher Führung liegt, was also sozusagen „des Pudels Kern" auf dem Weg zu einer erfüllten C-Level-Karriere ist:

Take-Aways

Nicht das operative „Handwerkszeug", also die Methoden- oder Fachkompetenz ist entscheidend, sondern die Fähigkeit zur Transformation der eigenen Persönlichkeit im Hinblick auf die zuvor in Teil 2 des Buches erörterten Erfolgsmerkmale. Ergo: Wenn die Karriere einer Führungskraft scheitert, oder ein hehres Laufbahnziel nicht erreicht wird, liegt das mit hoher Wahrscheinlichkeit an zu großen Kompetenzlücken bei den besagten Merkmalen.

Die Antwort auf die zweite Kernfrage des Buches, nämlich ob man wahrhaftiges Führungshandeln, also Leadership, lernen kann, oder um es überspitzt zu formulieren, ob C-Level-Manager zu werden in gewissem Sinne auch trainiert werden kann, habe ich bereits im vorherigen Kapitel anklingen lassen. Um es hier noch einmal klar und deutlich zum Ausdruck zu bringen: Sie lautet *Ja*, wohlwissend, dass dies unter Fachleuten oftmals kontrovers diskutiert wird.

Und dafür habe ich durchaus Verständnis, denn tatsächlich ist die Persönlichkeit eines Menschen einzigartig, ihre Veränderung lässt sich also nicht beliebig beeinflussen. Aber, und das ist mein zentraler Punkt, sie lässt sich mit Hilfe von Coaching oder anderen damit verwandten Methoden und Verfahren so formen, dass ambitionierte und nach Verantwortung und Führung strebende Menschen, dazu befähigt werden, ihre anvisierten Laufbahnziele auch tatsächlich zu erreichen. Im Grunde genommen geht es bei Coaching ja auch nicht um die Veränderung der Persönlichkeit, ganz im Gegenteil, es geht um deren Entwicklung und um den Mut, sich als Mensch und Führungskraft selbst zu finden.

Was die Wirksamkeit von Coaching anbelangt, so beruht meine Überzeugung nicht zuletzt auch auf der Selbsterkenntnis, dass ohne intensive persönliche Entwicklungsarbeit, zunächst als Coachee und später in der Ausbildung zum Business Coach, meine eigene C-Level-Karriere als Vorstand und Geschäftsführer in Konzern- und Mittelstandsunternehmen in der Form so nicht möglich gewesen wäre. Ein ums andere Mal gab es Situationen oder Konstellationen, in denen ich mit meinem Führungs- und Manager-Latein einfach am Ende war.

Insofern steht für mich außer Frage: **Coaching wirkt und hilft!** Es ist elementarer Bestandteil bei der Persönlichkeitsentwicklung von Menschen auf ihrem Weg ins Top-Management. Coaching kann das „Zünglein an der Waage" sein, was einer Leadership-Karriere auf C-Level-Niveau den entscheidenden Impuls und der betreffenden Person die dafür notwendige Energie verleiht. Persönlich faszinieren mich die Ergebnisse, die beim Coaching erzielt werden, jedes Mal aufs Neue. Somit lässt sich die Quintessenz von *Mission Leadership* eigentlich auf einen Satz herunterbrechen:

Soft-Skills sind die harte Währung des C-Levels und karrierebegleitendes Coaching ist nicht nur der rote Faden für den Erfolg einer Führungskraft, sondern oft auch ihr lebensrettendes Fixseil auf dem Weg an die Unternehmensspitze.

Deshalb mein Rat: Verzichten Sie im Zweifelsfall auf die x-te fachliche Fortbildung und investieren Sie lieber in Coaching oder ähnliche Maßnahmen zur Persönlichkeitsentwicklung. Zwar sind einschlägige Fach- und Methodenkompetenz auch wichtige Voraussetzungen für eine erfolgreiche C-Level-Karriere, aber eben nicht wirklich dafür entscheidend. Daher lautet die Grundregel: Um einen Spitzenjob in der obersten Führungsetage zu erlangen, geht Mindset klar vor Skillset und Toolkit!

Übrigens: Wissenschaftliche Studien in Sachen Relevanz und Wirksamkeit von Business Coaching teilen meine zugegebenermaßen subjektive Sichtweise. Den besten Überblick über den aktuellen Stand der Coaching-Forschung gibt nach meinem Dafürhalten Dr. Uwe Böning, deutscher Business Coach, Top-Management-Berater und Autor. Er gilt als einer der Pioniere des Business Coachings in Deutschland und prägt seit Jahrzehnten die Forschung, Praxis sowie Verbandsarbeit und Ausbildung im Bereich Coaching maßgeblich mit.

In einer eigenen umfangreichen Feldstudie zum Einzelcoaching von Top-, Senior- und Mittelmanagern aus großen Wirtschaftsunternehmen und anhand der empirischen Auswertung dutzender Forschungsstudien aus aller Welt bietet sein Werk einen ebenso breit gefassten wie detaillierten Einblick in die aktuellen

Ergebnisse der Forschungslandschaft im Coaching und ordnet deren Bedeutung für die Führungsarbeit in der Praxis ein.[223] Ebenfalls empfehlenswert ist das Forschungswerk zur Coaching-Wirksamkeit und zu den Erfolgsfaktoren von Coaching-Prozessen von Prof. Dr. Siegfried Greif.[224] Er verantwortet aktuell die Bereiche Coaching und Unternehmensberatung an dem universitätsnahen *Institut für wirtschaftspsychologische Forschung und Beratung (IwFB)* in Osnabrück.

Es würde definitiv den Rahmen und die Zielsetzung dieses Buches sprengen, tiefer in die Forschungserkenntnisse und den wissenschaftlichen Wirksamkeitsnachweis von Coaching einzusteigen. Dennoch möchte ich Ihnen eine meiner Lieblingsstudien zum Thema „Coaching und Erfolg" nicht vorenthalten.

Die Rede ist von der sogenannten „**Togo-Studie**".[225] Eine von der Weltbank initiierte Untersuchung sollte herausfinden, was den Geschäftserfolg von jungen Betrieben und Kleinunternehmern in Entwicklungsländern begünstigt.

Also gingen Wissenschaftler der beauftragten *Leuphana Universität* in Lüneburg, zusammen mit einigen Weltbankern, nach Togo und beobachteten von dort aus 1.500 Unternehmen und deren Manager bzw. Unternehmer in Westafrika. Diese wurden in drei zufällig definierte Gruppen aufgeteilt: 500 Betriebe ließ man als Kontrollgruppe weiter wie gewohnt vor sich hin arbeiten, 500 bekamen eine klassische BWL-Ausbildung, die auf Buchführung, Finanzmanagement, Marketing- und Personalkenntnisse sowie Organisationsentwicklung setzte und die dritte Kohorte erhielt ein psychologisch fundiertes Coaching, das den Probanden insbesondere beibrachte, sich Ziele zu setzen, mit Kritik und Rückschlägen umzugehen und mentale Stärke zu entwickeln.

Nach zweieinhalb Jahren wurde Bilanz gezogen: Bei den Teilnehmern, an deren Persönlichkeitsentwicklung gearbeitet wurde, war der Umsatz im Vergleich zu der gar nicht trainierten Kontrollgruppe um 17 Prozent und der Gewinn um 30 Prozent gestiegen. Auch hatten die Unternehmer mit dem mentalen Coaching mehr neue Produkte auf den Markt gebracht als die Vergleichsgruppen. Verblüffend war jedoch das Ergebnis, dass die Gruppe, die den Mini-MBA in traditioneller Betriebswirtschaftslehre absolviert hatte, gegenüber der sich selbst überlassenen Gruppe kaum Boden gut machen konnte.

Dem britischen *Economist* war die Studie und der darauffolgende Bericht in der Wissenschaftszeitung *Science* folgender Kommentar wert: „Hoffnungsfrohe Unternehmer sollten die Businessbücher meiden und sich eher den Regalen mit der psychologischen Literatur zuwenden."[226]

Take-Aways

Stellvertretend für viele andere wissenschaftliche Untersuchungen lehrt uns die „Togo-Studie" meines Erachtens drei wichtige Dinge: Erstens: Unternehmerischer und Führungs-Erfolg sind untrennbar mit dem richtigen psychologischen Mindset verbunden. Zweitens: Unternehmertum und Leadership lässt sich in der Tat trainieren. Und drittens: Wirklich fit für die Business-Realität und für höhere Aufgaben im Management wird man nicht nur auf der Grundlage von BWL-Wissen.

Zwar ist betriebswirtschaftliche Expertise und die Fähigkeit zur scharfsinnigen Analyse für eine C-Level-Karriere unabdingbar, wirklich erfolgsentscheidend sind jedoch Maßnahmen zur Entwicklung der Persönlichkeit, wie zum Beispiel Coaching. Und damit wollen wir uns jetzt näher beschäftigen.

Coaching vs. Beratung vs. Therapie. Berührungspunkte und Überschneidungen

Der Begriff „Coaching" ist ein Sammelbegriff für verschiedene Methoden, welche im Grunde genommen alle das gleiche Ziel verfolgen, nämlich mittels strukturierter Gespräche zwischen einem Coach und einem Coachee diesen bei der Entwicklung eigener Lösungen zu begleiten, zu unterstützen und zu fördern.

Grundsätzlich ist es so, dass mittels Coaching Themen sowohl im beruflichen wie im persönlichen Bereich bearbeitet werden können, die kurz- oder längerfristig gesehen mentale, emotionale oder verhaltensbezogene Veränderungen bewirken sollen, um Leistung zu fördern, Ziele zu erreichen und etwaige Kompetenzlücken zu schließen.

Coaching hilft Menschen dabei Perspektiven zu öffnen, Kompetenzen zu entfalten, Spielräume zu erweitern und flexibler in ihrem Handeln zu werden. Das sogenannte „Business Coaching", auch „Management Coaching oder „Executive Coaching" genannt, eignet sich insbesondere, um die eigene berufliche Rolle im Hinblick auf Karriere, Führungsfähigkeit, soziale Beziehungen und Lebensvision zu reflektieren. Professionelles Business Coaching ist dabei immer so angelegt, dass es die vorhandenen Lebenshilfe-Ressourcen einer Führungskraft aktiviert und sich auf die positive Entwicklung eigener Lösungskompetenzen und auf den Erfolg des Coachees ausrichtet.

Für eine Führungskraft ist Coaching gerade in stürmischen Zeiten eine wichtige Unterstützung, um in Balance zu bleiben oder diese zurückzugewinnen.

Coaching hilft dabei sich wieder aufzurichten, wenn man wortwörtlich am Boden liegt und holt einem wieder auf die Erde zurück, wenn man Gefahr läuft, im Erfolgstaumel abzuheben.

Damit grenzt sich Coaching beispielsweise von den eher problemzentrierten und rückwärtsgewandten Ansätzen in der Psychotherapie ab.

Apropos: Coaching beschäftigt sich zwar sehr viel mit Emotionen, aber nicht mit den psychischen Ursachen dieser Gefühle, also mit Traurigkeit, Stimmungsschwankungen oder Depressionen. Viele Therapeuten verhalten sich in ihrer Ausrichtung zwar „Coach-ähnlich" und beide Typen haben auch durchaus einige Gemeinsamkeiten, dennoch gibt es fundamentale Unterschiede: Beim Coaching geht man davon aus, dass der psychisch gesunde Mensch aus sich selbst heraus den Wunsch nach persönlichem oder professionellem Wachstum und Potenzialentfaltung hervorgebracht hat. Es besteht somit der Wille, sich zu verändern und zu entwickeln und der Blick richtet sich stets aus dem Jetzt nach vorne.

Psychisch gesund bedeutet hier, dass bei einer Person die Fähigkeiten zum Selbstmanagement im Alltag funktionieren. Sollte dies nicht der Fall sein, steht die Wiederherstellung der psychischen Gesundheit an oberster Stelle und der passende Ort, um die Selbstmanagementfähigkeit wiederherzustellen, ist die psychologische Therapie.

Bei der Therapie werden in der Regel tiefergehende Probleme sowie weiter zurückliegende Erlebnisse und Erfahrungen bearbeitet, die den heutigen Alltag eines Menschen beeinträchtigen. Diese stehen meistens in direktem Zusammenhang mit der eigenen Lebensgeschichte. Übrigens, die Entdeckung, dass bei einer angehenden Führungskraft etwas vorhanden ist, was eher in einer Therapie bearbeitet werden sollte, kann durchaus ein positives Coaching-Ergebnis sein.

Kommen wir zu einem weiteren Abgrenzungsthema: Auch wenn sich die beiden Welten nicht immer leicht voneinander trennen lassen, so liegt der Schwerpunkt beim Business Coaching eindeutig auf dem beruflichen Bereich. Coaching, das sich hauptsächlich auf den privaten Bereich bezieht, läuft von der Begrifflichkeit her meistens unter dem Schlagwort „Life Coaching" und ist was das Angebot anbelangt schwer zu greifen.

Das hat sicherlich auch damit zu tun, dass Coaching im Allgemeinen seit Jahren ein riesiger Wachstumsmarkt ist und sich mittlerweile abseits des Business Coachings viel Wildwuchs etabliert hat. Life Coaching-Angebote finden sich allzu oft im Umfeld der Esoterik- und New Age-Szene und haben nur bedingt etwas mit professionellem Business Coaching zu tun.

Umgekehrt sind aber auch nicht alle Angebote für den beruflichen Bereich ausnahmslos professionell. Allerdings hat sich dort inzwischen peu á peu ein gewisser Qualitäts- und Seriositäts-Standard etabliert. Um Qualitätssicherung und Professionalisierung bemühen sich auf lokaler Ebene Berufs- und Fachverbände wie der *Deutsche Verband für Coaching* und der *Deutsche Coaching Verband e. V.*, der *Deutsche Bundesverband Coaching* und die *Deutsche Ge-*

sellschaft für Coaching. Auf internationaler Ebene sind es Organisationen wie die *International Coaching Federation (ICF)* und die *Worldwide Association of Business Coaches.*

Noch schwieriger scheint die Differenzierung zwischen Coaching und Beratung zu sein, zumindest vordergründig betrachtet. Für viele Experten stellen diese beiden Ansichten zwei grundsätzlich unterschiedliche und unvereinbare Herangehensweisen an eine Problemstellung dar.[227] Die Debatten werden meist noch verschärft durch schwammige Begrifflichkeiten bzw. die synonyme Verwendung von Begriffen. So sind beispielsweise Berufsbezeichnungen wie „Berater“ oder „Coach“ nicht klar definiert oder gar geschützt. Meines Erachtens läuft in derlei Hinsicht eine völlig überflüssige Diskussion, denn gerade im Businessumfeld und in der Entwicklung von Führungspersonal scheint mir ein dogmatischer Ansatz nicht zielführend zu sein.

Insbesondere Top-Manager oder solche, die es noch werden wollen, erwarten von ihren Coaches neben der rein transformativen Beratung bzw. einer rein auf systemische Fragen, Persönlichkeitsentwicklung und Selbstreflexion abstellende Vorgehensweise zuweilen auch klare Aussagen, persönliche Einschätzungen und konkrete Hinweise.

Zumindest nach meinem Coaching-Verständnis ist das oft nicht nur hilfreich, sondern sogar unverzichtbar. Etwa wenn der Coach von eigenen Erfahrungen berichtet, die relevant sind für eine aktuelle Situation des Coachees und die der Coach als in der Situation für hilfreich erachtet, mit dem Ziel, dem Coachee eine andere, neue Perspektive oder Ideen für eigene Lösungsansätze aufzuzeigen.[228]

Business Coaches, die früher selbst Top-Positionen in Unternehmen begleitet haben, besitzen neben der Coaching-Kompetenz auch den entsprechenden Erfahrungs- und Methodenhintergrund und ein mit dem Coachee geteiltes Verständnis von Situation, Kontext und Problem und können ihm insofern relevante Vorschläge machen und konkrete Ideen unterbreiten. Im Zentrum einer solchen Diskussion sollte natürlich immer die Zielsetzung des Mandats, also die Erwartungshaltung des Coachees stehen, ob und inwieweit das Coaching auch eine Inhaltsberatung, also konkrete thematische Empfehlungen und Impulse umfassen soll bzw. darf.

Statt weiterhin Unvereinbarkeit zu proklamieren, sollte man daher besser der Frage nachgehen, ob nicht gerade für die Weiterentwicklung von Managern und Führungskräften mit Karriereziel „C-Level“ eine hybride Methode, also der bewusst flexible Umgang mit Beratungs- und Coaching-Ansätzen sogar die passendere Wahl ist. Vereinen sie doch schließlich das Beste aus beiden Welten.

Hybride Coaching-Ansätze – Mentoring, Shadowing, Executive Sparring

Neben der Vermischung von Coaching und Beratung gibt es noch weitere interessante Spielarten der Persönlichkeits- und Karriereentwicklung, die nach meinem Dafürhalten potenziellen C-Level-Kandidateninnen und Kandidaten wertvolle Impulse geben können.

Reden wir zuerst über das **Mentoring**. Es wird eingesetzt, um den Wissenstransfer zwischen Erfahrenen und weniger Erfahrenen zu fördern. Mentoring, auch Mentorat genannt, ist ein Instrument der Personalentwicklung und bezeichnet die Tätigkeit einer erfahrenen Person, den Mentor.

Die Bezeichnung geht übrigens auf eine Figur der griechischen Mythologie zurück: Ein Freund des Odysseus namens Mentor war der Erzieher von Odysseus' Sohn Telemach. Der Mentor übernimmt die Rolle eines Ratgebers, der sein fachliches Wissen oder sein Erfahrungswissen an eine noch unerfahrenere Person, den Mentee, weitergibt und dadurch dessen persönliche oder berufliche Entwicklung fördert; teils vermittelt der Mentor auch persönliche Kontakte.

Im Unterschied zum Coach ist der Mentor üblicherweise nicht eigens für diese Tätigkeit ausgebildet, sondern verfügt lediglich über einen Erfahrungs- und/oder Wissensvorsprung. Viele Mentoren sind allerdings zeitgleich auch begeisterte Coaches, oder wenden zumindest regelmäßig Coaching-Techniken an. Mentoring als ein effektiver Baustein in der beruflichen und persönlichen Weiterentwicklung von Menschen mit Führungsambition, erster Führungsverantwortung oder Fragen zur weiteren Karriereplanung ist mittlerweile in der Breite anerkannt und etabliert. Dadurch sind in Unternehmen, Berufsverbänden oder Hochschulen in den letzten Jahren zahlreiche organisierte Mentoring-Programme entstanden.

Besonders lohnenswert für Karrieren mit dem Ziel „C-Level" sind meines Erachtens sogenannte **„Cross-Mentoring-Programme"**. Sie werden unternehmensextern organisiert und bringen Mentor und Mentee aus unterschiedlichen Firmen und Branchen zusammen. Einer Nachwuchskraft wird dabei eine erfahrene Führungsperson aus einem anderen Unternehmen für eine gestimmte Zeit – meistens zwischen sechs und zwölf Monate – zur Seite gestellt. In regelmäßigen Treffen sorgt das bei dem Mentee für den ultimativen Blick über den Tellerrand des eigenen Unternehmenskosmos hinaus. Wertvolle Tipps werden vom Mentor an den Mentee weitergegeben, sowie sinnvolle Karriereschritte und -strategien für den Mentee herausgearbeitet. Oft gibt es zusätzlich noch ein umfassendes Begleitprogramm, in dem wesentliche Kommunikations- und Führungskompetenzen vermittelt und trainiert werden.

Der karrieretechnische Nutzen von extern organisiertem Cross-Mentoring liegt auf der Hand: Sowohl fachliche als auch persönliche Entwicklungsfragen lassen sich oft mit außenstehenden Gesprächspartnern besser und auch unvoreingenommen und ohne langes Taktieren erörtern. Mentoring-Partner finden in solch übergreifenden Programmen entweder in Eigenregie oder über Netzwerke zusammen oder werden von einer zentralen oder regionalen Koordinationsstelle einander zugeteilt. Diese unterstützt dann gegebenenfalls auch bei der Zielvereinbarung zwischen Mentor und Mentee sowie im Gesamtablauf des Mentoring-Prozesses.

Stellvertretend für viele Organisationen und Institutionen, die externe Cross-Mentoring-Programme in Deutschland anbieten seien hier *kontor5*, *Initiative Women into Leadership (IWiL)* und *MentorMe* genannt. Letzteres ist nach eigener Angabe das größte und am schnellsten wachsende Mentoring-Programm für Frauen im deutschsprachigen Raum. Es unterstützt Senior Professionals, Young Professionals und Doktorandinnen dabei, sich beruflich zu orientieren, weiterzuentwickeln und neu zu positionieren.[229]

Apropos: Mentoring-Programme erfreuen sich gerade bei Frauen immer wachsender Beliebtheit, was sicherlich auch daran liegt, dass Frauen in der Unternehmens- und Führungswelt oder in ganz bestimmten und von Männern dominierten Branchen, nach wie vor noch zu wenige „Role Models", also Vorbilder, haben, an denen sie sich karrieretechnisch orientieren können.

Entsprechende Unterstützung erhält das Mentoring deshalb auch von prominenten Befürworterinnen wie beispielsweise Sheryl Sandberg, noch bis vor Kurzem COO von *Meta Platforms* (vormals *Facebook*). Sie hat bereits in ihrem im Jahr 2013 erschienenen Buch *Lean In* das Mentoring insbesondere für Frauen als geeignete Maßnahme bei der Karriere- und Persönlichkeitsentwicklung empfohlen.[230]

Bei der Frage, ob Frauen besser mit weiblichen und Männer besser mit männlichen Mentoren zusammenarbeiten sollten, hilft der Blick auf eine weitere Variante des Mentorings, das sogenannte „Cross-Gender-Mentoring". Nach meinem Dafürhalten spricht nämlich einiges dafür, in Sachen persönlicher Weiterentwicklung die eigene Arbeits- und Verhaltensweise vom jeweils anderen Geschlecht gespiegelt zu bekommen.

Die Vorteile liegen auf der Hand: Männer neigen zu einer tendenziell leistungsorientierten Arbeitsweise und kennen von Natur aus die versteckten Regeln, die es insbesondere in männerdominierten Branchen und deren Führungsgremien gibt. Ein solcher Blick hinter die männlichen Kulissen kann für eine Frau von enormem Erkenntniswert sein. Frauen hingegen tendieren eher zu einer kooperativen Arbeitsweise, verfügen außerdem nachweislich über mehr Fürsorgeethik und beherrschen wichtige führungsrelevante und sozial ausgerichtete Eigenschaften besser als die Vertreter des vermeintlich „starken Geschlechts". Daher können Männer in der Zusammenarbeit mit Mentorinnen insbesondere von deren Expertise in Sachen Achtsamkeit, Empathie und Diversity-Management profitieren.

Dass nicht immer der vermeintlich „Erfahrene“ der Taktgeber und Mentor beim Wissenstransfer sein muss, zeigt eine weitere Variante des Mentorings, das sogenannte **„Reverse Mentoring“.** Hier werden die Rollen nämlich umgekehrt: der „Junior“ ist Mentor und der „Senior“ Mentee. Damit wird ein gegenseitiger Wissenstransfer geschaffen. Das Reverse Mentoring macht den generationsübergreifenden Austausch zwischen „Digital Natives“ und „Digital Immigrants“ möglich und fördert das gemeinsame Lernen auf Augenhöhe.

Die ältere profitiert dann von der jüngeren Generation, weil sie selbst neue Technologien erst im Erwachsenenalter kennengelernt hat und sich daher oft nur mühsam mit ihnen zurechtfindet. Der jüngere Mentor kann auf den Erfahrungsschatz des älteren Mentees zurückgreifen und dieser hat wiederum die Möglichkeit, sich als Ausgleich Tipps und Tricks im Umgang mit Smartphone, Tablet, Apps, Social Media etc. von seinem Mentor zu holen – definitiv eine „Win-Win-Situation“.

Im Übrigen ist dies eine sehr lohnende Konstellation für Führungskräfte und Manager, die karrieretechnisch schon etwas weiter vorangekommen sind und sich nun für den nächsten Schritt in Richtung C-Level in Sachen Digitalisierung fitmachen wollen bzw. müssen.

Wer sich im Hinblick auf Mentoring und Mentoring-Programme umfassend informieren möchte, dem empfehle ich als weiterführende Literatur das aktuelle Buch von Tinka Beller und Gabriele Hoffmeister-Schönfelder *Mentoring – Im Tandem zum Erfolg*. Es basiert auf mehr als 4.000 erfolgreich begleiteten Mentoring-Patenschaften.[231]

Kommen wir zum sogenannten **„Shadowing“**. Gerade Manager in gehobenen Positionen oder solche mit erster Führungsverantwortung sind oft isoliert und einsam und erhalten meist wenig bis gar kein Feedback über sich und ihre Arbeit. Den Betroffenen entgehen dadurch wertvolle Impulse für die berufliche, insbesondere aber auch für die persönliche Weiterentwicklung. Speziell für diese Anforderung bildet das Shadowing eine effektive Ergänzung zum klassischen Business Coaching.

Shadowing ist eine Art „Coaching on the Job“ und das Besondere daran ist, dass das Lernen bei und während der Arbeit stattfindet, d.h. das Coaching findet nicht mit großem zeitlichem und örtlichem oder räumlichem Versatz statt, sondern „life“ und im Jetzt, also in exakt dem Kontext, in dem der Coachee sich gerade befindet. Für Coach und Coachee hat das den unschätzbaren Vorteil, dass die vom Coach selbst und real wahrgenommene Situation Gegenstand des Coachings ist, verglichen mit der üblichen Vorgehensweise, nämlich dass erst bei einer viele Wochen später stattfindenden Coaching-Sequenz, allein das vom Coachee Erzählte die Grundlage für die Coaching-Arbeit darstellt.

Beim Shadowing begleitet der Shadow-Coach, er wird im Coaching-Jargon oft auch „Wirkungsexperte" oder „Führungsbegleiter" genannt, den Shadowee in dessen Alltag auf Schritt und Tritt, er folgt ihm quasi wie ein Schatten. Der Shadow-Coach beobachtet das Verhalten von Personen, ihre Interaktionen und deren Wirkung auf andere. Jeweils nach einem Meeting gibt der Shadow-Coach dem Shadowee Feedback und man reflektiert gemeinsam. Themen, die dabei üblicherweise im Mittelpunkt stehen sind u. a. das allgemeine Kommunikationsverhalten des Shadowees, das Diskussionsverhalten, das Kooperationsverhalten in Teamsituationen, der Umgang mit Fehlern oder Stress, das Konfliktverhalten, die Problemlösestrategien der Person, das Lernverhalten etc.

Der Klient gewinnt auf diese Weise neue und äußerst konkrete Erkenntnisse über seine Außenwirkung und seine Verhaltensmuster. Binnen kurzer Zeit verfügen die so gecoachten Manager über ein gutes Bewusstsein im Hinblick auf ihre eigenen Ressourcen. Eine wichtige Voraussetzung für das Gelingen eines solchen Coaching-Ansatzes sind jedoch ein außerordentlich hohes Maß an Mut und Offenheit beim Coachee und das Vorhandensein einer durch und durch Coaching-affinen Kultur im Unternehmen.

Ein weiterer hybrider Coaching-Ansatz, bei dem sich typische Elemente aus Coaching, Beratung und Training vermischen ist das sogenannte **„Executive Sparring"**, das oft auch als **„C-Level-Performance Coaching"** bezeichnet wird. Während das „normale" Business Coaching bei der persönlichen Weiterentwicklung ansetzt und dabei vor allem Soft-Skills und humane Kompetenzmerkmale im Focus stehen, geht es beim Executive Sparring hingegen vornehmlich um die Analyse von Vorgehensweisen und Handlungsoptionen in Verbindung mit bestimmten Managementaufgaben oder im Hinblick auf Mitarbeiterführung bzw. das grundsätzliche Zusammenarbeiten im Unternehmen.

Oft wird ein Executive Sparring parallel noch ergänzt durch ein beziehungs- und personenorientiertes Coaching. Executive Sparring ist ein Format für Top-Manager, die entweder kurz vor dem Sprung auf eine C-Level-Position stehen oder eine solche gerade übernommen haben. Bereits etablierte C-Level-Manager nutzen dieses Coaching-Format regelmäßig zum Nachjustieren und Korrigieren ihres Führungsstils, als Vorbereitung für den nächsten Karriereschritt, in kritischen Situationen oder bei maßgeblichen Veränderungen im Team oder im Unternehmensgefüge.

Executive Sparring ist für Spitzenkräfte, die einen Austausch suchen, der als Spiegel, Prävention und Diskussionsplattform für die eigenen Führungs-, Karriere- und oft auch unmittelbar damit zusammenhängender Lebensentscheidungen dient.

Der Sparring-Ansatz hilft Top-Führungskräften, ihre Arbeit strategisch auszurichten, sich (Zwischen-)Ziele zu setzen und diese immer wieder neu abzuwägen.

Das Sich-Selbst-Führen spielt im Sparring-Prozess zwischen Führungskraft und Coach eine zentrale Rolle. Nicht ohne Grund ist der Begriff „Sparring“ dem Boxtraining entlehnt, wo der Sparringspartner dem Boxer dabei hilft Reaktionen Anderer zu antizipieren, um Tempo und Richtung im Kampf selbst zu bestimmen. Der Sparringspartner ist für den Coachee Korrektiv und kritischer Ratgeber in einem. Während das Sparring läuft, entscheidet er situativ, ob und wann er Elemente aus dem Coaching, aus der Beratung oder aus dem Training zum Einsatz bringt.

Vermutlich ist es Ihnen beim Lesen so ergangen wie mir beim Schreiben: Es macht nicht wirklich viel Sinn sich bei der Frage, mit welchem Ansatz oder mit welcher Vorgehensweise man als Manager seinem Karriereziel, dem C-Level, näherkommt, allzu intensiv mit Abgrenzungsthemen und Begriffsdefinitionen zu beschäftigen. Eine zu scharfe Trennlinie beraubt einen gegebenenfalls notweniger Teilaspekte der ein oder anderen „Schule“ bzw. lässt wertvoller Facetten der Persönlichkeit eines Coaches, Beraters etc. außen vor.

Deshalb sollte meines Erachtens ein richtig guter Coach, Berater, Trainer, Vertrauter, Experte, Wegebegleiter, Sparringspartner, Networker – egal wie man ihn nun nennt – ganz selbstverständlich, leicht und spielerisch zwischen diesen Rollen wechseln können.

Er oder sie muss während des laufenden Coachings erkennen können, auf welcher Ebene der Coachee im jeweiligen Augenblick Unterstützung braucht. Gute Coaches sind stets flexibel und neugierig und setzen immer dort an, wo es für den Klienten in dem betreffenden Moment am meisten Sinn macht. Sie fungieren als neutrale, kritische Gesprächspartner und verwenden je nach Ziel Methoden aus dem gesamten Spektrum der Persönlichkeits- und Führungskräfteentwicklung.

Dabei ist meines Erachtens für die Effektivität der Entwicklung von Kompetenzen, also für den konkreten Lernerfolg, nicht die Form der Zusammenarbeit entscheidend – also Coaching, Beratung, Training, Mentoring oder Sparring etc. –, sondern die Frage, wie geeignet und verlässlich die angewandten Konzepte und Methoden sind und natürlich, wie zielsicher diese vom Coach eingesetzt werden. Und das bringt uns zum nächsten Punkt.

Worauf bei der Auswahl eines Coaches geachtet werden sollte

Die Hinweise, dass es für eine Führungskraft an der Zeit ist mit einem Coach zusammenzuarbeiten sind vielfältig. Der primäre Grund ist allerdings immer der Wunsch nach Veränderung. Entweder steckt man mitten in einem Veränderungsprozess, der von außen auf einen einwirkt, oder man selbst will Veränderung, weiß aber nicht, wie und wo damit anzufangen. Klassische Symptome sind dabei latente Unzufriedenheit, das Gefühl „festzustecken" oder in einem Teilbereich seines (beruflichen) Lebens unerfüllt zu sein.

Dafür dann den richtigen Coach zu finden ist in der Tat gar nicht so einfach. Laut Branchenschätzungen gibt es hierzulande nämlich mehr als 10.000 Business Coaches. Wie also findet man die berühmte „Nadel im Heuhaufen" und welche Kriterien legt man dabei an?

Leider helfen hierbei übliche Qualitätskriterien wie Verbandszugehörigkeit und Zertifikatsnachweis von Coaches nur bedingt weiter. Zum einen, weil man die Ausbildungen quasi kaufen kann – wer 20.000 Euro ausgibt, bekommt sein Zertifikat –, zum anderen, weil auch die Verbandszugehörigkeit bei allein in Deutschland mittlerweile mehr als 20 Coaching-Verbänden oft mehr dem eigenen Marketing als der Professionalisierung der Coaching-Szene dient.[232]

Es ist also gerade im Hinblick auf etwaige Zertifizierungen Vorsicht geboten. Als Mindestanforderung sollte der zuverlässige Nachweis einer bestimmten Anzahl an Seminar- bzw. Ausbildungsstunden und tatsächlich durchgeführten Coachings und eigener Supervisionen vorliegen. Durchaus renommiert sind etwa die Zertifikate vom *Deutschen Bundesverband Coaching*. Wer dort zertifiziert werden will, muss unter anderem eine Coaching-Ausbildung, fünf Jahre Berufserfahrung, davon drei als Coach, sowie in der Regel ein abgeschlossenes Hochschulstudium nachweisen. Einen international anerkannten Standard bilden außerdem Zertifikate der *International Coaching Federation (ICF)*. Als Gütekriterien gelten darüber hinaus Abschlüsse und Weiterbildungen anerkannter Akademien. Hierzu gleich mehr.

Trotzdem: Die Ergebnisse einschlägiger Praxisstudien legen indes nahe, dass diese formalen Qualifizierungsnachweise in der Realität letztendlich zweitrangig sind. Eine Orientierung zu diesem Thema geben die seit 2009 durchgeführten Coaching-Studien der Universität Marburg. Sie haben zum Ziel, Transparenz in einen ebenso wachsenden wie undurchsichtigen Markt zu bringen.

In dieser Forschungsreihe listet beispielsweise die *4. Marburger Coaching Studie* Kriterien auf, die bei der Identifikation von Coaches eine Rolle spielen. Dabei bestätigt sich die verbreitete Annahme, dass Coaching in der Anbahnung vor allem ein Beziehungsgeschäft ist und die Zugehörigkeit zu einem der einschlägigen Berufsverbände oder deren Zertifizierungen bei der Suche und Vorqualifizierung von Coaches, wenn überhaupt, nur eine sehr nachgelagerte Rolle spielen.[233] Fast alle der befragten Coachees, nämlich 98 Prozent, halten private Empfehlungen, Mund-zu-Mund-Propaganda sowie Meinungen und Einschätzungen aus dem eigenen Netzwerk für sehr wichtig oder wichtig.

Ebenfalls entscheidend für das Finden eines geeigneten Coaches sind offenbar die Referenzen von externen Coaches aus dem unternehmenseigenen Personalentwicklungs-Pool: Für fast zwei Drittel der Befragten ist der Zugriff auf bereits von Firmenseite vorqualifizierter Coaches sehr wichtig oder wichtig. Fast genauso viele Befragte sagen, dass für sie zur Identifizierung von externen Coaches die gezielte Suche bei Berufsverbänden (61 Prozent), per Google-Search im Internet (62 Prozent) oder in Coaching-Datenbanken (66 Prozent) entweder komplett irrelevant oder kaum von Belang ist.

Noch interessanter ist meines Erachtens, welche Kriterien denn nun tatsächlich eine Rolle bei der Auswahl von Coaches spielen. Auch hier hilft ein Blick in die zuvor zitierte Studie: Nur ein Kriterium wurde bei den befragten Coachees nahezu ausschließlich (über 98 Prozent) als sehr wichtig oder wichtig bewertet, nämlich die Ausbildung des Coaches. Ebenfalls bedeutsam sind der Studie zufolge die Berufserfahrung des Coaches (94 Prozent), seine Schwerpunktkompetenzen (92 Prozent), persönliche Referenzen und ein positiver Erfahrungsbericht mit dem Coach durch Dritte (89 Prozent) sowie das ethische Selbstverständnis des Coaches (ebenfalls 89 Prozent). Hingegen sind der Nachweis einer Verbandszertifizierung und einschlägige Branchenerfahrung laut der Probanden die beiden Faktoren, die für sie bei der Auswahl eines Coaches die geringste Rolle spielen.[234]

Bleibt somit noch die Frage, wie man erkennt, ob ein Coach grundsätzlich für einen in Frage kommt, also ob die „Chemie“ stimmt und ob das für den Coaching-Erfolg unerlässliche gemeinsame „Grundrauschen“ zwischen Coachee und Coach vorhanden ist? Das Problem: Wirklich objektive Kriterien, an denen man sich orientieren könnte, um einen kompetenten Coach zu erkennen, gibt es nach meinem Dafürhalten nicht.

So banal das klingen mag, aber der beste und möglicherweise einzig verlässliche Weg, um herauszufinden, ob eine Coaching-Beziehung seine gewünschte Wirkung entfalten kann, ist, sich zunächst einmal persönlich mit dem Coach zu treffen und zu unterhalten, und zwar intensiv, aufrichtig und gradlinig. Das kann entweder in Form eines komplett informellen Gesprächs oder – wozu ich raten würde – im Rahmen einer sogenannten „intake-session“ geschehen. Diese hat oft schon Coaching-Charakter und wird von vielen Coaches proaktiv angeboten, meist entweder kostenfrei oder zu einem fairen Pauschalhonorar. Nach einem solchen Termin wissen beide Seiten in der Regel, ob das „Matching“ stimmt.

Auf welche Punkte Sie bei einem solchen Kennenlernen besonders achten sollten und was aus meiner Sicht grundsätzlich einen guten Coach ausmacht, habe ich für Sie nachfolgend in einem kurzen Brevier zusammengefasst:

Coaching-Brevier

Ein guter Coach …

- verfügt über eine solide Coaching-Ausbildung
- hat interdisziplinäres Wissen und kann verschieden Personalentwicklungsformate voneinander unterscheiden, anwenden und mit ihrer Hilfe differenziert intervenieren
- kann langjährige Berufs- und Führungserfahrung nachweisen
- hat ein werteorientiertes Selbstverständnis
- vermittelt in jeder Hinsicht einen kompetenten Eindruck und ist stets „auf Augenhöhe" mit dem Coachee
- legt gemeinsam mit dem Coachee das konkrete Ziel und einen klaren Zeitplan für dessen Coaching fest
- schenkt dem Coachee seine ungeteilte Aufmerksamkeit
- ist Experte im Zuhören und erkennt treffsicher die wesentlichen und oft unangenehmen Fragestellungen, die es zu adressieren gilt
- fordert den Coachee immer wieder dazu heraus, sich mit diesen Fragen zu beschäftigen
- hat keine eigene Agenda und handelt stets losgelöst von seinem eigenen Ego
- ist stattdessen „Alter Ego" des Coachees, spiegelt dessen heimlichen Wünsche wider und spricht Dinge aus, die der Coachee aufgrund seiner Rolle im Unternehmen nie sagen würde
- hält sich mit missionarischem Eifer und eigenen Bewertungen zurück
- interveniert nach dem Hilfe-zur-Selbsthilfe-Prinzip
- unterstützt den Coachee dabei mehr Klarheit beim Denken, Reflektieren und beim „Spreu-vom-Weizen-Trennen" zu bekommen
- motiviert den Coachee, Verantwortung zu übernehmen und stärkt ihm den Rücken in der Umsetzung
- bleibt geduldig und bewahrt sich eine naiv fragende Haltung
- gesteht sich ein, wenn er in einer Situation feststeckt und beendet gegebenenfalls das Coaching bzw. verweist an einen Kollegen oder Psychotherapeuten
- schafft keine Abhängigkeiten, sondern fördert die Autarkie des Coachees
- lässt sich regelmäßig supervidieren, um sein Coaching zu überprüfen bzw. sich selbst zu reflektieren
- handelt nach dem Prinzip eines ehrbaren Kaufmanns und garantiert uneingeschränkte Vertraulichkeit.

Selbstcoaching und Coaching-Apps

Eine interessante Frage, die im Zusammenhang mit der Auswahl eines passenden Coaches immer wieder auftaucht, ist inwieweit es beim Coaching überhaupt eine Zweierbeziehung mit einem Coach braucht. Grundsätzlich bin ich der Meinung, das Selbstcoaching in bestimmten Situationen oder auch ergänzend zu einem klassischen „One-on-One" Coaching durchaus sinnvoll sein kann. Ob eine solche „Münchhausen-Methode" funktioniert, hängt jedoch sehr von der Persönlichkeit ab und davon, wie reflektiert man als Person bereits ist, und ob man in der Vergangenheit schon Erfahrungen mit Coaching gesammelt hat.

Eine Tatsache jedoch, die sich definitiv nicht wegdiskutieren lässt ist, dass Neutralität sich selbst gegenüber walten zu lassen auch für den geübtesten Zeitgenossen ein nahezu unlösbares Problem darstellt.

CxO-Skillset

Veränderung bedarf des Zugangs zu „versteckten" Ressourcen, die alleine, wie beim Selbstcoaching der Fall, nur schwer oder gar nicht zu erreichen sind.

Aus eigener Erfahrung kann ich sagen, die Person, die man am leichtesten in die Irre führt, wenn man mit sich alleine ist, ist man selbst. Daher sind konventionelle Einzelcoachings stets schneller und tiefer und damit auch effektiver für den Coachee.

Ähnlich verhält es sich mit digitalen Coaching-Angeboten: Die Pandemie hat Coaching digitalisiert und Online-Formate durchgesetzt. Entsprechende Apps und Plattformanwendungen sind während der Pandemie quasi wie Pilze aus dem Boden geschossen. Auch hat der Digitalisierungsschub Tools hervorgebracht, die Coach und Coachee mittels Algorithmus zusammenbringen, ähnlich wie das bei Dating-Plattformen der Fall ist – wenn Sie so wollen, „Parshippen" fürs Coaching.

Anbieter wie *Leada* oder *Culcha* positionieren sich als „Erste-Hilfe-Kasten" für Führungskräfte und geben den Anwendern auf digitalem Weg Impulse, Feedback und Hilfestellungen. Die Werbeversprechen reichen vom „persönlichen Führungscoach für die digitale Transformation" über „der Coach für die Westentasche" oder „Coaching-To-Go" bis hin zum „digitalen Personal Trainer für moderne Führung".

Das wichtigste, was solche Apps leisten können – und da bin ich mir mit vielen Experten einig – ist erlerntes Wissen in den Arbeits- und Führungsalltag zu integrieren.[235] Womit zwangsläufig die Frage aufgeworfen wird, ob das dann tatsächlich noch „Coaching" ist?

Ich meine *Nein*. Auch wenn Selbstcoaching oder digitale Unterstützung durch Coaching-Apps durchaus ihren Sinn und Zweck erfüllen, nämlich den Coachee im Hinblick auf die angestrebten Veränderungsziele permanent zu sensibilisieren und dadurch spielerisch aber eben auch mit Disziplin an der eigenen Persönlichkeitsentwicklung zu arbeiten, so ist das Einzelcoaching im Präsenzformat und die 1:1-Beziehung zwischen einem leibhaftigen Coach und dem Coachee im Endeffekt durch nichts zu ersetzen.

CxO-Skillset

Beim Selbstcoaching fehlen naturgemäß Selbstdistanz und Neutralität und bei den App-Anwendungen – zumindest derzeit noch – die für ein zielgerichtetes Coaching unerlässliche Individualisierung.

Der Nutzen von Selbstcoaching und Coaching-Apps hat somit eindeutig Grenzen. Jedoch kann beides eine gute Ergänzung im Rahmen eines klassischen Einzelcoachings sein. Ohnehin sollte ein guter Coach neben den offensichtlichen Zielen des Coachees immer auch das Sekundärziel von Coaching im Auge haben, nämlich seinem Klienten das Selbstcoaching en passant zu vermitteln, also von ihm als Coach unabhängig werden zu lassen.

Was die Seriosität und Eignung eines Coaches anbelangt, möchte ich noch auf einen Punkt hinweisen, der mir sehr am Herzen liegt:

Coaches, die vorgeben, durch den Einsatz eines bestimmten Tools oder einer bestimmten Vorgehensweise Erfolg garantieren oder gar automatisieren zu können, sind – um es ganz klar zu sagen – Scharlatane.

Methoden sind Hilfsmittel, quasi das „Handwerkszeug“ des Coaches, nicht sie sollten im Vordergrund stehen, sondern der Coach selbst, also sein Wesen, sein Auftreten und sein Coaching-Verständnis. Nichtsdestotrotz möchte ich Ihnen zum Abschluss dieses Kapitels ein paar Orientierungspunkte im Hinblick auf geeignete und aus meiner Sicht empfehlenswerte Methoden und Verfahren für das Coaching von Führungskräften und C-Level-Managern geben.

Empfehlenswerte Verfahren und Methoden

Tatsächlich ist es so, dass es mittlerweile zwar viele evidenzbasierte Studien zur generellen Wirksamkeit und Relevanz von Coaching gibt, jedoch die angewandten Coaching-Methoden in der Regel wenig oder gar nicht wissenschaftlich fundiert sind.

Das belegen beispielsweise die Auswertungsergebnisse einer Analyse von Ausbildungsplänen und Angebotsbeschreibungen der jeweiligen Top 50 Anbieter für Coaching-Ausbildungen in Deutschland, USA und Großbritannien. Sie wurden dahingehend untersucht, inwiefern dort auf wissenschaftliche Fachbegriffe, Theorien oder Methoden Bezug genommen wurde.[236] Die Ergebnisse wurden dann in vier Kategorien eingeordnet.

Dabei kam heraus, dass der überwiegende Anteil der Coaching-Ausbildungen „praktisch fundiert“ ist, d. h. sie enthalten keinerlei Hinweise auf wissenschaftliche Grundlagen. Bei den „wissenschaftlich informierten“ Angeboten, bei denen ein oder zwei wissenschaftliche Fachbegriffe zumindest einmal erwähnt wurden, lag Deutschland in der Studie mit fast 40 Prozent deutlich vor den USA und Großbritannien.

„Teilweise wissenschaftliche fundiert“, sind in Deutschland der Studie zufolge immerhin 17 Prozent der Coaching-Ausbildungen im Vergleich zu jeweils nur 9 Prozent in den anderen beiden Ländern, d. h. in den Angebotsbeschreibungen fanden drei oder mehr wissenschaftliche Fachbegriffe oder Theorien zwar Erwähnung, jedoch wurden sie nicht als allgemeine Grundlage für das Ausbildungskonzept verwendet.

Als „wissenschaftlich fundiert“ galten Coaching-Ausbildungen, wenn in den Konzepten und Erläuterungen darauf verwiesen wurde, dass sie sich wesentlich auf wissenschaftliche Theorien und Methoden stützen oder dass es sich explizit um eine evidenzbasierte Coaching-Methode handelt, der eine Wirksamkeitsstudie zugrunde liegt. Dieser Kategorie konnten in Deutschland gerade einmal 4 Prozent der Angebote zugeordnet werden, in den USA sogar nur 2 Prozent, in Großbritannien immerhin 13 Prozent.

Take-Aways

Ergo: Nur etwa 20 Prozent der Coaching-Ausbildungen in Deutschland sind ganz oder teilweise wissenschaftlich fundiert. Das sollte einen jedoch nicht zu dem Umkehrschluss verleiten, dass gut 80 Prozent der Ausbildungen unseriös wären, im Gegenteil, sie sind eben „nur“ praktisch fundiert, d. h. ihre Wirksamkeit gründet auf erprobtem Wissen, praktischer Erfahrung und aufmerksamer Beobachtung.

Auch die von mir nachfolgend dargestellten Methoden und Verfahren sind nicht als das „Nonplusultra“ zu verstehen. Es sind lediglich Coaching-Techniken, -Ansätze und -Methoden, mit denen ich selbst Berührungspunkte hatte, entweder als Coachee oder als Coach, und die ich aufgrund meiner persönlichen Erfahrungen uneingeschränkt empfehlen kann.

Systemisches Coaching

Da ist zunächst die systemische Beratung bzw. das **systemische Coaching**. Während in Deutschland fast jedes zweite Angebot auf sogenannten „systemischen“ Grundlagen basiert, spielt dieser Ansatz bei der Coaching-Ausbildung in anderen Ländern kaum eine Rolle.[237] Ursprünglich aus der Familientherapie entstammend hat sich die *systemische Therapie und Beratung* mittlerweile sowohl über die Familie als auch über die Therapie hinaus entwickelt und ihren festen Platz in anderen Beratungskontexten, insbesondere im Coaching von Führungskräften gefunden.

Beim systemischen Coaching geht es primär um das Stärken der Ressourcen und Kompetenzen des betreffenden Individuums und dessen sozialen Systems. Zur Betonung dieser Vorgehensweise wird ein systemischer Coaching- oder Beratungsansatz häufig auch als „ressourcenorientierte Beratung“ bzw. „lösungsorientierte Beratung“ bezeichnet.

Der systemische Ansatz ergibt sich aus der Frage, wie in sozialen Systemen Menschen gemeinsam ihre Wirklichkeit erzeugen, welche Prämissen ihrem Denken und Erleben zugrunde liegen und welche Möglichkeiten es gibt, diese Prämissen zu hinterfragen und zu verändern.[238]

Kernstück systemischer Coaching- und Beratungsformate ist die sogenannte „systemische Haltung“. Sie definiert sich über fünf Grundprinzipien: Das soziale Umfeld ist stets mit einzubeziehen, jedes Symptom hat einen Sinn, Ressourcen und Stärken stehen im Mittelpunkt, Lösungen finden, statt lange Probleme tief durchwühlen und die eigene Kraft des Coachees zur Lösung nutzen.

Es gibt eine Vielzahl systemischer Modelle und Konzepte, die sich zwar in ihrer Spezialisierung unterscheiden oder unterschiedlichen Richtungen entstammen aber in ihrem Vorgehen doch sehr ähneln und immer mit der gleichen Grundhaltung von Respekt, Ressourcen- und Lösungsorientierung und nach dem Prinzip „Hilfe zur Selbsthilfe“ arbeiten.[239]

Co-aktives Coaching

Einen durchaus ähnlichen Ansatz betreibt das sogenannte „**Co-aktive Coaching**“, eine bewährte Transformations-Coaching-Methode. Das *Co-Active Coaching* wurde vor über 30 Jahren von drei amerikanischen Coaches entwickelt, die den Anspruch hatten, das Beste aus mehreren Coaching-Schulen in einem revolutionären, ganzheitlichen Konzept zusammenzubringen.

Diese relativ neue, auf humanistischen und transpersonalen psychologischen Prinzipien basierende Art des Coachings lehnt einen Großteil der herkömmlichen Verhaltenstheorie ab. Außerdem folgt das co-aktive Coaching der Überzeugung, dass das entscheidende Element für den Veränderungserfolg des Coachees und die bestmögliche Voraussetzung für erfahrungsorientiertes und transformatives Lernen die Gestaltung einer kraftvollen und damit möglichst effektiven Coaching-Beziehung zwischen Coach und Coachee ist.

Die Macht des Coachings und damit die Einflussnahme auf den Coaching- und Veränderungserfolg wird dabei einzig und allein der Beziehung zwischen den beiden Beteiligten selbst übertragen, also nicht ausschließlich dem Coach. So lernen die Klienten, dass die Kontrolle über die Beziehung und letztlich auch über die von ihnen gewünschte Veränderung, einzig bei ihnen selbst liegt.[240]

Bei der Ausbildung von co-aktiven Coaches wird deshalb der Schwerpunkt auf die Ausgestaltung der Allianz zwischen Coach und Coachee gelegt. Die Ausbildung der Coaches erfolgt durch das *Coaches Training Institute (cti)* in den USA. In Europa ist die Ausbildung zum *Co-active Coach* bei entsprechend akkreditierten Kooperationspartnern möglich und gilt in der Branche als das strengste internationale Coach-Ausbildungs- und Zertifizierungsprogramm überhaupt.

Kurzzeit-Coaching

Und weil es oft auch einmal schnell gehen muss, möchte ich Ihnen eine vielfach erprobte und nach meinem Dafürhalten äußerst wirksame Methode für ein Kurzzeit-Coaching nicht vorenthalten. Die Rede ist von ***wingwave*-Coaching**. Auf der Suche nach besonders wirkungsvollen Coaching-Methoden stößt man immer wieder ziemlich schnell auf *wingwave*. Das geschützte Verfahren wurde von den Hamburger Diplom-Psychologen Cora Besser-Siegmund und Harry Siegmund entwickelt.

Während sich die Wissenschaft, wie bereits vorab erwähnt, mit Coaching-Methoden an sich insgesamt immer noch verhältnismäßig wenig auseinandergesetzt hat, gibt es zu *wingwave* inzwischen über zwanzig belastbare Studien. Unter anderem wurde die Methode an der Universität Hamburg und der medizinischen Hochschule Hannover beforscht. Es ist damit eine der am besten erforschten Coaching-Methoden weltweit.

Die *wingwave*-Methode ist ein **Leistungs- und Emotions-Coaching**, das für den Coachee spürbar und schnell, meist schon nach der ersten Sitzung, zum Abbau von Leistungsstress und zur Steigerung von Kreativität, Mentalfitness und Konfliktstabilität führt. Erreicht wird dieser Ressourcen-Effekt – anders als beim „klassischen" Gesprächs-Coaching – durch eine einfach erscheinende Grundintervention: Das Erzeugen von „wachen" REM-Phasen (Rapid Eye Movement), welche wir Menschen sonst nur im nächtlichen Traumschlaf durchlaufen.

Dabei führt der Coach mit schnellen Handbewegungen den Blick seiner Coachees horizontal hin und her. Laut Gehirnforschung lösen die wachen Augenbewegungen – anders als beim fixierten Blick – deutlich stresslindernde Reaktionen in verschiedenen Gehirnarealen aus. Alternativ zum „Winken" arbeitet der Coach manchmal auch mit leichten Klopftechniken, die man „Tappen" nennt. Außerdem wird vor dem Coaching mit dem sogenannten „Myostatiktest", ein besonders gut beforschtes Muskelfeedback-Instrument, das genaue Thema bestimmt und nachher die Wirksamkeit der Intervention überprüft.[241]

wingwave-Coaching dient der punktgenauen Ressourcenaktivierung z. B. vor wichtigen Präsentationen und Geschäftsterminen oder bei strategischen Entscheidungen. Es löst Blockaden und zähe Verhaltens- und Denkschleifen auf und kann generell dort eingesetzt werden, wo mehr innere Ruhe, Gelassenheit und Balance erreicht werden soll. *wingwave* stärkt agiles Führungsverhalten, Achtsamkeit und emotionale Intelligenz und unterstützt beim Veränderungs- und Transformationsmanagement. Deshalb ist *wingwave* gerade für Coachees auf den obersten Führungsebenen interessant. Oft wird die Methode auch mit anderen bewährten Business Coaching-Verfahren kombiniert.

Emotionsregulations-Coaching

Kommen wir zu einer Coaching-Variante, die sich fast ausnahmslos auf das Thema Selbstmanagement fokussiert, sprich den Erwerb oder die Verbesserung von Kompetenzen, die dabei helfen, sich seiner Emotionen, Gefühle und Motive bewusst zu werden und die damit einhergehenden emotionale Prozesse zu regulieren.

Die sogenannte „Emotionsregulation" ist eine wichtige interpersonelle Schlüsselkompetenz für Manager aller Führungsebenen, jedoch von besonderer Bedeutung für Coachees, deren Karriereziel die C-Suite ist. Empathie, emotionale Intelligenz, Selbstreflexion und Impulskontrolle sowie die Fähigkeit, eigene Emotionen auszudrücken begünstigen wie bereits in Teil 2 des Buches dargelegt das Führungshandeln und damit den Verlauf von C-Level-Karrieren.

Aufrichtige Emotionsarbeit ist zweifellos eine wichtige Voraussetzung für die Eigenwahrnehmung. Zusammen mit der Selbstbeobachtung ist sie für die eigene Bewusstseinsbildung, die Selbstachtung und die Entwicklung von Selbstvertrauen unentbehrlich. Ein **Emotionsregulations-Coaching** ist insofern vor allem für Coachees geeignet, die Unterstützung im Hinblick auf die Nutzung ihres emotionalen Potenzials benötigen.

Um den Charakter und die Selbstgefühle eines Coachees möglichst zutreffend bestimmen und so das Coaching besser und zielgerichtet auf den Coachee und dessen Verhalten einstellen zu können, wenden Coaches oft Testverfahren aus der psychologischen Diagnostik und Persönlichkeitspsychologie an. Seit Jahrzehnten bewährt, weltweit anerkannt und sowohl in der psychosomatischen Diagnostik als auch in den letzten Jahren verstärkt als Potenzialanalyseverfahren im Rahmen der Personal- und Führungskräfteentwicklung in großen Unternehmen eingesetzt, ist die von Prof. Dr. Max Lüscher (1923–2017) entwickelte farbenbasierte Persönlichkeitsdiagnostik.

Mit Hilfe eines Farben-Tests werden die innere Gestimmtheit und die unbewussten Emotionen eines Coachees abgebildet, die dessen Verhalten in dem betreffenden Moment bestimmen. Die sogenannte **„Lüscher-Diagnostik"**, auch ***Lüscher-Test*** genannt, gehört zu den Klassikern der modernen Psychologie und bildet die Grundlage vieler Regulations-Coachings. Mit der Möglichkeit, entweder statisch oder im Zeitverlauf bzw. in unterschiedlichem Kontext Emotionen über spezielle Testfarben zu messen, unterstützt der Coach den Klienten dabei, seine Persönlichkeit zu erkennen, sie frei zu entfalten und ihr emotionales Gleichgewicht zu pflegen.

Auf Basis der logisch aufgebauten Autoregulations-Psychologie von Max Lüscher kann jeder Mensch die Grundgesetze und die Dynamik der psychischen und emotionalen Vorgänge in sich und bei anderen verstehen lernen und zum Positiven verändern.[242]

Kommunikations-Coaching

Wer bereits etwas Führungspraxis besitzt, hat sicherlich auch schon die Erfahrung gemacht, dass die Art und Weise, *wie* man etwas sagt, sehr wohl verändern kann, *was* man sagt. Tatsächlich ist für die Akzeptanz und Durchsetzbarkeit einer Entscheidung die Kommunikationskompetenz einer Führungskraft ausschlaggebend und nicht die betreffende Entscheidung an sich. Kommunikation wird somit oft zum Zünglein an der Waage für die Vertrauensbildung im Unternehmen, und zwar über alle Führungsebenen hinweg – der Ton macht eben die Musik. Insofern ist es sicherlich sinnvoll, bei der eigenen Persönlichkeitsentwicklung auch ein **Kommunikations-Coaching** miteinzubeziehen.

Meines Erachtens empfehlenswert ist die sogenannte **„klientenzentrierte bzw. personenzentrierte Gesprächsführung“**. Sie basiert auf den Konzepten des US-amerikanischen Psychologen Carl Rogers, einer der wichtigsten Begründer der humanistischen Psychologie. Klientenzentrierte Gesprächsführung nach Carl Rogers ist eine wissenschaftlich fundierte Grundlagenmethode, die mit anderen Coaching- und Beratungsverfahren gut kombiniert werden kann. Die klassischen Anwendungsfelder der klientenzentrierten Kommunikation sind die Personal- und Teamentwicklung und das Coaching von Führungskräften des Top-Managements.

Da es sich bei diesem Ansatz vielmehr um eine Haltung, als um einen auswendig erlernbaren Methodenkoffer handelt, beinhaltet diese Art von Coaching die bewusste Auseinandersetzung des Coachees mit dem eigenen, bisherigen und aktuellen Kommunikationsverhalten und zielt auf eine entsprechende Erweiterung und Professionalisierung ab.[243] Die Konzepte von Carl Rogers werden permanent weiterentwickelt und bilden immer wieder die Grundlage für das Entstehen neuer Kommunikationsmodelle.

Eine ebenfalls empfehlenswerte Methode zur Gestaltung positiver zwischenmenschlicher Beziehungen und zur Lösung komplexer Kommunikationsprobleme, ist die von Marshall B. Rosenberg entwickelte **„gewaltfreie Kommunikation“**. Im Zentrum dieser Methode steht die Umgestaltung des sprachlichen Ausdrucks und die Art zuzuhören: Aus gewohnheitsmäßigen, automatischen

Reaktionen sollen bewusste, klar und ehrlich formulierte Antworten werden, sodass sich in Kommunikationsbeziehungen mehr Tiefe und Achtsamkeit entwickeln kann.[244]

Coaches, die ihre **Coaching-Ausbildung nach Schulz von Thun** absolviert haben, stellen die von Friedemann Schulz von Thun entwickelten kommunikationspsychologischen Modelle und Methoden in den Mittelpunkt ihrer Arbeit. Dessen Lebenswerk gilt in Deutschland und über die Landesgrenzen hinaus als der Goldstandard der Kommunikationspsychologie. Den von ihm entwickelten Modellen – *Kommunikationsquadrat, Inneres Team, Riemann-Thomann-Modell, Werte- und Entwicklungsquadrat, Teufelskreis- und Situationsmodell* – liegen allesamt ein humanistisch-systemisches Menschenbild zugrunde.

Obwohl mit unterschiedlicher Ausprägung und Stoßrichtung, dienen sie übereinstimmend der Erklärung, Wahrnehmung und Diagnose zwischenmenschlicher Vorgänge und Verstrickungen und als Anstoß für die eigene Persönlichkeitsentwicklung.[245] Um den Veränderungen in der Führungswelt Rechnung zu tragen, bietet das *Schulz von Thun Institut für Kommunikation* seit einigen Jahren eine eigene Weiterbildungsreihe für Führungskräfte zum „Kommunikationsexperten Leadership“ an.

Transkulturelles Coaching

Last but not least, könnte für Führungskräfte, die sich in ihrem Verantwortungsbereich verstärkt mit fachlicher und kultureller Komplexität, internationaler Zusammenarbeit, Wertemanagement oder Diverstity & Inclusion-Themen beschäftigen, ein **transkulturelles bzw. interkulturelles Coaching** oder Training von Nutzen sein. Entsprechend ausgerichtete Qualifizierungsprogramme oder die Vermittlung dahingehend geschulter Coaches werden beispielsweise von der *Internationalen Akademie für positive und transkulturelle Psychotherapie (IAPP)* der *Prof. Peseschkian-Stiftung* in Wiesbaden angeboten. Ihre Tätigkeit geht auf Prof. Dr. Nossrat Peseschkian zurück, den Begründer der sogenannten „positiven transkulturellen Psychotherapie“.[246]

Vom Coachee zum Coach

Vielleicht haben Sie ja beim Lesen dieses Kapitels den Impuls verspürt, einmal die Seite zu wechseln und selbst eines Tages als Coach zu arbeiten. In der Tat ist es so, dass viele überzeugte Coachees diesen Weg gehen. Sei es, zur Vorbereitung auf eine zweite oder parallel verlaufende Karriere als Business Coach, im Rahmen einer Ausbildung zum unternehmensinternen Coach oder einfach nur für sich selbst aus rein egoistischem Interesse und zur weiteren Vervollkommnung der Persönlichkeit.

CxO-Skillset

Mit einer Ausbildung zum Coach erlernen Sie einen sehr inspirierenden, sinnstiftenden und vielseitigen Beruf oder Sie erwerben, so Sie denn in ihrem angestammten Beruf als Führungskraft bleiben möchten, auf diese Art und Weise eine wichtige Schlüsselkompetenz für ihren weiteren Karriereweg.

Darüber hinaus bekommen Sie im Rahmen der Ausbildung sehr viel Raum und Zeit für Ihre eigene Entwicklung: als Coach, als Mensch und in vielen Bereichen des täglichen Lebens, beruflich wie privat. Letztens habe ich in einem Social Media-Beitrag die Headline gelesen „Führungskräfte, die sich gegen Coaching-Maßnahmen sperren, sterben aus". Das ist zwar sehr polemisch formuliert, trifft aber den Nagel auf den Kopf.

Take-Aways

Wer sich nicht proaktiv für Weiterentwicklung entscheidet, sondern zaudert oder sich gegen persönliche Transformationsarbeit entschließt, wird im Endeffekt bei der anstehenden Transformation von Unternehmen, Wirtschaft und Gesellschaft als Führungskraft keine Rolle spielen.

Aus eigener Erfahrung kann ich berichten, dass egal auf welcher Seite man steht, ob als Coachee oder Coach, Coaching immer eine starke zwischenmenschliche Beziehung ist, die den lebenslangen Prozess des Lernens, die private und berufliche Effektivität sowie die persönliche Erfüllung und Lebendigkeit im Leben voranbringt und verstärkt. Sie sehen, eine *Mission Leadership* bietet Ihnen ganz vielfältige Möglichkeiten!

Schlussbetrachtung und Ausblick

„Es ist nicht die stärkste Spezies, die überlebt, auch nicht die intelligenteste, sondern diejenige, die am besten auf Veränderungen reagiert."

Charles Robert Darwin, Naturforscher

Perfekter Sturm

Ich glaube es ist nicht übertrieben zu sagen: Wir befinden uns inmitten eines sogenannten „perfekten Sturms". Verschiedene Komponenten treffen ungünstig zusammen und verstärken sich gegenseitig maximal: Wir haben den Klimawandel und die globale Erwärmung, toxische politische Führungen in unmittelbarer geografischer Nähe und wir haben die Pandemie, die wir auch nach über zwei Jahren zähen Ringens noch nicht wirklich unter Kontrolle bringen konnten. Dazu kommt, dass Deutschland Gefahr läuft als Kriegspartei in den russischen Angriffskrieg auf die Ukraine hineingezogen zu werden und die Welt plötzlich am Rande eines nie für möglich gehaltenen nuklearen Holocaust steht.

Und wir befinden uns in einem Zeitalter, in dem das eigene Leben und das Zusammenleben mit anderen immer mehr dehumanisiert wird, nicht zuletzt auch aufgrund der fortschreitenden und alle Gesellschaftsbereiche durchdringenden Digitalisierung.

Es steht außer Frage, dass die aktuelle Zeitenwende in Politik und Gesellschaft auch die Unternehmenslandschaft einschneidend und dauerhaft verändern wird. Genauer betrachtet befindet sich die Geschäftswelt schon seit der Finanzkrise im Jahr 2008 in einer beispiellosen Krisenpermanenz. Es war die Finanzwirtschaft, die damals vor dem Hintergrund extremer Markvolatilität als Erstes den Begriff von der „Neuen Normalität" geprägt hat. Heute ist das „New Normal" längst in der globalen Realwirtschaft angekommen und zum Inbegriff eines Paradigmenwechsels geworden, in dem Normalität die Ausnahme und Disruption die Regel ist.

Das rasante Tempo des strukturellen, geopolitischen, sozioökonomischen und demografischen Wandels verringert die Halbwertszeit von Bekanntem und Gewohntem massiv. Überhaupt leben wir in einer Welt voller Widersprüche: So ist es beispielsweise äußerst diffizil gleichzeitig Diversität, Individualisierung und Agilität zu fördern und dabei Normalität bewahren oder neu schaffen zu wollen. Kurzum, die wirtschaftlichen und gesellschaftlichen Rahmenbedingungen der aktuellen Epoche sind und bleiben wahrscheinlich auch bis auf Weiteres beherrscht von Normabweichung, Extremen, Unbekannten und Paradoxien.

All das bringt Unternehmen und Entscheider unweigerlich an den Punkt, an dem sie sowohl die Art und Weise von Führung als auch die Ansprüche und Anforderungen an die Führungskräfte der C-Suite grundsätzlich neu überdenken müssen. Von der dominanten und Pflichterfüllung einfordernden Ersatz-Vaterfigur in den 50er-, 60er- und 70er-Jahren, über den funktionalen, kennzahlengetriebenen Manager (by Objectives) in den 80er- und 90er-Jahren bis zum heute geforderten couragierten und kreativen Vorreiter sowie rahmengebenden und sinnstiftenden Coach und Begleiter – Führungskräfte waren und sind nicht nur ein Spiegel organisationskultureller und gesellschaftlicher Veränderungen, sondern stets auch immanenter Teil davon.[247]

Klar ist, Unternehmen befinden sich inmitten einer tiefgreifenden Zäsur. In dieser schwierigen Gemengelage müssen sie nicht nur ihre Organisationsstruktur und Firmenkultur überarbeiten, sondern auch die Entwicklungsprogramme und Anforderungsprofile für den C-Level neu definieren, damit die notwendigen unternehmenspolitischen Weichenstellungen vorgenommen werden können.

Jahrzehntelang waren vor allem Expertise und Durchsetzungskraft die ausschlaggebenden Erfolgskriterien, während Menschenorientierung oder Empathie im Hinblick auf Karriere und Beförderung eine kaum beachtete, ja zuweilen auch belächelte Rolle gespielt haben. Daher müssen Führungskräfte und Aufsichtsgremien nun gemeinsam lernen umzudenken und sich eingehend mit den Merkmalen beschäftigen, die in Zukunft wirklich für Karriere- und Unternehmenserfolg entscheidend sind.

Menschenorientierung

Mission Leadership hat aufgezeigt, dass sich die neue Generation an C-Level-Managern vor allem durch hohe Lernbereitschaft, Agilität, Mut, Selbstreflexion, emotionale und soziale Intelligenz sowie ein sinnorientiertes und sicheres, zugleich aber auch bescheidenes Auftreten bewähren muss. Dazu kommt, dass im Zeitalter der digitalen Transformation der Mensch bzw. eine humane, menschenorientierte und wertschätzende Unternehmensführung in den Mittelpunkt eines jeden Technologie- oder Transformationsvorhabens zu stellen ist.

In der Führungsarbeit der C-Suite setzen Empathie und Achtsamkeit damit sozusagen die Kontrapunkte zur Digitalisierung. Als Konsequenz daraus sollten Managerinnen und Manager mit dem Karriereziel C-Level bereits in der Frühphase ihrer Laufbahn bei der Modellierung des Qualifikations- und Kompetenzprofils den Fokus auf die Entfaltung beziehungs-, verhaltens- und menschenbezogener Fähigkeitsmerkmale und auf die Entwicklung von transformationaler Expertise richten.

Das ist wohl auch dringend erforderlich: Laut einer globalen Studie der Beratungsgesellschaft *Korn Ferry* verfügen nämlich nur 15 Prozent der heutigen Führungskräfte über die Voraussetzungen, um in der Arbeitswelt der Zukunft mit disruptiven Kräften umgehen und Unternehmen erfolgreich führen zu können. Insbesondere aus Sicht von Investoren, Private Equities und Analysten besteht der Studie zufolge dringender Nachholbedarf. Es gelte sowohl an den aktuellen Defiziten der vorhandenen Führungskultur als auch an den Führungs- und Kompetenzmerkmalen der Vorstände und Geschäftsführer zu arbeiten.

Außerdem gerieten Unternehmen ohne zukunftsfähige Führungskräfte oft in doppelter Hinsicht ins Hintertreffen: Erstens könnten sie sich schlechter an veränderte gesellschaftliche, politische und wirtschaftliche Gegebenheiten anpassen, was wiederum die Marktposition und Wettbewerbsfähigkeit der Firmen gefährde, und zweitens würden sie darüber hinaus auch noch von Geldgebern mit schlechteren Rating-Scores bewertet.[248] Letzteres wirkt sich vor allem auf die Kapitalbeschaffung und Unternehmensfinanzierung und die damit einhergehenden Kosten aus. In Zeiten galoppierender Zinsen spielt also die Führungsqualität des C-Levels für Unternehmen einmal mehr eine zentrale, um nicht zu sagen existenzielle Rolle.

Es steht somit außer Frage: Zeitgemäße Führungskompetenz ist für gutes Wirtschaften im 21. Jahrhundert unabdingbar. Der Begriff „zeitgemäß" bedeutet in diesem Kontext vor allem, die Abkehr vom klassischen „Leader-Follower"-Modell der direktiven/transaktionalen Führung, bei der Chefs nicht mehr nur entscheiden, Kommandos geben und kontrollieren, sondern das bisherige Abhängigkeitsverhältnis (Belohnung für Leistung) in eine emotionale Beziehung verwandeln müssen.

Dadurch erreichen sie Begeisterung, Leidenschaft und Loyalität bei den Mitarbeitenden für ein übergeordnetes Unternehmensziel, was nicht nur die Art und Weise von Führung fundamental verändert, sondern ihr darüber hinaus auch eine ganz neue Bedeutung zuteilwerden lässt. Das Credo der Agilitätsbewegung „Highly Aligned and Loosely Coupled" formuliert meines Erachtens äußerst treffsicher das Wesen zeitgemäßer, transformationaler Führung.

New Work

Apropos New Work: Egal, ob man sich von seiner Grundüberzeugung her eher im Lager von Elon Musk wiederfindet – wer sich weiterhin ans Homeoffice klammert, wird gefeuert – oder, und das ist das andere Extrem, ob man als Chef glaubt, nur dann eine gute Führungskraft zu sein, wenn jede und jeder aus dem Team remote von Bali aus arbeitet und auch über Lage und Anzahl von Urlaubstagen selbst bestimmen kann: Führungs- und Karriereerfolg wird in Zukunft noch mehr als bisher davon abhängen, ob es dem C-Level-Management gelingt, im Führungshandeln eigene Maßstäbe für New Work im Unternehmen zu setzen und den Spagat zwischen Modernität und Fortschritt auf der einen und Tradition und Werten auf der anderen Seite hinzubekommen.

Nach mehr als zwei Jahren Pandemie und Homeoffice- und New Work-Hype bin ich davon überzeugt, dass man das eine tun kann, ohne das andere zu lassen: Das Nonplusultra liegt höchstwahrscheinlich in einer hybriden Arbeitsumgebung, also in der richtigen Mischung aus kommunikativem Miteinander im Office vor Ort und selbstbestimmten Freiräumen im Homeoffice. Übrigens: Eine sinnstiftende Corporate Culture entsteht durch Werte und nicht dadurch, wo jemand arbeitet.

Auch darf Wertschätzung keine Einbahnstraße sein. Ein respektvolles und anerkennendes Miteinander im Unternehmen zu schaffen bedeutet, dass Teams nicht nur Wertschätzung von ihren Führungskräften erwarten dürfen, sondern umgekehrt genauso: Einen interessanten und krisenresistenten Arbeitsplatz zu erschaffen und dauerhaft zu erhalten kostet die Verantwortlichen viel Einsatz, Risiko und Emotionen.

Transformation und Enkelfähigkeit

Tatsächlich sind immer mehr Menschen bereit und in der Lage, mit eigner Verhaltensänderung einen wichtigen Transformationsbeitrag zur notwendigen Umformung, Umgestaltung und Erneuerung von Unternehmen zu leisten. Ausgestattet mit einem solchen Mindset fällt es vermutlich leichter, sich selbst, seine Mitarbeitenden und das Unternehmen auf Zukunftsfähigkeit und Nachhaltigkeit auszurichten, was bedeutet, auf Gewohntes freiwillig zu verzichten oder es zumindest in Frage zu stellen.

Apropos: Oft wird Nachhaltigkeit meines Erachtens zu sehr gleichgesetzt mit Verzicht oder Reduktion. Wer schon einmal eine Diät absolviert hat, der weiß, dass wenn man auf etwas Wesentliches verzichten muss, damit etwas besser wird, das vielleicht eine Weile gut geht, aber irgendwann der gefürchtete Jojo-Effekt eintritt.

Asketischer Verzicht sollte deshalb nicht Dreh- und Angelpunkt eines verantwortungsvollen und vor allem nachhaltigen Führungsverständnisses sein. Sich trotzdem in moderner „Verzichtsethik“ zu üben, wie es in *Mission Leadership* gelegentlich durchklingt, kann einer C-Level-Karriere jedoch durchaus förderlich sein und ist insofern auch kein Widerspruch.

Statt kategorische Entbehrung und Missbilligung bedeutet nachhaltige Unternehmensführung, den Dingen mit Offenheit und „Lust auf Veränderung“ zu begegnen und diejenigen Rahmenbedingungen zu erschaffen, unter denen etwas Neues entstehen kann. Sich von bislang Bewährtem zu verabschieden, weil es veränderten Umständen nicht mehr gerecht wird, hat dann nichts mehr mit Defizit-Denken und Verzicht zu tun, sondern ist Chancen-Denken und zielgerichtete, nachhaltige Veränderung.

Für mich persönlich bedeutet nachhaltig zu führen nicht Gewinnmaximierung und BIP-Wachstum in den Vordergrund zu stellen und mit dem dadurch gewonnenen Geld den bisweilen zweifelhaften Versuch zu unternehmen, die Umwelt im Nachhinein „reparieren“ zu wollen, sondern heißt, unter der Vorbedingung des geringstmöglichen ökologischen Fußabdrucks mit Mut, Kreativität und kluger Vorausschau diejenigen Veränderungen anzustoßen, die uns auch weiterhin Fortschritt, Wohlstand und eine hohe Lebensqualität ermöglichen. Und das nicht nur für die jetzige, sondern auch für kommende Generationen.

Ein erfolgreiches Unternehmen wird in Zukunft Menschen als Führungskräfte brauchen, die sich neben Umsatz- und EbIT-Wachstum auch für den Gesamtzustand des ökologischen, sozialen und gesellschaftlichen Systems zuständig und verantwortlich fühlen, dieses sozusagen „enkelfähig“ machen.

Damit einher gehen muss eine Unternehmens- und Führungskultur, die von einem klaren Wertegerüst geprägt ist und in der C-Level-Manager Verhaltensweisen, die sie von ihren Mitarbeitenden verlangen, selbst Tag für Tag mit gutem Beispiel vorleben.

Erfüllung statt Karriere. Das Leitmotiv der Generation „WHY“

Aus eigener Erfahrung kann ich sagen, dass die richtige Mischung aus Sinn, Impact und Profitabilität für eine Führungskraft zwar einerseits die größte Herausforderung, aber andererseits – wenn es denn klappt – auch die größte Erfüllung ist. Und genau darin liegt das Potenzial für ein Modell, dass zum Leitmotiv künftiger Manager-Generationen werden könnte:

Ein Modell, in dem im Mittelpunkt jeder Technologie und Digitalisierungsinitiative stets der Mensch steht, in dem weniger auch mehr sein kann, in dem nachhaltiger auch erfolgreicher bedeutet, in dem inklusiver besser als exklusiver ist und wo der Extremfall nicht als Ausnahme von Gewohntem, sondern als neue Normalität definiert und akzeptiert ist.[249]

Ein Modell, in dem der EQ eines Menschen mindestens ebenso viel wert ist wie sein IQ, Geduld genauso wichtig ist wie schnelles Handeln, und in dem das Scheitern einer Führungskraft sie nicht als Versager abstempelt, sondern zum Lernenden macht.

Ein Modell, in dem Verletzlichkeit und Schwäche zu offenbaren von Stärke zeugt, statt ein Nachteil zu sein und wo Risiken und Herausforderungen immer jenseits der Komfortzone, aber auch diesseits der Panikzone gemeistert werden.

Ein Modell, in dem existenzbedrohenden Veränderungen nicht mit Allmachtsphantasie und Herrschaftswissen, sondern mit Agilität und Kreativität begegnet wird.

Stellen Sie sich außerdem ein Modell vor, in dem die Leitsätze für Coaching-Beziehungen nicht nur auf den obersten Führungsetagen, sondern überall im Berufsleben ganz selbstverständlich angewendet und zum persönlichen Wachstum eines jeden beitragen würden.

Und was wäre, wenn Coaching darüber hinaus Grundbestandteil unsere Kultur wäre und seine Methoden und Verfahren ihren Weg vom Berufsleben auch ins Alltagsleben finden würden? In so einem Modell wäre es stets wichtig zu lernen und zu wachsen, wichtiger als es bequem zu haben, gut dazustehen und sich auf einer einmal erreichten, statussymbolträchtigen Position auszuruhen.

Ein derart modernes Führungsverständnis könnte nicht nur der Schlüssel für eine im wahrsten Sinne des Wortes „nachhaltig" erfolgreiche C-Level-Karriere sein, sondern wäre tatsächlich ein Gewinn für alle. Denn man könnten gedanklich noch einen Schritt weitergehen: Was würde es für die Wirtschafts- und Geschäftswelt oder gar für die Gesellschaft insgesamt bedeuten, wenn die in *Mission Leadership* dargestellten zehn entscheidenden Erfolgsmerkmale nicht nur in der Führung von Unternehmen und Organisationen gelebt würden, sondern generell?

Zeitenwende

Mission Leadership versteht sich insofern als Wegweiser für den Aufbruch in ein neues Zeitalter der Führung. Eine Ära, in der eine Karriere als Mission, also als verpflichtende Aufgabe gesehen und nicht nur aus Eigennutz betrieben wird. Eine Mission, die darin besteht, als Führungskraft jederzeit seiner unternehmerischen, sozialen und gesellschaftlichen Verantwortung gerecht zu werden, statt einfach nur eine Spitzenposition in einer Firma innezuhaben, um damit vornehmlich sein Ego zu bedienen.

Glauben Sie mir, mit dem Erreichen einer C-Level-Position setzt man seiner beruflichen Laufbahn nur dann die Krone auf, wenn der Karriereweg zuvor als Mission begriffen wurde. Im Klartext heißt das: Vorbild sein, Einfluss nehmen, Transformationsarbeit leisten und dadurch ein Stück weit die Welt verändern – Tag für Tag. Wo sonst, wenn nicht in der Top-Riege eines Unternehmens, also in der C-Suite als CEO, COO, CFO etc. könnte das besser möglich sein? Sie werden kaum eine Betätigung oder eine Position finden, wo berufliche Karriere, persönliches Wachstum und gesellschaftliche Verantwortung mehr ineinanderfließen.

Trotzdem ist es von elementarer Bedeutung, dass Sie sich während Ihrer Karrierereise immer wieder auch selbstkritisch die Frage nach dem „Warum" stellen. Denn die Wahrheit über Leadership ist: Die Belohnungen und Freuden der Führung sind ohne großen Einsatz, lebenslanges Lernen und kontinuierlicher persönlicher Entwicklungsarbeit nicht zu haben.

Das Wirken auf C-Level-Niveau aber wiegt definitiv diese Mühen auf, nicht nur wegen der positiven Veränderungen, die man als Führungskraft während seiner Karrierereise im Leben anderer erreichen kann, sondern auch wegen der Bedeutung, die es dem eigenen Dasein verleiht.

Aber: Setzen Sie bei Ihrer *Mission Leadership* nie Ihr privates Glück aufs Spiel. Es wird eine Zeit in Ihrem Leben kommen, da zählt alles, was Sie beruflich erreicht haben, so gut wie gar nichts mehr. Wenn alle Karriereziele für Sie in

Erfüllung gegangen sind, und wenn Sie damit aufhören Führungskraft zu sein, dann ist es wichtig, dass allein die private Situation Sie trägt. Nur wenn ein „normales" Leben ohne Manager-Chichi und ohne das ganze Drumherum für Sie dann auch noch Sinn hat, war es die Sache vorher wert!

Nachwort

„Es gibt zwei Möglichkeiten, Karriere zu machen: Entweder leistet man wirklich etwas, oder man behauptet, etwas zu leisten. Ich rate zur ersten Methode, denn hier ist die Konkurrenz bei Weitem nicht so groß."

Danny Kaye, Schauspieler, Komiker und Sänger

„Wieso hast Du denn ein Buch geschrieben, Du bist doch gar kein Autor"? Diese Frage war wohl die mit Abstand häufigste Spontanreaktion aus meinem privaten und beruflichen Umfeld auf die Verlagsankündigung von *Mission Leadership*. Ich gebe es gerne zu, diese Frage hat mich anfänglich verwundert und ehrlicherweise ab und an auch genervt. Tatsächlich hat die Fragerei aber schlussendlich auch den Anstoß dazu gegeben, diese Nachbemerkung zu schreiben.

Also, warum habe ich dieses Buch geschrieben? Nun, als Vorstand und Geschäftsführer in Konzern- und Mittelstandsunternehmen habe ich in fast drei Jahrzehnten nahezu alles erlebt, was man als Führungskraft erleben kann. Egal ob es krisenhafte Unternehmensphasen mit Restrukturierung, Reorganisation und straffem Kostenmanagement oder Zeiten von Wachstum, Expansion und kniffligen M&A-Deals waren, eines stellte ich im Rahmen meiner Laufbahn immer wieder fest: Es ist nicht das Fachwissen, das einem solchen Phasen erfolgreich meistern und immer weiter auf der Karriereleiter aufsteigen lässt, sondern in erster Line die Palette ganz bestimmter Eigenschaften, Wesensmerkmale und Verhaltensmuster.

Das erkannt und mich in derlei Hinsicht immer wieder weiterentwickelt zu haben empfinde ich rückblickend als großes Glück. Ein großes Glück war es auch, ein ums andere Mal von Förderern und mutigen Unterstützern umgeben gewesen zu sein, die mein Entwicklungspotenzial erkannt und mir deshalb ihr Vertrauen geschenkt haben. Diesen Menschen gebührt an dieser Stelle mein besonderer Dank.

Wohlwissend, dass solch günstige Umstände nicht selbstverständlich und auch nicht auf jede Karriere schablonenhaft übertragbar sind, war es mir ein Anliegen meinen Erfahrungsschatz komprimiert in Buchform weiterzugeben. Ein Buch, wie ich es selbst gerne zu Beginn meiner C-Level-Laufbahn zur Hand gehabt hätte.

Es gab aber noch einen zweiten Beweggrund. Und der hat damit zu tun, dass ich immer wieder erstaunt darüber bin, in welchem Ausmaß auch heute noch irrige Klischeevorstellungen und Stereotypen das Bild von einer vermeintlich erfolgreichen Top-Management-Karriere prägen. Es scheint, als hätte sich in derlei Hinsicht während der letzten dreißig Jahre kaum etwas geändert.

Das liegt sicherlich auch daran, dass es vielen Management-Büchern an der notwendigen Authentizität fehlt. Tatsächlich sind Leadership-Ratgeber oft von Beratern, Headhuntern, „Personalern" oder Coaches verfasst, statt von „gestandenen" Führungskräften.

Und so existiert eine Flut an Ratgebern für Erfolg und Karriere, die an Mainstream und Beliebigkeit kaum zu überbieten sind. Sie unterscheiden sich hinsichtlich ihrer Inhalte meistens nur graduell und ihre Ratschläge dringen – da auf eine möglichst breite Leserschaft ausgerichtet – eher selten bis zum Spitzenpersonal im Management, also bis zur C-Suite, durch.

Vielen der sogenannten „Expertenbücher" haftet außerdem ein gewisser VIP-Habitus an: Manager-Biografien, mit exhibitionistischer, narzisstischer oder heroischer (Selbst)Darstellung des Autors oder dessen Metier. Oder Ratgeber mit voyeuristischer Betrachtungsweise, etwa der oft bemühte „exklusive Blick hinter die Kulissen von …".

All das werden Sie, liebe Leserinnen und Leser, in *Mission Leadership* nicht finden. Stattdessen steht der faktische Nutzen für Sie an allererster Stelle. Die Stoßrichtung des Buches bedient dabei explizit die besondere Erwartungshaltung des C-Levels.

Und noch ein allerletzter Punkt: Selbstverständlich basieren die in *Mission Leadership* dargelegten zehn entscheidenden Merkmale für erfolgreiche C-Level-Karrieren vornehmlich auf meinen subjektiven Erfahrungen als Führungskraft. Und möglicherweise lässt sich über die ein oder andere These trefflich streiten. Auch ist nicht ausgeschlossen, dass es zu bestimmten Themen anderslautende Forschungsergebnisse oder komplett konträre Erfahrungsberichte anderer Führungskräfte gibt oder in Zukunft geben wird.

Das ist auch nicht weiter schlimm, denn weder erhebt das Buch den Anspruch auf Vollständigkeit noch will es als abschließende Bewertung und „Maß aller Dinge" in Sachen Leadership verstanden sein. Tatsächlich werden künftig weitere Paradigmenwechsel und epochale Veränderungen auf uns zukommen, die sich wiederum auf die Art und Geschwindigkeit von Veränderungen in unserer Gesellschaft und in der Führung von Unternehmen auswirken. Insofern liegt es mir am Herzen mit Ihnen auch dann in Kontakt zu bleiben, nachdem Sie das Buch zu Ende gelesen und zur Seite gelegt haben. Lassen Sie mich gerne wissen, wie Sie zu den Kernaussagen von *Mission Leadership* stehen, welche individuellen Erfahrungen Sie auf Ihrer Karrierereise machen oder gemacht haben und welche Empfehlungen Sie gerne an Ihre Artgenossen weiterreichen möchten.

Außerdem freue ich mich über jede Anregung und über jede Rezension, egal wie kritisch sie ausfallen mag, oder sonstiges Feedback von Ihnen. Wenn Sie spezifische Fragen zu Leadership oder Coaching haben oder zu anderen führungsrelevanten Themen mit mir in Kontakt treten möchten, folgen Sie mir am besten auf

www.missionleadership.de

Ich freue mich auf den Dialog mit Ihnen!

Wiesbaden, den 30. Juni 2022

Endnoten

1 Kowalsky, Marc: „David Marcus: CEO zu sein wird massiv überschätzt", Interview in BILANZ/ Handelszeitung, 03.02.2015, https://www.handelszeitung.ch/geld/david-marcus-ceo-zu-sein-wird-massiv-uberschatzt

2 Vgl. regelmäßig erscheinende Erhebungen und Publikationen der „Initiative Chefsache", https://initiative-chefsache.de/content/uploads/2020/03/PM_Karrierezuversicht_08032020.pdf, und: Bös, Nadine und Witte, Felicitas: „Keine Lust auf den Chefsessel", in: FAZ, 13.02.2021, Seite C2

3 Boston Consulting Group (BCG): „Life and Death of Management", September 2019, https://www.bcg.com/de-de/d/press/18september2019-life-and-death-of-management-229539

4 Vgl. Berry, Christopher R. und Fowler, Anthony: „Leadership or luck? Randomization inference for leader effects in politics, business, and sports", in: Science Advances, Volume 7 – Issue 4, 20.01.2021, https://www.science.org/doi/epdf/10.1126/sciadv.abe3404

5 PwC: „Millennials at work – Reshaping the workplace", 2018

6 KPMG International: „Die CEO-Agenda für die neue Normalität. Global CEO Outlook 2020 – Pulse Survey Covid 19 Special Edition", August 2020

7 Vgl. Xing Gehaltsstudie 2019, https://recruiting.xing.com/de/wissen-veranstaltungen/wissen/hr-news-trends/xing-gehaltsstudie-2019-sinnhaftigkeit-ist-jedem

8 Weckes, Marion: „Manager to Worker Pay Ratio 2017", in: Mitbestimmungsreport des I.M.U./ Hans Böckler Stiftung, Nr. 44, 07/2018, https://www.boeckler.de/pdf/p_mbf_report_2018_44.pdf

9 https://www.tagesspiegel.de/wirtschaft/umstrittene-vorstandsverguetung-vw-chef-verdient-das-127-fache-eines-angestellten/24445750.html

10 Smolka, Klaus M.: „Manager Exzess in den Niederlanden", in FAZ, 29.03.2021, Seite 20

11 Smolka, Klaus M. und Fischer, Benjamin: „274 Millionen Euro für den Universal-Music-Chef", in FAZ, 22.04.2022

12 Vgl. Deloitte: „Die Jobs der Zukunft. Berufswelt bis 2035 – fünf Trends", November 2020, https://www2.deloitte.com/content/dam/Deloitte/de/Documents/Innovation/deloitte-daten-land-deutschland-jobs-der-zukunft.pdf

13 Vgl. Hofert, Svenja: „Mindshift: Mach Dich fit für die Arbeitswelt von morgen", Frankfurt/ New York 2019

14 Egon Zehnder Inc.: „The CEO: A Personal Reflection", https://www.egonzehnder.com/ceo-study-2018

15 Lafley, Allan G.: „Was ein CEO tun muß", in: Harvard Business manager, Ausgabe Juli 2009, https://www.manager-magazin.de/harvard/management/welche-aufgaben-ein-ceo-in-der-unternehmensfuehrung-hat-a-00000000-0002-0001-0000-000065744708

16 G.H. Smart & Company, SAS: „CEO Genome Project", 1995–2017, https://ceogenome.com/about/

17 Botelho, E. L., Rosenkoetter Powell, K., Kincaid, S. und Wang, D.: „What Sets Successful CEOs Apart", in: Harvard Business Review, Ausgabe Mai/Juni 2017

18 strategy&/PwC: „15th Annual Study of CEOs, Governance, and Success", https://www.strategy-business.com/article/00327#succession, https://www.strategyand.pwc.com/gx/en/insights/ceo-success.html

19 G.H. Smart & Company, SAS: „CEO Genome Project", 1995–2017, https://ceogenome.com/about/

20 Vgl. Grijalva, Emily J.: „Narcissism and Leadership. A Meta-Analysis of Linear and Nonlinear Relationships", 2013, und: Gersemann, Olaf.: „Die überforderte Elite", in: Welt am Sonntag, 25.01.2015, und: Burger, Reiner: „Narzissmus steht guter Führung im Weg", Interview mit Victoria Berg, in: FAZ, 29.01.2022, Seite 9

21 Preuss, Susanne: „Bechtles Wertvermehrer", in: FAZ, 19.03.2021, Seite 20

22 Buchhorn, Eva: „Was macht eigentlich … Peter Bauer?", in: manager magazin, Ausgabe April 2021, Seite 154

23 Vgl. Müller, Anja: „Kulturwandel im Mittelstand", in Handelsblatt, 07.12.2020, und: Banze, Sonja: „Das nächste große Ding", in: manager magazin, April 2021

[24] Kremer, Dennis: „Vorsicht, wenn Sie dem Chef widersprechen!", Interview mit Heinrich von Pierer in: FAS, 21.03.2021, Seite 24
[25] Vgl. Lot, Thomas: „C-Level: Die neuen Führungspositionen", in Berlin Valley, 22.01.2019, https://berlinvalley.com/c-level-neue-fuehrungspositionen/
[26] Vgl. C-Level: „Leadership 4.0", 2019, https://c-level.ch/portfol/, und: moneycap, 04.02.2019, https://www.moneycab.com/dossiers/c-level-fuehrungskraefte-muessen-ihre-unternehmens-funktionen-in-die-zukunft-transformieren/
[27] Purps-Pardigol, Sebastian: Interview mit Peter Bostelmann, https://kulturwandel.org/gespraech/sap-peter-bostelmann/
[28] https://www.theofficialboard.de/
[29] Menzel, Stefan: „Hauke Stars soll neue IT-Vorständin von Volkswagen werden", in: Handelsblatt, 17.11.2021
[30] Föller, Andreas: „CEO und CHRO – das neue Power-Paar im Unternehmen", in manager magazin, 04.12.2021
[31] Vgl. Russel Reynolds Associates: „The End of Expertise? Rethinking the C-suite", 12.01.2020, https://www.russellreynolds.com/en/insights/articles/the-end-of-expertise-rethinking-the-c-suite
[32] Nezik, Ann-Kathrin und Coenenberg, Nora: „Ein Stern verblasst", in: Die Zeit, 22.04.2021, Seite 20
[33] Vgl. Russel Reynolds Associates: „The End of Expertise? Rethinking the C-suite", 12.01.2020, https://www.russellreynolds.com/en/insights/articles/the-end-of-expertise-rethinking-the-c-suite
[34] Bechtle, Lucas und Thorborg, Heiner: „Der CDO wird zur bedrohten Spezies", in: Wirtschafts-Woche, 30.04.2021, Seite 10
[35] Vgl. Neuscheller, Tillmann: „Die Chefberaterin", in FAZ, 17.10.2020, Seite 22
[36] Balzter, Sebastian und Kopplin, Ilka: „Das größte Manko war das Versagen der Politik beim Impfen", Interview mit Francesco De Meo, in: FAZ, 22.04.2021, Seite 22
[37] Stifterverband in Kooperation mit McKinsey & Company: „Hochschulbildungsreport 2020", Abschlussbericht 2022
[38] Vgl. https://www.egp-verein.de/
[39] Hartmann, Michael und Kopp, Johannes: „Elitenselektion durch Bildung oder durch Herkunft", in: Kölner Zeitschrift für Soziologie und Sozialpsychologie, Seite 436–466, 01.09.2001, und: Hummel, Katrin: „Ich habe mich dumm gefühlt", in: FAS, 17.01.2021, Seite 11
[40] Meck, Georg: „Goodbye, Joe Kaeser!", Interview mit Joe Kaeser, FAS, 07.02.2021, Seite 24
[41] Kramer, Jochen: „Intelligenz und Berufserfolg: Metaanalytische Aggregation empirischer Studien aus Deutschland", Bonn 2009
[42] Guldner, Jan: „Das Statussignal", in: WirtschaftsWoche, 19.03.2021, Seite 88–91
[43] Vgl. Guldner, Jan: „Das Statussignal", in: WirtschaftsWoche, 19.03.2021, Seite 88–91
[44] Schneider, Michael und Preckel, Franzis: „Variables Associated with Achievement in Higher Education; A Systematic Review of Meta-Analyses", in Psychological Bulletin (143)6, Seite 565–600, Mai 2017
[45] Taras, Vasyl et al.: „Graduates of Elite Universities get paid more. Do they perform better?", in: Harvard Busines Review, 04.09.2020, https://hbr.org/2020/09/graduates-of-elite-universities-get-paid-more-do-they-perform-better
[46] Vgl. Guldner, Jan: „Das Statussignal", in: WirtschaftsWoche, 19.03.2021, Seite 88–91
[47] Vgl. Taras, Vasyl, Gunkel, Marjaana et al.: „The predictive Power of university Pedigree and the Graduates Performance in global virtual Teams.", in: European Journal of International Management, Ausgabe 16, Nummer 4, Seite 555–584, 25.09.2021
[48] G.H. Smart & Company, SAS: „CEO Genome Project", 1995–2017, https://ceogenome.com/about/, and: Botelho, Elena, Powell, Kim and Raz, Tahl: „The CEO Next Door", London 2018, Seite 10
[49] Vgl. Fischer, Konrad: „Stanford für Arme", in: WirtschaftsWoche, 25.06.2021, Seite 94
[50] Vgl. Buchhorn, Eva: „Die Aufstiegsformel", in manager magazin, Ausgabe Juli 2021, Seite 91–96
[51] Schüller, Anne M.: „Karrieren Agilisieren", in Business-Tipp, 28.04.2021, https://www.der-business-tipp.de/wissenswertes/detail/id/99/d/Karrieren-agilisieren-Kletterwand-statt-Leiter
[52] Vgl. ebenda

53 Vgl. Fischer, Konrad und Guldner, Jan: „Die Wahrheit über agiles Arbeiten“, in: WirtschaftsWoche, 16.01.2020, und: Frohn, Philipp: „Etwas Anarchie ist in Organisationen nicht schlecht“, Interview mit Jürgen Weibler in: WirtschaftsWoche 25.01.2020

54 Seiser, Michaela: „Offizier und Unternehmenslenker“, in: FAZ, 19.06.2021, Seite 24

55 Vgl. Thorborg, Heiner: „Karriereplanung? Bloß nicht!“, in: manager magazin, 17.12.2018

56 G.H. Smart & Company, SAS: „CEO Genome Project“, 1995–2017, https://ceogenome.com/about/, and: Botelho, Elena, Powell, Kim and Raz, Tahl: „The CEO Next Door“, London 2018, Seiten 10 und 108

57 Fischer, Konrad und Rau, Kristin: „Dafür?“, in: WirtschaftsWoche, 04.12.2020, Seite 98–103

58 Vgl. Borgschulte, Mark et al.: „CEO Stress, Aging, and Death“, in: NBER Working Paper No. 28550, März 2021, https://www.nber.org/papers/w28550

59 Vgl. Wulff, Christian: „Über das Gewinnen beim Verlieren“, https://www.youtube.com/watch?v=a07OrtBJm7I

60 Heeg, Thiemo: „Besser leben, besser sterben“, in: FAZ, 10.11.2021, Seite 20

61 Theurer, Marcus: „Jenseits von Afrika“, in: FAS, 02.05.2021, Seite 24

62 Heidrick & Struggles: „Board Monitor 2021“, und: Schütz, Dirk: „Klimamuffel“, in BILANZ, Ausgabe Juli 2021

63 Vgl. Hager Unternehmensberatung: „Was C-Levels über unsere Arbeitswelt verraten“, https://www.hager-ub.de/news/page-10/

64 Amirkhizi, Mehrdad: „Zeitgeist kann nicht von einem 60-Jährigen kommen“, Interview mit Thomas Eickhoff, in HORIZONT, 11.02.2021, Seite 10

65 Vgl. Institute for Business Value: „2010 Global CEO Study“, https://www.hrm.de/ibm-2010-global-ceo-study/

66 Interview mit Professor Christoph Straub, in UNTERNEHMER-Magazin, 04.12.2020, und: Universität St. Gallen und BARMER Krankenkasse: „socialhealth@work“, 2020, https://www.alexandria.unisg.ch/261361/1/dl-studienbericht.pdf

67 Baulig Consulting: „Digitalisierung und Vertrieb im Mittelstand“, Mai 2021, Seite 38–43, und: Bös, Nadine, Jung, Marcus und Schäfer, Christoph: „Traumberuf am Ort der Träume“, in FAZ, 29. Mai 2021, Seite C1

68 Vgl. https://www.oracle.com/news/announcement/ai-at-work-new-study-020321/, und: Korn Ferry: „Anguish in the Remote C-Suite“, Februar 2021, https://www.kornferry.com/insights/this-week-in-leadership/anguish-in-the-remote-c-suite

69 Vgl. https://www.oracle.com/news/announcement/ai-at-work-new-study-020321/, und: Korn Ferry: „Anguish in the Remote C-Suite“, Februar 2021, https://www.kornferry.com/insights/this-week-in-leadership/anguish-in-the-remote-c-suite

70 Institut für Demoskopie Allensbach, in: „Lieber im Büro“, in FAZ-Grafik, 26.01.2022

71 Witte, Felicitas: „Werden wir im Homeoffice eher depressiv?“, in FAZ, 29.01.2022, Seite C2

72 Lanwehr, Ralf: „Elon Musk und die Hybris von New Work“, in Xing News, 03.06.2022, https://www.xing.com/news/insiders/articles/elon-musk-und-die-hybris-von-new-work-4910650

73 Bernau, Patrick: „Wie Corona uns den Zufall raubt“, in FAS, 04.10.2020, Seite 17

74 KPMG International: „Die CEO-Agenda für die neue Normalität. Global CEO Outlook 2020 – Pulse Survey Covid 19 Special Edition“, August 2020

75 Vgl. https://www.haufe.de/personal/hr-management/humanocracy-die-humanokratische-organisation_80_531818.html, 07.12.2020, und: https://de.linkedin.com/pulse/alphatier-eine-vom-aussterben-bedrohte-art-zeiten-der-sabine-kluge, 31.03.2018, und: Kienbaum Consultants International: „Brave New Work. Ein Manifest für die Arbeitswelt von morgen“, November 2020

76 Vgl. Hamel, Gary und Zanini, Michele: „Humanocracy: Creating Organizations as Amazing as the People Inside Them“, Boston 2020

77 Vgl. Heidrick & Struggles: „Digital Transformation: The Importance of the Human Element. Digital Acceleration CEO Survey“, Oktober 2020

78 Hank, Rainer: „Geduld macht reich“, in: FAS, 23.01.2022, Seite 18

79 Vgl. Ramge, Thomas: „Der Punkt des maximalen Grübels“, in: brand eins („Stop it! #Geduld“), Ausgabe 5, 2018

80 Nadolny, Sten: „Die Entdeckung der Langsamkeit“, München 1983

81 Ramge, Thomas: „Der Punkt des maximalen Grübels“, in: brand eins („Stop it! #Geduld“), Ausgabe 5, 2018

82 Vgl. Mischel, Walter: „Der Marshmallow-Test: Willensstärke, Belohnungsaufschub und die Entwicklung der Persönlichkeit“, München 2015
83 Vgl. Sutter, Matthias: „Die Entdeckung der Geduld: Ausdauer schlägt Talent“, Salzburg 2014
84 Metzger, Ida: „Nur wer geduldig ist, hat Erfolg“, Interview mit Matthias Sutter in: Kurier, 02.03.2014
85 Ebenda
86 Kuhrt, Nicola: „Aktionismus ist ein Blödsinn“, Interview mit Matthias Sutter in: brand eins („Stop it! #Geduld“), Ausgabe 5, 2018
87 Keller, Tim: „Geduld – der wichtigste Trend, den keiner sehen will“, in: HORIZONT, 21.01.2021
88 Zimmermann, Kurt W.: „Blattmann und der Flug nach Süden“, in: BILANZ, Ausgabe März 2022
89 G.H. Smart & Company, SAS: „CEO Genome Project“, 1995–2017, https://ceogenome.com/about/, and: Botelho, Elena, Powell, Kim and Raz, Tahl: „The CEO Next Door“, London 2018, Seite 22
90 G.H. Smart & Company, SAS: „CEO Genome Project“, 1995–2017, https://ceogenome.com/about/, and: Botelho, Elena, Powell, Kim and Raz, Tahl: „The CEO Next Door“, London 2018, Seite 114–129
91 Bernau, Patrick: „Wie Corona uns den Zufall raubt“, in: FAS, 04.10.2020, Seite 17
92 Guldner, Jan und Bernau, Varinia: „Gib es zu, du hattest Glück!“, in: WirtschaftsWoche, 14.08.2020, Seite 14–21
93 Todtmann, Claudia: „Der Ursprung meiner Karriere: Heinrich von Pierer“, in: WirtschaftsWoche, 23.04.2021, Seite 98
94 Vgl. Berry, Christopher R. und Fowler, Anthony: „Leadership or luck? Randomization inference for leader effects in politics, business, and sports“, in: Science Advances, Volume 7 – Issue 4, 20.01.2021
95 Vgl. Busch, Christian: „The Serendipity Mindset: The Art and Science of Creating Good Luck“, London 2020
96 Vgl. Busch, Christian; „Connect the Dots: The Art and Science of Creating Good Luck“, London 2022
97 Wiseman, Richard: „The Luck Factor: The Scientific Study of the Lucky Mind “, London 2004, und: http://richardwiseman.com/resources/The_Luck_Factor.pdf
98 Ayan, Steve: „Seredipität. Wie wir unserem Glück auf die Sprünge helfen“, in Spektrum.de, 07.10.2016, https://www.spektrum.de/news/serendipitaet-wie-wir-dem-glueck-auf-die-spruenge-helfen/1425714
99 Kennedy, Pagan: „How to Cultivate the Art of Serendipity”, in: The New Your Times, 02.01.2016, https://www.nytimes.com/2016/01/03/opinion/how-to-cultivate-the-art-of-serendipity.html
100 Guldner, Jan: „Wie ködere ich das Glück“, in: WirtschaftsWoche, 11.02.2021, Seite 92
101 Neumann, Gerhard: „Herman the German: Just Lucky I Guess“, Bloomington 2004
102 Bernau, Patrick: „Wie Corona uns den Zufall raubt“, in: FAS, 04.10.2020, Seite 17
103 Vgl. ebenda
104 Robert Habeck im ZDF Heute Journal vom 11.01.2022, https://www.youtube.com/watch?v=EPCS9uqBIUU
105 PwC und DSM: „Deutscher Startup Monitor. Innovation statt Krise“, Berlin, 29.09.2020, https://deutscherstartupmonitor.de/wp-content/uploads/2020/09/dsm_2020.pdf
106 Vgl. https://www.bitkom.org/Presse/Presseinformation/Corona-Krise-trifft-Startups-mit-voller-Wucht
107 Vgl. Fischer, Sebastian, Frese, Michael et al.: „The Role of Error Management Culture for Firm and Individual Innovativeness“, in: Applied Psychology, 16.01.2018, Seite 428–453
108 Vgl. Fischer, Sebastian, Frese, Michael et al.: „The Role of Error Management Culture for Firm and Individual Innovativeness“, in: Applied Psychology, 16.01.2018, Seite 428–453
109 Vgl. ebenda
110 Eskreis-Winkler, Lauren und Fischbach, Ayelet: „Not Learning from Failure – the Greatest Failure of All“, in: Psychological Science, 08.11.2019, Seite 1733–1744
111 Vgl. Eisenmann, Thomas R.: „Why Startups Fail: A New Roadmap for Entrepreneurial Success“, New York 2021, und: Focke, Camilla: „Schöner Scheitern“, in WirtschaftsWoche, 06.11.2020, Seite 103–105
112 Vgl. Rauffmann, Teresa: „Steh auf Mann!“, in: WirtschaftsWoche 19.03.2021, Seite 92

[113] Vgl. ebenda
[114] Jungmann, Uta: „Wie meistere ich die Krise?", in FAZ, 24.10.2020, Seite C2, und: Forschungsergebnisse Leibniz-Institut für Resilienzforschung, Mainz, https://lir-mainz.de/forschungsgruppe/ag-rigotti,
[115] Vgl. Witte, Felicitas: „Soll ich, oder soll ich nicht?", in: FAZ, 04.09.2021, Seite C1
[116] Vgl. World Economic Forum: „The Future of Jobs Report 2020 (Years 2020–2025)", Oktober 2020
[117] Vgl. Kaudela-Baum, Stephanie, Nagel, Erik et al.: „Führung lernen. Fallstudien zu Führung, Personalmanagement und Organisation", Berlin 2018, Seite 13–21
[118] Vgl. Armutat, Sascha et al.: „Schlüsselkompetenz Reflexionsfähigkeit. Führungskräfteentwicklung der Zukunft", in: DGFP-Praxispapiere, Best Practices, Januar 2015
[119] Euler Hermes in Kooperation mit Zentrum für Insolvenz und Sanierung an der Universität Mannheim e. V.: „Ursachen von Insolvenzen. Gründe von Unternehmensinsolvenzen aus Sicht von Insolvenzverwaltern", in: Wirtschaft Konkret, Ausgabe 414, November 2006
[120] Gasche, Ralf: „Selbstreflexion oder kalte Duschen machen schön", in: SpringerProfessional.de Führungstools, 27.04.2016, https://www.springerprofessional.de/leadership/fuehrungstools/selbstreflexion-oder-kalte-duschen-machen-schoen/10006822
[121] Vgl. Ergebnisse der Langzeitstudie GLOBE, https://globeproject.com/
[122] Knauß, Ferdinand: „Die meisten Chefs demotivieren. Zu den Ergebnissen der Unternehmensberatung Hay Group", in: Die Zeit, 27.06.2013, https://www.zeit.de/karriere/beruf/2013-06/management-mitarbeiter-motivation
[123] Siehe Bosch History Blog, https://www.bosch.com/de/stories/history-blog/, und http://datenbank.marketing-journal.de/pdf/gem_publikation/BoschZnder11921Seite 21.pdf
[124] Vgl. ebenda
[125] Witte, Felicitas: „Sie können mir vertrauen!", in FAZ, 19.12.2021, Seite 47
[126] Kernis, Michael und Goldman, Brian: „A Multicomponent Conceptualization of Authenticity: Theory and Research", in: Advances in Experimental Social Psychology, Dezember 2006, Seite 283–357
[127] Freitag, Michael und Hucko, Margret: „Daimlers eiskalter Engel", in manager magazin, Ausgabe Dezember 2021, Seite 24
[128] Vgl. Scheider, Erika; „Burnout und Firmenkultur: Individuelle und unternehmenskulturelle Zusammenhänge zum ressourcengenerierenden Umgang mit Burnout", in Zeitschrift für Beratungs- & Managementwissenschaften, 2015, 2. Jahrgang, Seite 53–58
[129] Vgl. Witte, Felicitas: „Sie können mir vertrauen!", in FAZ, 19.12.2021, Seite 47, und: Fischer, Konrad: „Frei von Zweifel", in WirtschaftsWoche, 10.12.2021, Seite 90–93, und: Korn Ferry: „Future of Work Trends 2022: The New Era of Humanity", November 2021, und: Korn Ferry: „Der Self-Disruptive Leader", Mai 2021, und: KPMG International: „Agile or Irrelevant. Redefining Resilience. 2019 Global CEO Outlook", Juni 2019
[130] Vgl. https://www.charta-der-vielfalt.de/
[131] Vgl. StepStone: „Fünf Arbeitsmarkttrends, die 2022 wichtig werden", 28.12.2021, https://www.stepstone.de/Ueber-StepStone/press/funf-arbeitsmarkt-trends-die-2022-wichtig-werden/, und: https://www.stepstone.de/wissen/diversity/
[132] Vgl. Robert Half: „Arbeitsmarkt-Report 2021", Juni 2021, https://www.roberthalf.de/blog/diversity-im-unternehmen-so-schaffen-sie-einen-gendergerechten-arbeitsplatz
[133] Vgl. https://www.bbc.co.uk/5050
[134] AllBright Stiftung: „Stillstand. Familienunternehmen holen keine Frauen in die Führung", in: AllBright Bericht, Mai 2022
[135] Russel Reynolds Associates: „Aufsichtsgremien deutscher Familienunternehmen", August 2021
[136] McKinsey & Company: „Diversity Wins. How Inclusion Matters", Mai 2020
[137] Heidrick & Struggles: „Meeting the Inclusion Imperative: How Leaders can Link Diversity, Inclusion and Accelerated Performance", September 2020
[138] Vgl. Studiensammlung von Catalyst Inc., https://www.catalyst.org/, und: Feldhoff, Patricia und Szebel-Habig, Astrid: „Frauen machen Firmen besser", in: FAZ, 27.12.2020, Seite 26
[139] Gesamtverband Werbeagenturen (GWA): „Frühjahrsmonitor 2021", 05.07.2021, https://www.gwa.de/content/uploads/2021/01/20210705_GWA_Diversity_Studie_2021_final.pdf
[140] Vgl. Studiensammlung von Catalyst Inc., https://www.catalyst.org/
[141] Accenture: „Getting to Equal 2020: The Hidden Value of Culture Makers", 05.03.2020

[142] Maese, Ellyn and Asplund, Jim: „When It comes to Inclusive Workplace Practices, Start Simple", über die Ergebnisse des Gallup Survey 2021, in: CliftonStrength, 04.04.2022, https://www.gallup.com/cliftonstrengths/en/391502/comes-inclusive-workplace-practices-start-simple.aspx
[143] Accenture: „Getting to Equal 2020: The Hidden Value of Culture Makers", 05.03.2020
[144] Vgl. Adler, Nancy J.: „International Dimensions of Organizational Behavior", Mason/USA 2007, und: Korn Ferry Institute: „The Inclusive Leader", Talent Framework 2019, https://focus.kornferry.com/wp-content/uploads/2015/02/The-Inclusive-Leader-Talent-Framework.pdf
[145] Vgl. Gartner: "Creating Enterprise Leaders", Mai 2015
[146] Vgl. SHL: „Enterprise Leadership Report", 2018, und: SHL: „Enterprise Leadership", https://www.shl.com/solutions/talent-management/review/enterprise-leadership/
[147] Korn Ferry: „Future of Work Trends 2022: A New Era of Humanity", November 2021
[148] Studie der Jobbörse INDEED, die 300.000 Unternehmen auf die Vornamen der Geschäftsführer untersucht hat, Vgl. https://de.indeed.com/lead/namensranking-so-heissen-geschaftsfuhrerinnen-in-deutschland?hl=de&co=DE
[149] AllBright Stiftung: „Aufbruch oder Alibi", in: AllBright Bericht, September 2021, https://www.agv-vers.de/fileadmin/pic/projekte/fif_infothek/AllBright_Bericht_Herbst_2021_Aufbruch_oder_Alibi.pdf
[150] Vgl. ebenda
[151] Brankovic, Maja et al.: „Die Quote soll's richten", in FAS, 31.01.2021, Seite 29
[152] Rousseau, Manuela: „Die unheimliche Kraft der Klischees", in WirtschaftsWoche, 24.01.2020, Seite 95, und: Feldhoff, Patricia und Szebel-Habig, Astrid: „Frauen machen Firmen besser", in: FAZ, 27.12.2020, Seite 26
[153] Noland, Marcus, Moran, Tyler und Kotschwar, Barbara: „Is Gender Diversity Profitable? Evidence from a Global Survey", in Peterson Institute of International Economics (PIIE) Working Paper 16–3, Februar 2016, https://www.piie.com/system/files/documents/wp16-3.pdf
[154] McKinsey & Company: „Diversity Wins. How Inclusion Matters", Mai 2020
[155] Vgl. SHL: „Leadership Diversity: A New Approach to the Gender Gap", März 2019, und: Dhir, Aaron: „Challenging Boardroom Homogeneity: Corporate Law, Governance, and Diversity", New York 2016
[156] Kolleck, Nina und Hurrelmann, Klaus: „Frauen führen besser!", in: Die Zeit, 22.03.2022, Seite 39
[157] Kugel, Janina: „Verschenktes Potenzial", in: Markt und Mittelstand, Ausgabe August 2021, Seite 62
[158] Meck, Georg: „Ein Masterplan für Mütter", in: FAS, 04.07.2021
[159] Chhaochharia, Vidhi, Du, Mengqiao und Niessen-Ruenzi, Alexandra: „Counter-stereotypical Female Role Models and Woman's Occupational Choices", Dezember 2021
[160] Vgl. ebenda, und: Hutschenreuter, Stefanie: „Sie zeigen das es geht", in: FAS Verlagsspezial „Frauen Erfolgreich", 07.03.2021, Seite V1, und: Meck, Georg: „Ich bin ein Nerd in High Heels", Interview mit Melissa Di Donato in: FAS, 14.02.2021, Seite 21
[161] Schäfer, Celine: „Kann es nur eine geben?", in: FAS, 03.04.2022, Seite 51
[162] Ebenda
[163] Vgl. Derks, Belle, Van Laar, Colette und Ellemers, Naomi: „The queen bee phenomenon: Why women leaders distance themselves from junior women", in: The Leadership Quarterly, 15.01.2016
[164] Vgl. Gärtner, Marc und Scambor, Elli: „Caring Masculinities. Über Männlichkeiten und Sorgearbeit", in: Aus Politik und Zeitgeschichte (APuZ), 30.10.2020, https://www.bpb.de/shop/zeitschriften/apuz/care-arbeit-2020/317852/caring-masculinities/
[165] Vgl. SHL: „Woman in Leadership", Juli 2020
[166] Anderson, Cameron et al.: „People with disagreeable personalities (selfish, combative, and manipulative) do not have an advantage in pursuing power at work", in: Psychological and Cognitive Sciences, 31.08.2020, https://www.pnas.org/doi/full/10.1073/pnas.2005088117
[167] Vgl. Van Bommel, Tara: „The Power of Empathy in Times of Crisis and Beyond", Catalyst, November 2021, https://www.catalyst.org/reports/empathy-work-strategy-crisis/
[168] Boston Consulting Group (BCG): „Human Centered Lead", Februar 2021
[169] Vgl. Max Planck Institut für Kognitions- und Neurowissenschaften: „Empahty and perspective taking: How social skills are built", 09.11.2020, https://www.cbs.mpg.de/empathy-and-perspec-

tive-taking-how-social-skills-are-built, und: Bandiera, Oriana et al.: „CEO Behaviour and Firm Performance“, in: Journal of Political Economy, Ausgabe Juli 2019

[170] Vgl. Freie Universität Berlin, Institut für Publizistik- und Kommunikationswissenschaft: „Die Rolle des CEO in der Unternehmenskommunikation“, Berlin 2005, https://www.pr-journal.de/images/stories/downloads/CEO-Studie-Dokumentation-FHBerlin.pdf

[171] Wilms, Carolin: „Hört mir zu!“, in: FAS, 09.08.2020, Seite 43

[172] Nadkarni, Sucheta und Pol, Herrmann: „CEO Personality, Strategic Flexibility, and Firm Performance: The Case of the Indian Business process Outsourcing Industry“, in: Academy of Management Journal 53.5, Mai 2010, Seite 1050–73

[173] Kaplan, Steven, Klebanov, Mark und Sorensen, Morten: „Which CEO Characteristics and Abilities Matter?“, in: The Journal of Finance, Juni 2012, Seite 973–1007

[174] Horx, Matthias: „Gibt es einen Megatrend Achtsamkeit?“, Einleitung aus ‚Zukunftsreport 2016‘ des Zukunftsinstituts, Dezember 2015

[175] Vgl. Witte, Felicitas: „Wie viel Achtsamkeit ist gut für mich?“, in: FAZ, 02.10.2021, Seite C2

[176] Brower, Tracy: „Empathy is the most important Leadership Skill according to Research“, in: Forbes Magazine, 19.11.2021, und: Michaelsen, Maren M. et al.: „Wirksamkeit von Achtsamkeitstechniken im Arbeitskontext“, in: iga Report, Ausgabe 45, Mai 2021

[177] Vgl. Dwoskin, Hale: „Die Sedona-Methode“, Kirchzarten 2012

[178] Vgl. Bennis, Warren und Nanus, Burt: „Leaders. Strategies for Taking Charge“, New York 2003

[179] Barber, Herbert F.: „Developing Strategic Leadership: The US Army War College Experience“, in: Journal of Management Development, 01.06.1992, Seite 4–12

[180] Bendel, Oliver: „Definition: Was ist VUCA?“, in: Gabler Wirtschaftslexikon Online, 13.07.2021

[181] Vgl. Parsons, Talcott: „The Social System“, London 1951

[182] Vgl. Gergs, Hans Joachim, Lakeit, Arne und Linke, Bodo: „Das Agilitäts-Stabilitäts-Paradox. Was Unternehmen von Kampfflugzeugen, James Bond und östlicher Philosophie lernen können“, in: Geramanis, Olaf und Hutmacher, Stefan: „Identität in der neuen Arbeitswelt“, Wiesbaden 2018, Seite 177–188

[183] Leinward, Paul, Mani, Mahadeva Matt und Sheppard, Blair: „Reinventing Your Leadership Team“, in: Harvard Business Review, Ausgabe Januar/Februar 2022, https://hbr.org/2022/01/reinventing-your-leadership-team

[184] Vgl. Hofert, Svenja: „Mindshift: Mach Dich fit für die Arbeitswelt von morgen“, Frankfurt/New York 2019

[185] Diehl, Andreas: „Die hohe Kunst mit Dynamik und Komplexität umzugehen“, Blog: ‚Agilität in Unternehmen‘, in: Digitale Neuordnung DNO, Juni 2019, aktualisiert Mai 2022

[186] Boston Consulting Group (BCG): „Performance and Innovation Are the Rewards of Digital Transformation. BCG Global Digital Transformation Survey 2021“, Dezember 2021

[187] Fischer, Konrad und Guldner, Jan: „Hierarchiefreie Zone. Die Wahrheit über agiles Arbeiten“, in: WirtschaftsWoche, 16.01.2020

[188] Rigby, Darrell, Elk, Sarah und Berez, Steve: „Die agile Chefetage“, in: Harvard Business manager, Oktober 2020, Seite 20–27

[189] Yoshida, Sidney: „The Iceberg of Ignorance“, International Quality Symposium, Mexico City 1989

[190] Schütz, Dirk: „Im Gegenwind“, in BILANZ, Ausgabe März 2022, Seite 55

[191] Vgl. Gergs, Hans-Joachim, Lakeit, Arne und Linke, Bodo: „Agilität braucht Stabilität“, in: Zeitschrift Führung und Organisation, Ausgabe Mai 2018, Seite 314–319, https://www.gfeo.eu/downloads/Agilitaet-braucht-Stabilitaet-ZFO.pdf

[192] Probst, Gilbert und Raisch, Sebastian: „Die Logik des Niedergangs“, in: Harvard Business manager, Ausgabe März 2004, Seite 37–45, https://www.gkb.ch/de/Documents/Case-GKB/Artikel-Probst-Logik-des-Niedergangs-DE.pdf

[193] Vgl. Schütz, Dirk: „Im Gegenwind“, in BILANZ, Ausgabe März 2022, Seite 55

[194] Korn Ferry: „Der Self-Disruptive Leader“, Mai 2021

[195] Vgl. ebenda

[196] Vgl. ebenda

[197] Vgl. Gunkel, Christoph: „Vergessene Dschungelstadt. Warum Henry Ford in Brasiliens Urwald scheiterte“, in: Spiegel Online, 11.02.2010, https://www.spiegel.de/geschichte/vergessene-orte-a-948720.html

[198] Noé, Martin: „Die Lösung ist schon da“, in: manager magazin, Ausgabe Januar 2021, Seite 5

[199] Gerstner, Wolf-Christian et al.: „CEO Narcissism, Audience Engagement, and Organizational Adoption of Technological Discontinuities“, in: Administrative Science Quarterly, Ausgabe Juni 2013, Seite 257–291, https://journals.sagepub.com/doi/10.1177/0001839213488773
[200] World Economic Forum: „The Future of Jobs Report 2020 (Years 2020–2025)", Oktober 2020
[201] Universität Bayreuth – Institut für Entrepreneurship & Innovation: „Intrapreneurship-Monitor 2021“, Januar 2022, https://www.eship.uni-bayreuth.de/de/forschung/Intrapreneurship-Monitor/Intrapreneurship-Monitor-2021.pdf
[202] Wildemann, Horst: „Sieben Formeln für mehr Erfolg“, in: FAS, 06.09.2020, Seite 27
[203] Kuhn, Thomas: „Preisverleihung in München. Die Sieger des Innovationspreises 2018“, in: WirtschaftsWoche, 14.04.2018
[204] Malnight, Thomas W. und Buche, Ivy: „Disruption überstehen. Wie Konzerne ihre Stärken erkennen“, in: Harvard Business manager, Ausgabe Juni 2022, Seite 94
[205] Vgl. https://www.chemovator.com/
[206] Wood, Dustin, Harms, Peter und Vazire, Simine: „Perceiver effects as projective tests: What your perceptions about others say about you“, in: Journal of Personality and Social Psychology, Ausgabe Juli 2010, Seite 174–190
[207] Vgl. ebenda
[208] Grant, Adam M., Gino, Francesca und Hoffmann, David A.: „The Hidden Advantages of Quiet Bosses“, in Harvard Business Review, Ausgabe Dezember 2010
[209] Vgl. Russel Reynolds Associates; „Inside the Mind of the Chief Executive Officer“, April 2016, https://zbook.org/read/8613b_inside-the-mind-of-the-chief-executive-officer.html, und: Dämon, Kerstin: „CEO Studie: Was erfolgreiche Manager ausmacht", in: WirtschaftsWoche, 20.04.2016
[210] Vgl. Sinek, Simon: „How do you measure success?“, Keynote 24.09.2019, https://www.youtube.com/watch?v=nyqLJSclNb4
[211] Vgl. Haden, Jeff: „Why Your Most Valuable Employee is Often the ‚Invisible Employee‘. Why Some Employees Stand Out Simply by Not Standing Out“, in Inc.com, 28.10.2021
[212] Vgl. Russel Reynolds Associates; „Inside the Mind of the Chief Executive Officer“, April 2016, https://zbook.org/read/8613b_inside-the-mind-of-the-chief-executive-officer.html
[213] Taylor, Bill: „If Humility is so Important, why are Leaders so Arrogant?“, in: Harvard Business Review, Ausgabe Oktober 2018, https://hbr.org/2018/10/if-humility-is-so-important-why-are-leaders-so-arrogant
[214] Vgl. Shellenbarger, Sue: „The Best Bosses are Humble Bosses“, in: The Wall Street Journal, 09.10.2018, https://www.wsj.com/articles/the-best-bosses-are-humble-bosses-1539092123
[215] Vgl. Fuest, Benedikt: „Bill Gates' Erben haben mächtige Gegner und haben ein großes Problem“, in: Welt, 04.04.2018, https://www.welt.de/wirtschaft/article175171959/Microsoft-Satya-Nadella-macht-alles-anders-als-Steve-Ballmer.html
[216] Vgl. Hacke, Axel: „Über den Anstand in schwierigen Zeiten und die Frage, wie wir miteinander umgehen“, München 2017, und: Brankovic, Maja: „Anstand zahlt sich aus“, in: FAS 27.12.2020, Seite 20
[217] Vgl. Sinek, Simon: „Start with Why: How Great Leaders Inspire Everyone to Take Action“, London 2009
[218] Vgl. Uhtenwoldt, Deike: „Eine Frage der Ehre“, in FAS, 15.08.2021, Seite 43
[219] KPMG International: „Bereit für den Wandel? Wie Unternehmen nachhaltig auf Erfolgskurs gehen“, Diskussionspapier zu den deutschen Ergebnissen des KPMG Global CEO Outlook 2021, November 2021
[220] Diverse FAZ-Autoren: „So wird 2022“, in FAZ, 03.01.2022, Seite 21
[221] Haas, Oliver: „Die Führungskraft sein, die man selbst gern hätte“, Interview mit Stephen Shedletzky, in: Zeitschrift für Organisations-Entwicklung – ZOE, Ausgabe 3/2021, Seite 6–9
[222] Vgl. Kolleck, Nina und Hurrelmann, Klaus: „Frauen führen besser!“, in: Die Zeit, 22.03.2022, Seite 39
[223] Böning, Uwe und Kegel, Claudia: „Ergebnisse der Coaching-Forschung: Aktuelle Studien – ausgewertet für die Coaching-Praxis“, Berlin und Heidelberg 2015
[224] Greif, Siegfried: „Coaching und ergebnisorientierte Selbstreflexion. Theorie, Forschung und Praxis des Einzel- und Gruppencoachings“, Göttingen 2008, und: https://www.iwfb.de/de/index.html

[225] Campos, Francisco, Freese, Michael et al.: „Teaching personal initiative beats traditional training in boosting small business in West Africa", in: Science, 22.09.2017, Seite 1287–1290, und: http://fox.leuphana.de/portal/files/10032890/Manuscript_Revised_Sept2017_withFigures_1.pdf

[226] Vgl. Thorborg, Heiner: „Wille statt Wissen. Kann man Unternehmertum trainieren? Ja, aber nicht mit BWL-Wissen", in: manager magazin, 08.11.2017

[227] Miller, Axel: „Coaching und Beratung. Definitionen, Abgrenzung, mögliche hybride Ansätze", in: Transferarbeit für Competence on Top GmbH, November 2019, Seite 4

[228] Dehner, Ulrich: „Beratung mit Ratschlag, Tabubruch im Coaching", in: managerSeminare, Ausgabe 02/2009, Seite 46–49

[229] Vgl. Sachse-Henninger, Carolin: „Den Spiegel vorhalten", in: KOM Magazin für Kommunikation, Ausgabe 1/2021, und: https://mentorme-ngo.org/

[230] Vgl. Sandberg, Sheryl: „Lean In: Frauen und der Wille zum Erfolg", Berlin 2013

[231] Bella, Tinka und Hofmeister-Schönfelder, Gabriele: „Mentoring – im Tandem zum Erfolg", Offenbach 2016

[232] Uhtenwoldt, Meike: „Coaches für alle", in FAS, 21.11.2021, Seite 45

[233] Stephan, Michael und Rötz, Christian: „Coaching Marktanalyse 2016/2017. Ergebnisse der 4. Marburger Coaching Studie 2016/2017", Januar 2018

[234] Vgl. ebenda

[235] Vgl. Rau, Kristin: „Der Coach für die Hosentasche", in WirtschaftsWoche, 21.12.2020, https://www.wiwo.de/erfolg/management/apps-fuer-fuehrungskraefte-der-coach-fuer-die-hosentasche/26716674.html, und: Fischer, Konrad: „Du kannst es besser", in WirtschaftsWoche, 19.03.2021, Seite 15–22

[236] Vgl. Greif, Siegfried: „Coaching und Wissenschaft – Geschichte einer schwierigen Beziehung", in: Organisationsberatung, Supervision, Coaching (OSC), 20.08.2014, Seite 295–311

[237] Vgl. ebenda

[238] von Schlippe, Arist und Schweitzer, Jochen: „Lehrbuch der systemischen Therapie und Beratung", Göttingen 2000, Seite 17

[239] Schwing, Rainer und Fryszer, Andreas: „Systemische Beratung und Familientherapie", Göttingen 2014, Seite 11–14

[240] Whitworth, Laura, Kimsey-House, Henry und Sandahl, Phil: "Co-aktives Coaching. Neue Coaching-Techniken für mehr beruflichen und privaten Erfolg", Offenbach 2005, Seite 24

[241] Vgl. Besser-Siegmund, Cora und Siegmund, Harry: „wingwave Coaching: Wie der Flügelschlag eines Schmetterlings", Paderborn 2016, und: https://wingwave.com/coaching/forschung-und-erfolgskontrolle/

[242] Vgl. Lüscher, Max: „Der 4-Farben-Mensch. Der Weg zum inneren Gleichgewicht", Berlin 2010

[243] Vgl. Rogers, Carl R.: „Die klientenzentrierte Gesprächspsychotherapie. Client-Centered Therapy", Frankfurt am Main 1983

[244] Vgl. Rosenberg, Marshall B.: „Gewaltfreie Kommunikation. Die Sprache des Lebens", Paderborn 2009

[245] Vgl. Schulz von Thun, Friedemann: „Erfülltes Leben. Ein kleines Modell für eine große Idee", München 2021, und: https://www.schulz-von-thun.de/

[246] Vgl. Peseschkian, Nossrat: „Die Familientherapie. Eine praktische Orientierungshilfe!", Stuttgart 2005, und: Peseschkian, Nossrat: „Der Kaufmann und der Papagei. Orientalische Geschichten in der Positiven Psychotherapie", Frankfurt am Main 1979, und: https://www.peseschkian-stiftung.de/

[247] Haas, Oliver: „Unsichere Überflieger", Interview mit Manfred Kets de Vries, in: Zeitschrift für Organisations-Entwicklung – ZOE, Ausgabe 3/2021, Seite 20–23

[248] Korn Ferry: „Der Self-Disruptive Leader", Mai 2021

[249] Vgl. Kugel, Janina: „Warum sich der Kapitalismus verändern muss", in manager magazin, Ausgabe Februar 2022, Seite 63

Stichwortverzeichnis